HISTOIRE

NATURELLE

DES POISSONS.

Strasbourg, imprimerie de V.e Berger-Levrault.

HISTOIRE

NATURELLE

DES POISSONS,

PAR

M. LE B.ON CUVIER,

Pair de France, Grand-Officier de la Légion d'honneur, Conseiller d'État et au Conseil royal de
l'Instruction publique, l'un des quarante de l'Académie française, Associé libre de l'Académie
des Belles-Lettres, Secrétaire perpétuel de celle des Sciences, Membre des Sociétés et Académies
royales de Londres, de Berlin, de Pétersbourg, de Stockholm, de Turin, de Gœttingue, des
Pays-Bas, de Munich, de Modène, etc. ;

ET PAR

M. A. VALENCIENNES,

Membre de l'Académie royale des sciences de l'Institut, Professeur de Zoologie au Muséum
d'Histoire naturelle, Membre de l'Académie royale des sciences de Berlin, de la Société
zoologique de Londres, de la Société impériale des naturalistes de Moscou, etc.

TOME DIX-HUITIÈME.

A PARIS,

Chez P. BERTRAND, éditeur,

LIBRAIRE DE LA SOCIÉTÉ GÉOLOGIQUE DE FRANCE,

rue Saint-André-des-Arcs, n.° 65.

STRASBOURG, chez V.e LEVRAULT, rue des Juifs, n.° 33.

1846.

AVERTISSEMENT.

Le volume que je donne au public, comprend la description des genres de Cyprinoïdes que plusieurs auteurs ont cru devoir réunir dans une famille distincte du grand groupe des Cyprins sans dents. J'ai exposé et discuté avec détail les raisons qui m'ont empêché d'adopter la manière de voir de savans que j'honore, mais dont je ne partage pas l'opinion. Les naturalistes qui me feront l'honneur de lire ce travail, me rendront, j'espère, cette justice, que j'ai étudié avec le plus grand soin tous les poissons dont je parle, et que, si je ne conserve pas tel genre ou telle famille établie par eux, ce n'est pas pour me séparer des autres ichthyologistes, en m'isolant en quelque sorte, par l'admission des seules divisions faites depuis long-temps suivant les principes de mon illustre maître, ni en me livrant à un dédaigneux sommeil, qui me ferait négliger les essais de zoologistes habiles. Les descriptions nombreuses et détaillées, faites toutes d'après nature, donneront aux hommes laborieux la preuve du travail long et pénible que j'ai exécuté. Si la publication de ce volume s'est fait un peu attendre, je réclame l'indulgence de mes lecteurs, et à cause de l'abondance des nouvelles observations, et de la difficulté de présenter convenablement mes critiques sur les travaux de mes prédécesseurs.

J'ose dire que j'enrichis dans ce volume la zoologie et l'anatomie des poissons de faits nombreux, dont plusieurs étaient tout-à-fait inattendus. Telle est cette monographie de ce genre nouveau, les Orestias, poissons des lacs du haut Pérou, due aux voyages de M. Pentland. Qui aurait pu croire, il y a vingt ans, que l'on arriverait à connaître des Cyprins apodes, lorsque la plupart des espèces de ces genres semblaient être le type des Malacoptérygiens abdominaux.

J'ai complété et rectifié sur beaucoup de points la monographie des Pœcilies, mon premier travail ichthyologique, celui auquel je rattacherai toujours mes plus précieux et mes plus chers souvenirs. C'est pour moi, la date de ma présentation à M. de Humboldt, le commencement de cette liaison généreuse dont m'a honoré ce noble et illustre savant, et la source d'une amitié toute paternelle dont j'ai recueilli tant de fruits. Ma plume lui en exprimera toujours trop faiblement ma vive et sincère reconnaissance.

J'ai le plaisir de présenter un travail nouveau sur les Anableps, de faire connaître plusieurs espèces nouvelles d'un genre qui n'en comptait avant moi qu'une seule, et d'exposer sur la structure de l'œil et des organes génitaux plusieurs particularités anatomiques que l'embryologie des poissons, si avancée aujourd'hui par les travaux de MM. Agassiz et Vogt, rendra plus intéressantes.

Après avoir terminé la famille des Cyprins, je passe à la description de celle moins nombreuse, mais non moins curieuse, des espèces qui se groupent autour de notre brochet.

Je cherche à démontrer la liaison de cette famille avec celle traitée précédemment : et en décrivant ces espèces, dont la nature a changé les formes, de manière à les présenter avec les différences extérieures les plus grandes; je fais voir cependant qu'elle a uniquement varié, avec sa puissance infinie, l'emploi des mêmes élémens ostéologiques. Le Brochet commun est remarquable par l'aplatissement et l'élargissement de son museau. L'Orphie l'est par l'excessif alongement et le rétrécissement de cette même partie de la face. C'est en quelque sorte la répétition de ce qui existe dans l'ordre des Échassiers parmi les oiseaux, en créant le Savacou (*Cancroma*) à côté des Bécasses (*Scolopax*) et des Courlis (*Numenius*). On pourrait encore prendre pour comparaison le groupe des crocodiles de l'ordre des Sauriens, où nous voyons à côté l'un de l'autre le Caiman à museau de brochet (*Crocodilus Lucius*) et le Gavial (*Crocodilus Gangeticus*).

J'ai trouvé dans le Scombrésoce, sorte d'Orphie à bec légèrement recourbé vers le haut, comme celui de l'Avocette (*Recurvirostra*), un assemblage singulier de formes empruntées aux Lucioïdes et aux Scombéroïdes, et un nouvel exemple de ces variations, que nous offre la vessie natatoire : les deux espèces, si voisines l'une de l'autre, qu'il est très-difficile de les distinguer par des caractères extérieurs, diffèrent de la même manière que le maquereau de l'Océan et celui de la Méditerranée peuvent être caractérisés. Mais ici c'est l'inverse qui a lieu, le Scombrésoce de la Manche ayant une vessie natatoire, et celui de la Méditerranée en étant dépourvu.

Cette découverte anatomique m'a fait faire rechercher de nouvelles expériences sur cet organe, dont la fonction m'est tout-à-fait inconnue, et dont j'ai déjà présenté dans le cours de ce volume, ainsi que dans le précédent, quelques-uns des principaux résultats, afin de signaler plusieurs erreurs, que les anatomistes ne cessent cependant de reproduire, même dans les livres les plus justement estimés.

Je fais remarquer ici que je ne présente plus la famille des Lucioïdes, comme M. Cuvier l'avait composée. De nouvelles études sur les genres Alépocéphale et Salanx m'ont démontré que le premier va aux Clupéoïdes, et que le second est un Salmonoïde.

Je termine ce volume par un supplément, dans lequel je décris deux genres remarquables de Siluroïdes, que j'avais cru pouvoir placer à la suite des *Cobitis*. L'un d'eux, l'Érémophile, est un Silüroïde apode. Il m'avait semblé pouvoir être rapproché des Loches, à cause de la connaissance nouvellement acquise des Orestias; l'autre, le trichomyctère, peut être nommé un Érémophile à ventrales. Mais, comme je le démontre, l'étude détaillée des Loches m'a prouvé que ces deux genres doivent être ramenés à la famille des Silures.

Nos collections ichthyologiques continuent toujours à s'accroître. Les voyages de M. Castelneau dans l'intérieur du Brésil, et de M. Verreaux à la Nouvelle-Hollande, nous ont procuré plusieurs belles espèces intéressantes. Nous devions, avant de terminer, en adresser ici nos remercîmens à ces voyageurs.

M. Richardson a poursuivi en Angleterre la publication des riches matériaux rapportés par le *Sulfur,* sous les ordres du capitaine sir Edward Belcher, et de ceux recueillis par l'*Erebus* et le *Terror,* expédition commandée par le capitaine sir James Clark Ross. Il a donné un rapport fort intéressant sur l'ichthyologie des mers de Chine et du Japon. Ce sont de précieux documens à ajouter à ceux que ce savant a déjà fourni à l'ichthyologie.

Mon ami, M. Agassiz, en commun avec M. Vogt, vient aussi de donner une description anatomique des Salmones; monographie non moins remarquable par les faits nombreux dont elle enrichit la zoologie et l'anatomie, que par les faits nouveaux qu'ils ont recueillis sur le développement du tissu cartilagineux, osseux, et autres de ces poissons, dont profitera la physiologie générale et comparée.

Au Jardin du Roi, Avril 1846.

TABLE

DU DIX-HUITIÈME VOLUME.

SUITE DU LIVRE DIX-HUITIÈME.

CHAPITRE XX.

Pages. Planch.

CHAPITRE XXI.

CHAPITRE XXII.

18.   c

ERRATUM.

Page 361, ligne 8 d'en bas. *Au lieu de* l'absence et ces mêmes nageoires, *lisez :* l'absence de ces mêmes nageoires.

HISTOIRE

NATURELLE

DES POISSONS.

CHAPITRE XIX.
Les Loches (*Cobitis*).

Le nom de *cobitis,* sous lequel Artedi a réuni les petites loches de nos eaux douces, était, chez les Grecs, un de ceux des nombreux fretins que les pêcheurs de ce temps appelaient collectivement *Aphya.* C'est Athenée [1] qui nous a transmis l'expression de Κωβῖτις, en l'appliquant à la seconde espèce d'Aphye, la première étant nommée *Aphritis.* Un peu plus loin, dans le même chapitre [2] du banquet des savants, Dorion appelle ἐψητὸς l'Aphye cobite, et Icesius dit, qu'une certaine Aphye blanche, très-petite, baveuse, est nommée par quelques-uns Κωβῖτις.

Aristote [3] rapporte que l'Aphye donnant des Κωβιὸς petits

---

1. Ath., *Deipn.,* liv. VII, p. 284, F.
2. P. 285, A, B.
3. *Hist. anim.,* liv. VI, ch. XV, p. 872, B.

et méprisables, et qui s'enfoncent dans la terre, se nomme Κωβῖτις, expression que Gaza traduit par *Gobionaria*. Le trait de mœurs, de s'enfoncer dans la terre, c'est-à-dire, dans le fond ou sous le sable de la rivière, convient tout à fait à nos Loches; mais celles-ci ne restent cependant pas à une taille assez petite pour avoir mérité, ce me semble, le nom d'Αφύη.

Cobitis est donc une dénomination ancienne, tout à fait inapplicable aujourd'hui. Ni Pline, ni les autres auteurs latins ne l'ont introduite, du moins par une traduction littérale, dans leurs ouvrages, de sorte que nous ne pouvons savoir sous quels noms les anciens ont connu nos Loches. Le seul passage que l'on pourrait rapporter à ces petits poissons, est ce vers d'Ausone, dans son poëme sur la Moselle :

Et nullo spinæ nociturus acumine Redo.

Encore, faut-il l'attribuer à notre loche franche, en l'opposant à la loche de rivière, qui a une épine sous l'œil. C'est le sens que j'ai indiqué à M. Corpet, pour la nouvelle traduction qu'il vient de donner des œuvres de ce poète. Si cette interprétation laisse quelque doute dans l'esprit du lecteur, elle me semble, incontestablement, meilleure que la traduction de M. Bégin, qui a rendu le vers par ces mots : L'anguille innocente, faute d'arêtes.

Quoi qu'il en soit du mot de *Cobitis*, Artedi n'a compris dans le genre de ce nom que la loche franche (*Cobitis barbatula*), la loche de rivière (*Cobitis tænia*), et le misgurne (*Cobitis fossilis*).

Linné a commencé, dès sa dixième édition, à faire perdre à ce genre sa simplicité naturelle, en y ajoutant,

contre l'avis d'Artedi, l'Anableps (*Cobitis anableps*). Il en
a encore augmenté l'altération, dans sa douzième édition,
par l'addition du *Cobitis heteroclita,* que M. de Lacépède
a retiré avec raison des loches pour établir son genre
Fundulus. Mais cet illustre savant a de suite altéré celui-
ci, en y adjoignant le *Cobitis japonica,* placé très-arbitrai-
rement par Gmelin, d'après Houttuyn[1], à la fin de ce genre.
La description trop vague du naturaliste hollandais ne
permet d'en déterminer ni le genre ni l'espèce.

M. Cuvier avait rétabli, dans le Règne animal, le genre
Cobitis tel qu'Artedi l'avait créé; lorsque les voyageurs
ou les naturalistes, qui ont suivi l'élan donné aux sciences
naturelles par les bienfaits de la paix, eurent l'idée de le
modifier. On voit, en effet, dans les manuscrits envoyés
de Java par Kuhl, que cet infortuné zoologiste croyait
déjà pouvoir séparer les Cobitis en *Nemacheilus* et en
Acanthophthalmus, frappé qu'il était de la différence existant entre les loches à sous-orbitaire lisse et celles à sous-
orbitaire mobile et changé en une véritable épine souvent
double. Cette idée, que la mort de ce voyageur empêcha
de mettre en publication, se présenta aussi à M. Gray[2].
Ce savant a établi un genre *Botia,* pour réunir les espèces
à sous-orbitaire épineux, et laissa pour *Cobitis* les espèces
à sous-orbitaire lisse.

M. Agassiz[3] suivit aussi le même système dans son
mémoire sur les cyprins du lac de Neuchâtel. Il divisa
le genre d'Artedi en Acanthopsis et en Cobitis. Ces

---

1. *Act. Harl.*, XX, 2.ᵉ part., p. 337, n.° 26.
2. *Illust. of Ind. Zool.*
3. *Description de quelques Cyprins du lac de Neuchâtel,* dans les Mém. de la
soc. de Neuch. 1834.

divisions ont été adoptées par la plupart des naturalistes de l'époque. Il semblerait cependant que le savant ichthyologiste de Neuchâtel n'aurait considéré, pour en fonder les diagnoses, que les espèces d'Europe. Voici les remarques que l'on peut faire sur l'opposition de leurs caractères. Pour mieux faire apprécier ces remarques, je vais d'abord reproduire ici le texte même de mon célèbre ami M. Agassiz.

„ACANTHOPSIS. Corps comprimé — premier sous-orbi-« taire acéré, fourchu et mobile — dents pharyngiennes «très-pointues et sur une rangée — des barbillons très-«courts autour de la bouche — caudale arrondie.

„COBITIS. Corps cylindracé — sous-orbitaires lisses — «dents pharyngiennes taillées en biseau — des barbillons «nombreux autour de la bouche — caudale arrondie. »

Si le *cobitis tænia*, type du premier groupe, a le corps comprimé, il faut bien faire attention que plusieurs espèces étrangères à sous-orbitaire épineux ont le corps tout aussi rond que beaucoup de nos loches franches. L'expression de *premier* sous-orbitaire acéré opposée à celle de *sous-orbitaires lisses* est une légère inexactitude anatomique; car dans le plus grand nombre des loches il n'y a qu'un seul sous-orbitaire.

La longueur des barbillons des loches épineuses varie tellement, que la brièveté de ces tentacules devient caractéristique pour quelques espèces, mais non pas pour le genre. Il n'y a généralement que six à huit barbillons. On pourrait croire, en disant que la bouche est entourée de barbillons nombreux, qu'il y a un nombre plus considérable de ces organes. Enfin, la forme arrondie de la caudale convient à quelques espèces, il est vrai, mais il y en a aussi qui ont la caudale coupée carrément et d'autres l'ont fourchue. C'est même, comme nous le verrons tout à l'heure, pour avoir attaché trop d'importance à la forme de cette nageoire, que M. J. M'clelland a fait un genre particulier des espèces à caudale bilobée. Mais ce qui a une bien autre importance que les observations faites sur des points de détails, c'est que le *Cobitis fossilis* détruit par son organisation la séparation des deux genres. M. Agassiz le laisse dans ses *cobitis,* ce qui implique qu'il n'a pas vu que le sous-orbitaire de ce poisson est acéré, mobile. L'on peut observer, en y regardant de près, et avec beaucoup d'attention, une petite fente au-dessous de l'œil, dans laquelle on sent la pointe osseuse de cette pièce de la face. Le *Cobitis fossilis* appartient donc autant à un genre qu'à l'autre. Ce sont les raisons qui m'ont empêché de suivre la méthode de mon savant ami, et qui m'ont fait laisser le genre tel qu'Artedi l'avait établi. C'est en effet à ce père de l'ichthyologie qu'il faut en reporter la création. Je ne devine pas pourquoi, dans le mémoire cité plus haut, l'auteur a voulu le faire remonter jusqu'à Rondelet. Il me semble que l'ichthyologiste de Montpellier, si habile ordinairement, ne doit pas être cité à ce sujet, car il y a laissé le tout dans une assez grande confusion. En tête de son article[1] *de cobite fluviatili,* fait sur la loche franche, il a placé la figure de je ne sais quel petit cyprin, que l'on pourrait considérer comme celle d'une jeune ablette; la longueur de l'anale et l'ondulation de la ligne latérale me le font croire. Puis, au chapitre suivant[2], il donne une

---

1. *De pisc. fluv.,* p. 203, ch. XXVI.
2. *Ejusd. ibid.,* p. 204, ch. XVII.

figure des plus fautives du *cobitis tænia,* et une autre
d'une petite loche franche, autant qu'on peut en juger
par la longueur des barbillons, et dont il fait dans le texte
une troisième espèce de *cobitis.* Belon n'a pas mieux
connu ou plutôt n'a pas parlé de nos loches, puisqu'à
l'exemple des Grecs il ne cite le *cobitis* que parmi les espèces d'Aphyes. Les auteurs qui suivent jusqu'à l'époque
d'Artedi ne peuvent être mentionnés qu'aux articles de
l'espèce dont ils traitent; car ils n'avaient encore aucune
idée de ce que nous appelons des genres.

M. Nordmann[1] a adopté les idées de M. Agassiz sur les
subdivisions, en les admettant comme faciles à saisir pour
les espèces d'Europe, et en ne décidant rien pour les loches
exotiques. Il n'a donc pas non plus suffisamment examiné
le *cobitis fossilis.* Il faut d'ailleurs reconnaître, que l'idée
de se servir du caractère, en apparence si important, et
pris du sousorbitaire mobile, épineux et extérieur dans
un cas, fixe, lisse et caché sous la peau dans l'autre, est
d'une séduisante application; aussi a-t-elle été suivie en
Angleterre et en Allemagne par des auteurs du plus grand
mérite.

M. J. M'clelland a été dirigé par un autre principe dans
son mémoire sur les cyprinoïdes de l'Inde; car c'est d'après
la forme de la caudale qu'il a subdivisé le genre de Linné
en deux autres : les Cobitis à caudale arrondie, et les
Schistura à caudale fourchue. Ses premiers essais ont
paru dans le Journal de la Société asiatique de Calcutta[2],
et il les a reproduits dans son grand travail sur les cypri-

---

1. *Faun. pont.,* p. 468.
2. *Journ. Soc. as. Calcutta,* t. VII, p. 941 et suiv.

noïdes de l'Inde[1]. Les observations que je donnerai à la fin des articles descriptifs, prouveront comment ces divisions sont établies sur des bases peu solides. Il suffit de rappeler ici que la forme arrondie ou fourchue de la caudale n'influe en aucune façon sur l'organisation du poisson, qu'elle n'apporte aucune modification physiologique importante; c'est tout simplement un excellent caractère d'espèces. Il n'y a pas de doute que, si le caractère des sous-orbitaires épineux ou sans épine était constant, il n'aurait une valeur zoologique beaucoup plus grande; mais M. M'clelland n'en a tenu compte que pour établir des différences spécifiques.

Il me paraît donc convenable, de ne pas changer le genre d'Artedi, et j'y ajouterai les nombreuses et nouvelles espèces que les recherches des naturalistes ont fait découvrir depuis Linné jusqu'à ce jour.

Les loches sont caractérisées par leur bouche petite et sans dents, entourée de barbillons, dont le nombre paraît varier de quatre à huit. La fente des ouïes est réduite à une petite ouverture verticale sur le haut de l'opercule, à cause de l'adhérence sous l'isthme de la gorge et autour de l'ossature de l'épaule de la membrane branchiostège, dont les rayons sont au nombre de trois seulement; le sous-orbitaire, entièrement caché sous la peau ou prolongé en une épine plus ou moins saillante, ne forme plus ordinairement autour de l'œil cette petite chaîne osseuse que l'on trouve dans les autres poissons.

La dorsale n'a aucun rayon solide. Les écailles sont petites, perdues souvent dans les mucosités de la peau.

---

1. *Asiat. research.*, t. XIX, part. 11.

Je n'ai observé aucune espèce dépourvue d'écailles, mais plusieurs observateurs parlent de loches tout à fait privées de ces parties tégumentaires. Malgré l'assertion des auteurs respectables qui ont avancé ce fait, j'ai lieu d'en douter; car les loches sont des cyprinoïdes, qui sont tous écailleux. Elles appartiennent aussi à cette famille, parce qu'elles n'ont pas de pharyngiens supérieurs.

Ce genre ainsi caractérisé, comprend les trois seules loches d'Europe, et les nombreuses espèces de l'Inde. Je ne connais pas de loches originaires d'autres contrées; l'Afrique ni l'Amérique n'en ont pas jusqu'à présent fournies. Toutes ces espèces ont un canal intestinal court, sans cœcums, un foie assez volumineux, la rate petite, les organes génitaux assez développés, ainsi que le système urinaire. Quant à la vessie aérienne, elle offre dans le plus grand nombre des espèces une particularité fort notable, qui consiste dans l'inclusion de cet organe, dans une ampoule osseuse formée par le développement de la grande vertèbre des cyprinoïdes. Cette singulière organisation, découverte par Schneider dans le *cobitis fossilis*, se reproduit dans presque toutes les loches. On ne connaît que deux ou trois espèces qui fassent exception à ce trait caractéristique. J'ai vérifié sur l'une d'elles apportée de l'Inde cette particularité observée par J. M'clelland. Sa vessie aérienne est unique, membraneuse, allongée, fusiforme, et semblable à celle des autres poissons. Cette exception nous apprend que la vessie aérienne des cobitis, ramenée à l'état ordinaire, est simple, composée d'une seule ampoule, et qu'elle diffère, sous ce rapport, de celles des cyprins. Si dans les autres organes de ces espèces on trouvait quelques signes différentiels et caractéristiques, on pourrait alors séparer ces loches à vessie aérienne libre de celles qui ont la vessie renfermée dans une cavité osseuse; mais rien à l'extérieur ne justifie cette distinction, que M. M'clelland jugeait peut-être convenable d'établir, puisqu'il avait composé le nom d'*hymenophysa,* pour désigner ce genre.

Une autre modification au genre de Linné avait été proposée par Lacépède, qui, ayant cru que Bloch attribuait des dents aux os maxillaires de cette loche, en fit le genre MISGURNE.

Déjà Cuvier[1], dès la première édition du Règne animal, avait réformé ce genre mal conçu. Depuis, M. Agassiz[2] a donné une explication très-fine du sens que l'on doit attribuer aux expressions de Bloch; mais toutefois en y laissant glisser quelques légères inexactitudes. Il a remarqué avec raison que Bloch, par une singulière confusion anatomique, a appelé *Kinnlade* tout os qu'il a vu armé de dents, que ce fut un maxillaire ou un pharyngien. C'est une explication qu'il faut admettre, quand on compare les différens passages de Bloch, et notamment ce qu'il dit des mâchoires dentées de la carpe, mais l'expression allemande n'en reste pas moins très-fautive. D'ailleurs M. Cuvier n'a pas négligé de chercher les dents pharyngiennes; car, au contraire, il dit positivement que les os pharyngiens inférieurs des loches sont assez fortement dentés. Enfin, Lacépède n'a ni traduit, ni transposé les expressions de l'auteur allemand; car il a toujours travaillé sur l'édition

---

1. Cuvier, Règne animal, 1817, p. 197.
2. Descript. de quelq. espèces de cyprins du lac de Neuchâtel, Mémoire de la Société d'hist. nat. de Neuch. 1834; p. 4.

française que Bloch a publiée lui-même à Berlin, et où il y a même assez de lacunes, pour qu'il soit utile de recourir quelquefois au texte étranger.

Lacépède avait laissé dans son genre des cobitis les deux espèces linnéennes, et il y a ajouté une nouvelle, d'après les renseignements qu'il avait reçus de M. Noël de la Morinière. Il est évident que ce dernier avait induit M. de Lacépède en erreur. La note de M. Noël, retrouvée dans ses papiers, montre qu'il avait sous ses yeux une jeune lote (*gadus lota*), prise, comme il arrive très-souvent, avec les loches.

En cherchant à faire cette rectification, je suis arrivé à en trouver une autre. C'est que le *cyprin verdâtre* n'est établi par Lacépède que sur une mauvaise figure de la tanche commune (*cyprinus tinca*) qui lui avait été également communiquée par M. Noël de la Morinière.

La LOCHE FRANCHE.

(*Cobitis barbatula*, Linn.)

Quand on tient dans un vase les deux espèces de loches de nos pays, il est toujours aisé de distinguer parmi elles la loche franche

à sa tête large et aplatie; à la longueur des barbillons étendus au devant et de chaque côté du museau; à la saillie des yeux, assez mobiles; à la longueur des pectorales; et enfin à la petite tache noire qui existe sur la partie inférieure de l'insertion des rayons de la caudale : le fond de la couleur, quoique différent, n'offre pas toujours une coloration assez tranchée pour qu'on ne puisse pas confondre les deux espèces.

La tête fait le cinquième de la longueur totale. On peut dire que le corps est un peu comprimé sur les côtés, et arrondi au devant de la dorsale.

La ligne du profil, depuis les yeux jusqu'à la nageoire du dos, est droite; mais en avant des yeux elle est un peu plus soutenue.

Le museau est en ogive, à peine moitié aussi large que la tête l'est à la nuque. De son voile labial saillent les quatre barbillons supérieurs. Les deux externes sont deux fois au moins aussi longs que les deux internes. Ceux de l'angle de la bouche sont égaux aux barbillons externes. Au tiers de l'espace compris entre l'œil et le bout du museau, on voit s'élever la papille de l'ouverture antérieure de la narine; la postérieure, un peu au-dessous, est près de l'œil. Celui-ci, rond, mobile et saillant, a le cinquième de la longueur de la tête en diamètre. Sous la peau lisse et muqueuse qui revêt la tête, on ne voit à l'extérieur ni le sous-orbitaire, ni aucunes pièces operculaires; je ne puis non plus apercevoir au-dessous de l'œil le moindre indice de fente, ni même de pore qui correspondrait au sous-orbitaire.

Toute l'ossature de l'épaule est de même cachée sous la peau : comme les ouïes sont peu fendues, et que d'ailleurs la fente est oblique en dessous, on ne peut pas la voir, malgré le mouvement assez rapide que le poisson imprime à ses opercules. Quand il est tranquille au fond de l'eau, il tient ses pectorales étendues horizontalement et dirigées un peu en arrière : le premier rayon est simple et large; le second a l'éventail oblique d'arrière en avant; les autres ont, au contraire, leur bord dirigé obliquement et en dedans, ce qui rend la nageoire assez pointue. Sa longueur égale celle de la tête: les ventrales sont d'un tiers plus courtes, et elles sont plus pointues. L'anale est petite et arrondie. La caudale a ses lobes arrondis, mais ils ne sont séparés vers le bord que par une simple échancrure; la dorsale est petite et coupée carrément.

B. 3; D. 9; A. 6; C. 20; P. 10; V. 9.

Il faut y regarder avec le plus grand soin, pour ne pas dire que le corps de cette loche soit sans écailles. Elles sont un peu plus

faciles à voir le long de la ligne latérale, avec le secours d'une
forte loupe, que sur les autres parties du dos ou du ventre.
Cependant, quand la peau est desséchée, les écailles apparaissent
d'une manière évidente sous forme de petits points.

La couleur est un verdâtre sablé de points pigmentaires noirs;
devenant quelquefois assez abondants et serrés, principalement sur
les côtés, pour former des séries de taches. noires ou verdâtres
foncées. Les pectorales sont jaunes, tiquetées de noirâtre; les ventrales sont plus pâles. La dorsale et la caudale ont la membrane
transparente et beaucoup plus tachetée, principalement sur la dernière de ces deux nageoires. Les barbillons sont jaunâtres et quelquefois orangés. Comme je l'ai dit plus haut, une tache noire existe
à la base du lobe inférieur de la caudale. Souvent une petite bandelette ou zone blanche indique la fin de la queue et le commencement de la nageoire. On voit un trait brun tiré de l'œil au bout
du museau.

J'ai donné le nombre des rayons branchiostèges. La bouche est
petite, et le dessous de la gorge est plat. La langue est petite,
échancrée en avant. Les pharyngiens sont petits, et portent huit
ou dix dents en crochets sur un seul rang.

Nos plus grands individus ont quatre pouces de long; mais ils
sont rares de cette taille, d'ordinaire ils n'ont que trois pouces.

Le foie se montre à l'ouverture de l'abdomen, divisé en lobes
enroulés sur la partie supérieure et dilatée de l'intestin, de manière
à former, avec ce viscère et la rate cachée sous le bord postérieur
gauche, une masse assez grosse sous les pectorales et dans la région
antérieure de la cavité du ventre. La vésicule du fiel est petite et
sur le haut du bord droit du foie. L'œsophage, qui s'engage dans
les lobes hépatiques, se porte d'abord un peu vers la droite, et
paraît dans une ouverture circulaire que laissent entre elles les divisions du foie. Après s'être un peu dilaté, sans avoir pourtant d'étranglement qui marque son origine, l'estomac remonte en travers pour
passer dans le côté gauche, et l'on voit de nouveau le tube digestif
entre les lobes droits derrière la vésicule du fiel; l'intestin se replie,
se porte par quelques courbures vers le côté gauche, puis il fait

deux replis et suit les deux ovaires jusqu'à l'anus. Ces deux organes occupent près des trois quarts de la longueur de la cavité abdominale. Les œufs sont excessivement petits.

En ouvrant le ventre, on ne voit pas de vessie aérienne dans la longueur de la cavité abdominale, parce qu'elle est contenue dans le renflement de la grande vertèbre.

Les reins sont réunis sur presque toute leur longueur, qui égale la moitié de celle du rachis abdominal. Les deux longs uretères, divisés à leur origine, se réunissent bientôt en un seul cordon, qui débouche dans une vessie urinaire oblongue.

Quant au squelette, il faut avoir soin de l'étudier, malgré sa petitesse, à cause des particularités ostéologiques très-curieuses qu'il offre. Nous allons, par son étude détaillée, compléter la description zoologique de cette espèce.

Le crâne est un peu plat, et n'a pas de crête interpariétale sensible. Sa base est arrondie; son occipital inférieur donne en arrière deux apophyses assez longues, dirigées vers la grande vertèbre et rappelant la forme du basilaire de nos carpes. Mais comme il n'y pas de tubercule pour recevoir les pharyngiens inférieurs, cette apophyse basilaire n'offre pas de surface creuse comme celle de nos cyprins. L'ethmoïde et le vomer ne sont pas comprimés, et n'ont pas de lames élevées. Les intermaxillaires, sans dents, ont des branches montantes de longueur ordinaire, et les maxillaires sont assez larges. Il y a au devant de l'œil un seul sous-orbitaire. Quelque soin que j'aie mis à chercher cette chaîne osseuse composée de quatre pièces dans les cyprins, je n'ai vu qu'un seul os caché sous la peau. Il faut même beaucoup d'attention pour le trouver. Il est rhomboïdal, plus haut que long. Sa surface externe est relevée par une petite carène; il n'y a aucun prolongement pour donner naissance à l'épine que j'observe dans les autres espèces. La colonne épinière se compose de quarante-deux vertèbres, ainsi distribuées: dix-sept caudales, vingt-deux abdominales partant des côtes, et précédées de trois autres réunies pour former la grande vertèbre des cyprinoïdes. La première a une crête épineuse assez longue pour aller toucher à l'occipital. Ses deux apophyses trans-

verses se dilatent en une lame courbe qui s'étend sur les côtés.
La seconde forme, par l'élargissement de ses apophyses, la double
sphère osseuse des Loches. L'extrémité devient un petit tubercule
élevé sur le côté de la boule creuse, au-dessus de la fente qui la
sépare de la troisième vertèbre. Je ne vois pas d'apophyse épineuse à celle-ci; mais ses apophyses transverses s'étendent en lames
recourbées en devant, et vont compléter, avec celles de la vertèbre précédente, l'enveloppe osseuse de la vessie aérienne.

C'est une sorte d'hypertrophie des lames verticales de la carpe.
Elles cachent un très-petit style osseux, long tout au plus d'une
demi-ligne, qui est l'os de Webber. Ces lames osseuses font, sous
la colonne vertébrale, une double cavité, dont la séparation est
mieux marquée à l'intérieur qu'au dehors. Elle contient l'organe
qui, malgré sa place, a tant de ressemblance avec la vessie natatoire
des poissons, que Schneider et ses successeurs ont eu raison de
le considérer comme telle. Cette petite vessie a des parois argentées et doubles : j'ai pu, malgré la petitesse, séparer la lame interne
de l'externe, qui est fibreuse. Dans la loche franche, il y a deux
vessies, accolées l'une à l'autre, séparées par un étranglement très-
étroit, mais communiquant par un canal transversal qui m'a paru
donner en dessous le conduit dirigé vers l'œsophage.

J'ai dit que, malgré la place de cet organe, il fallait bien
le regarder comme la vessie aérienne. Tous les naturalistes
sont d'accord pour ranger les cobitis dans les cyprinoïdes;
mais tous ceux-ci ont une grande vessie aérienne, divisée
et située en arrière de l'appareil osseux de la grande
vertèbre. Pour déterminer la vessie des cobitis, il fallait
aller prendre ses analogies dans la famille des siluroïdes.
On ne doit pas cependant oublier que dans les espèces
de cette famille la vessie n'est pas complétement enfermée
dans les appendices de la grande vertèbre.

C'est dans Gesner[1] que se trouve le premier bon dessin de notre loche franche, parce que, comme il le dit lui-même, la figure de Rondelet est très-défectueuse. Belon n'en a pas donné, et Aldrovande, simple copiste de Rondelet, n'a pas plus aidé les naturalistes. Il faut donc négliger les premières citations d'Artedi. Willughby[2] lui-même, tout en étant fort exact, n'a pas fait une anatomie des Loches aussi détaillée qu'à l'ordinaire.

Klein[3] a publié de cette seule espèce une assez bonne figure, en la plaçant dans ses Enchelyopus, avec l'anguille et le goujon.

Il en existe deux représentations dans le manuscrit de Baldner, cité par Willughby; l'une d'elles appartient à une variété jaune et dorée, que je n'ai jamais rencontrée dans la Seine.

Duhamel[4] dit aussi fort peu de choses sur ce cyprinoïde, dont il a donné une passable figure. Marsigli[5], en la représentant sous le nom de *fundulus*, me paraît donner une idée trop grande de ce poisson; du moins nous ne le voyons jamais atteindre à de telles dimensions. Bloch[6] a laissé une bonne description de cette petite espèce, accompagnée d'assez bonnes notes sur ses habitudes et son usage comme aliment : il l'appelle loche franche.

Ce poisson s'avance assez haut vers le Nord; toutefois si nous le trouvons cité dans le *Fauna suecica*[7], c'est que

1. *De aquat.*, Francf., 620, p. 404.
2. Willughby, *De pisc.*, p. 265, ch. XXV.
3. *Miss. quart.*, p. 59, n.° 3, pl. 15, fig. 4.
4. Traité des pêch., part. II, sect. III, p. 521, §. 3, pl. 27, fig. 3.
5. Mars. *Danub.*, p. 74, tab. 25, fig. 1.
6. Bloch, pl. 31, fig. 3.
7. Linn., *Faun. suec.*, p. 124, n.° 332, *vel edit. Retzio*, p. 342, n.° 85.

Linné fait connaître qu'il a été importé dans le lac Mælar par le roi Fréderic I, qui fit venir d'Allemagne les loches nécessaires à cette acclimatation. Je le trouve aussi mentionné dans l'Ichthyologie de M. Nilsson[1], mais comme un des plus rares. Müller le cite sans aucune remarque dans le *Fauna danica*[2], et ensuite nous le retrouvons dans toute l'Allemagne, la Hollande, la Belgique, l'Angleterre, la France et l'Italie. Aussi les divers ichthyologistes de ces pays citent cette espèce dans leurs Faunes. M. Selys Longchamps[3], M. Nenning[4], M. Reisinger[5], sur le continent; et Pennant[6], Turton[7], Flemming[8] et Jennyns[9] la comptent dans leurs monographies, et, outre les figures de Bloch et de Duhamel, il faut citer aussi celle de Donovan[10]. Elle me paraît cependant bien rousse, et les barbillons sont trop gros. L'auteur a oublié la tache du lobe inférieur de la caudale.

M. Yarell[11] a aussi une élégante figure de notre loche, mais il a trop échancré la nageoire de la queue. M. Nordmann[12] cite aussi le *cobitis barbatula* comme abondant dans toutes les rivières du Caucase; et, avant lui, Pallas le donnait comme très-commun en Russie, en Sibérie et en

---

1. *Prod. ichth. Scand.*, p. 35.
2. *Faun. dan. prod.*, p. 47, n.° 401.
3. Faune belge, p. 193, n.° 9.
4. *Die Fische des Bodensees*, p. 13, n.° 5.
5. *Ichth. Hung.*, p. 24, n.° 1.
6. *Brit. Zool.*, p. 237.
7. *Brit. Faun.*, p. 103, n.° 89.
8. *An. Kingd.*, p. 189, n.° 89.
9. *Anim. vert.*, p. 416, n.° 97.
10. Donov., *Brit. fish.*, pl. XXII.
11. *Brit. fish.*, p. 376.
12. Nordm., *Faun. pont.*, p. 470, n.° 2.

Crimée. Il place aussi la loche dans les rivières ou ruisseaux de la Perse et au-delà du Caucase, mais elle y devient plus grande qu'en Europe. Cet illustre zoologiste dit qu'elle manque dans le Kamtschatka.

La Loche de nos pays se nomme en anglais *Loach* ou *Loche*, et quelquefois *Beardie*. Le nom allemand le plus commun est *Schmerle* ou *Gründel*, qui varient tous deux en ceux de *Schmerling* ou de *Schmerlein*, de *Gründling* ou *Bartgründling*. En danois on les change en *Smerling*; en suédois en *Grönling*. Pallas dit pour la Russie *Peskas* et *Stolbez*, pour l'Esthonie *Weisgrios*, et pour la Tartarie *it-Balyk* (*piscis caninus*).

Tous ces auteurs s'accordent à dire que la loche vit d'insectes et de vers aquatiques; qu'elle fraie en Mai, et qu'elle multiplie beaucoup. Sa chair est légère, de digestion facile, quoique un peu grasse.

Suivant Rudolphi, l'*Echinorynchus claviceps* des caryophyllées, des bothriocéphales, des ascarides, sont les helminthes de notre loche franche.

Après avoir donné la description de la loche franche (*cobitis barbatula*), je vais passer de suite à celle des espèces qui se rapprochent le plus de la nôtre, à cause de l'absence d'un sous-orbitaire épineux, et qui forment pour les auteurs, sectateurs de la méthode de M. Agassiz, le genre *cobitis*.

La Loche Nurga.

(*Cobitis nurga*, Nordm.[1]).

M. Nordmann a placé près du *cobitis barbatula* la description un peu courte d'une espèce voisine de la loche franche ; elle en diffère

par une tête plus large et plus bombée. La tête est contenue sept fois dans la longueur totale. Le museau, obtus, descend brusquement du front ; il porte six barbillons, quatre attachés au voile supérieur, dont deux sont plus longs.

D. 8 ; A.... C. 20 ; P. 12 ; V. 7.

La tête et la base des nageoires sont d'un beau jaune citron, le reste du corps est parsemé de noirâtre. Le dos est plus foncé ainsi que les nageoires. La caudale est échancrée en forme de croissant.

M. Nordmann a fait connaître cette espèce d'après cette courte notice, qu'il devait à M. le professeur Krynicki à Charkow, qui l'a découverte dans la rivière de Podcounrock, près de Paitigorsk.

La Loche a bandes.

(*Cobitis fasciata*, nob.)

J'ai reçu de M. Temminck, pour le Cabinet du Roi, une petite loche de Java,

qui manque d'épine sous-orbitaire comme notre loche franche. La longueur de la tête est comprise six fois dans celle du corps. Le dessus du crâne est large et plat. Le sourcil est soutenu, et deux fois et demie aussi large que le diamètre est long, ce qui ne fait guère

---

1. *Faun. pont.*, p. 470.

que le sixième de la longueur de la tête. Les deux ouvertures de la narine sont rapprochées; l'antérieure est tubuleuse, plus près de l'œil que du bout du museau. Les lèvres sont épaisses et comme plissées. La bouche est sans dents.

Les barbillons supérieurs, au nombre de quatre, et les inférieurs de deux, sont longs à peu près comme la moitié de la tête; cependant les deux mitoyens, plus fins, sont aussi les plus courts. La dorsale est assez large; la caudale est fourchue et grande.

D. 10; A. 6; C. 19; P. 12; V. 7.

D'après le dessin fait sur le poisson vivant et envoyé de Java par MM. Kuhl et Van Hasselt, la couleur est jaune, avec une vingtaine de petites bandes noires transversales descendant du dos pour s'évanouir sous le ventre, qui est blanchâtre. La caudale est jaune très-vif; les autres sont plus pâles, aucunes n'ont de taches. Les barbillons sont orangés.

L'individu que je décris a deux pouces huit lignes de longueur. Je vois que les naturalistes qui l'ont envoyé en Europe, l'avaient trouvé dans les environs de Buitenzorg, et qu'ils avaient l'intention de le considérer comme d'un genre distinct, sous le nom de *Nœmacheilus fasciatus*. J'ai conservé leur nom spécifique, mais je n'ai pas tenu compte du premier, car il n'y a aucune raison de séparer cette espèce du genre des cobitis.

La Loche a sous-orbitaires.

(*Cobitis suborbitalis*, nob.)

J'ai acheté à Amsterdam, parmi d'autres poissons venant de Java, une petite loche différente de la précédente, parce qu'elle a

le corps plus allongé, le museau plus pointu, l'intervalle entre les yeux plus étroit. Elle n'a pas d'épines sous l'œil. Elle a toutefois, comme la précédente, la chaîne des petits osselets sous-orbitaires distincte et complète. Je ne connais que ces deux loches ainsi conformées. Je ne pense pas cependant qu'il soit nécessaire d'établir pour elles un genre particulier, car le reste de leur organisation les place fort bien parmi les autres loches. L'espèce décrite dans cet article a la caudale fourchue. Les ventrales sont assez allongées.

D. 10; A. 6; C. 19; P. 11; V. 8.

La couleur est olivâtre; le dos porte au-dessus de la ligne latérale une série de taches obliques d'avant en arrière et de bas en haut; la dorsale a des petits points, les autres sont incolores.

L'exemplaire que je décris est long de deux pouces huit lignes.

La LOCHE AUX BARBES D'OR.

(*Cobitis chrysolaimos*, K. et V. H.)

MM. Kuhl et Van Hasselt ont envoyé de Java, au musée royal de Leyde, une autre petite loche,

dont les formes sont semblables à celles des précédentes, mais dont les ventrales sont un peu moins longues. Il n'y a d'ailleurs qu'un seul sous-orbitaire.

D. 10; A. 7, etc.

Le corps et les nageoires n'offrent aucunes taches ni stries. Les teintes sont donc unies dans cette espèce; mais, à en juger par les naturalistes qui l'ont observée vivante, elle paraît différer des précédentes par la couleur dorée des barbillons.

Les individus cédés au Cabinet du Roi par M. Temminck, ont deux pouces quatre lignes.

La Loche spiloptère.

(*Cobitis spiloptera*, nob.)

est une petite espèce

sans épine sous-orbitaire, à corps assez rond, à museau obtus et court, à tête déprimée, dont les yeux sont presque sur le dessus du front. Les barbillons, au nombre de six, sont courts. La caudale est carrée; les autres nageoires arrondies.

D. 10; A. 7; C. 19; P. 10; V. 7.

Le corps est brun, traversé par onze bandes plus foncées. Une tache noire se fait remarquer sur la base des trois premiers rayons de la dorsale. Une raie noire colore l'insertion des rayons de la caudale, qui est jaune. Il a quelques points sur la dorsale. Les autres nageoires n'ont pas de taches.

Nous avons un grand nombre d'exemplaires, tous de deux pouces de long, originaires des eaux douces de Cochinchine. On les doit aux recherches de M. Diard.

La Loche sablée.

(*Cobitis arenata*, nob.[1])

Cette petite espèce faisait partie des collections envoyées de l'Inde après la mort de Jacquemont.

Elle a le dos arqué, le profil du ventre droit, six barbillons courts, les yeux petits sur le haut du profil de la joue. Un sous-orbitaire en trapèze allongé le long du museau, étendu jusque sous l'œil, et donnant en arrière un angle pointu que l'on prendrait, après un examen peu attentif, pour une épine. Mais il n'y a

---

1. Val., dans Jacquemont, Poiss., pl. 15, fig. 1.

rien en cela qui ressemble à l'épine des loches à sous-orbitaire mobile. Elle appartient donc au groupe des premières loches.

D. 10; A. 6; C. 19; P. 12; V. 7.

La couleur est roussâtre, avec des points fins sur les opercules, nuageux sur le corps, et plus dessinés sur la caudale.

La longueur de ce petit poisson est de deux pouces.

La Loche aux petites ventrales.

(*Cobitis micropus*, nob.)

M. Gernært, consul de France en Chine, a donné, parmi d'autres poissons curieux de ce pays, une loche assez grande

à corps comprimé, dont l'épaisseur est des deux tiers de la hauteur qui est comprise sept fois et quelque chose dans la longueur totale. La courbure du dos est plus arquée que celle du ventre; la tête est courte, comprimée. L'œil est petit, situé sur le haut de la joue et sur la moitié de la longueur de la tête. Le museau terminé en pointe, la bouche très-peu fendue. Il y a quatre longs barbillons au bord qui recouvre la lèvre supérieure. On en observe un autre, assez long, inséré à l'angle de la mâchoire inférieure, dont la lèvre, large et pendante, a vers le milieu une profonde échancrure. De chaque côté de cette entaille est un petit barbillon comme dans notre misgurne. Cette espèce lui ressemblerait donc beaucoup si elle avait un sous-orbitaire épineux. Mais avec quelque soin que je l'aie regardée, je n'ai vu aucune ouverture au-dessous de l'œil comme l'espèce d'Europe en a une.

La dorsale de notre poisson chinois est reculée sur le dos; la ventrale, très-petite, est insérée sous l'aplomb du premier rayon de la nageoire du dos. La caudale, arrondie, a deux carènes charnues sur le dos ou sur la base de la queue, qui semble augmenter la longueur de la nageoire ou simuler une sorte d'adipeuse. L'anale est petite et ronde; la pectorale est aussi une petite nageoire.

D. 7; A. 6; C. 17; P. 12; V. 7.

Les écailles sont au nombre de cent soixante-dix au moins entre l'ouïe et la caudale. Une d'elles, isolée, paraît ronde, échancrée vers le milieu, couverte de stries rayonnantes d'un point qui n'est pas central, et celles-ci sont croisées par des lignes très-fines, concentriques et parallèles au bord de l'écaille.

La couleur est un vert olivâtre foncé sur le dos, pâle sous le ventre. Les flancs sont couverts de neuf à dix rangées de points ou de traits noirâtres que l'on retrouve sur toutes les nageoires.

Cette loche atteint à six pouces de longueur.

Elle ne doit pas être rare en Chine, car je la trouve figurée dans plusieurs recueils venus de ce pays. Six ou sept individus sont très-bien représentés dans ce cahier oblong de peintures chinoises, d'où M. de Lacépède a emprunté plusieurs espèces, reconnues dans les diverses collections envoyées au Muséum. Il n'a pas fait usage de cette planche placée au folio 36 du cahier. Le dos est vert, le ventre plus ou moins jaune, tout le corps et les nageoires sont tachetés; les barbillons sont de longueur médiocre, et les nageoires répondent assez bien à celles de notre exemplaire. Je retrouve aussi cette même espèce, quoique moins exactement dessinée, dans le recueil que j'ai déjà cité plusieurs fois, et que je dois à la générosité de S. A. R. la princesse Marie d'Orléans.

Je la reconnais aussi dans l'imprimé japonais. Il y a cinq individus sur la page 26 de ce livre : le dos est couvert de points gris assez foncé, et le ventre est couleur de chair, ainsi que les barbillons. C'est d'ailleurs le même habitus. On voit donc que cette espèce est bien connue des auteurs chinois. D'après les explications remises à M. Cuvier par M. Abel Remusat, je puis dire que le nom chinois de cette loche est *Doséo* ou *Doziaou*.

En consultant d'autres dessins chinois, que je dois à l'amitié de M. Dussumier, je suis déjà en mesure d'avancer qu'il existe dans les eaux douces de ce pays une autre loche, remarquable par la longueur de ses barbillons mitoyens, les deux qui suivent sont un peu plus courts, et enfin, les deux autres sont petits. Le corps, brun verdâtre, est couvert de nombreux ocelles rapprochés. Si les nageoires de ce poisson étaient mieux représentées, je n'hésiterais pas dès à présent à établir cette espèce par un nom spécifique.

La LOCHE SAVONA.

(*Cobitis savona*, H. Buch.[1])

L'Inde nourrit encore plusieurs espèces du genre des loches, qui ne me sont connues que par les ouvrages de M. Buchanan ou de M. J. M'clelland.

Parmi celles du premier de ces auteurs, je trouve plusieurs espèces qui paraîtraient manquer d'écailles et d'épines sous-orbitaires. Ce second caractère les rendrait donc voisines de notre loche franche d'Europe. Je suis d'ailleurs tout porté à croire que les écailles existent sur la peau de ces poissons comme pour celles des individus de notre pays, ou, comme je l'ai dit, leur présence est difficile à constater. Toutes les loches sans épines de M. Buchanan n'ont que six barbillons.

---

1. Buch., *Gang. fish.*, p. 357, n.° 9.

Celle qu'il a nommée *Savona*, a le corps comprimé, pointu ;
le museau demi-ovale, déclive ; quatre barbillons à la mâchoire supérieure ; deux autres à l'angle de la bouche. La ligne latérale est
étroite.

D. 10 ; A. 6 ; C. ... ; P. 10 ; V. 6.

Les pectorales sont plus courtes que la tête ; la caudale est en
croissant. Le dos est brun, avec des bandes transversales jaunes ;
le ventre est blanc. Les yeux sont dorés ; la caudale est couverte
de petits points.

Le *cobitis savona* est nommé par les Indiens *Savon
Khorka*; il vient de la rivière Kosi, où il croît jusqu'à
deux pouces.

M. J. M'clelland a fait de cette loche un de ses *schistura*;
il la représente d'après le dessin de Buchanan, et sa description repose sur les mêmes documens. [1]

La LOCHE TURI.

(*Cobitis Turio*, H. Buch.[2])

La *Turi* a, d'après M. Buchanan,

Le corps comprimé ; le dos élevé, arqué. La tête moyenne, en
demi-ovale ; point d'épines sous-orbitaires ; six barbillons, dont deux
à l'angle de la bouche. La dorsale est avant le milieu du dos ; les pectorales sont pointues ; les ventrales petites et la caudale échancrée.

D. 8 ; A. 7 ; C. 19 ; P. 12 ; V. 8.

Le dessus du corps argenté est couvert de taches nuageuses irrégulières ; le dessous est transparent. Les yeux sont noirs, avec un
cercle doré autour de la pupille.

---

1. J. M'cl., *As. res.*, vol. XIX, p. 3o8 et 442, tab. 53, fig. 3.
2. Ham. Buch., *Gang. fish.*, p. 358, n.° 8o.

D'après la figure de M. M'clelland, le dos est jaune pâle, couvert de nuages gris; la dorsale porte quatre ou cinq séries de points noirâtres. La caudale a quatre bandes transversales foncées.

M. Buchanan a trouvé cette loche dans le Brahmaputra, où elle a deux à trois pouces. Je ne sais pourquoi M. J. M'clelland[1] a changé le nom de M. Buchanan en celui de *cobitis gibbosa*. Cette espèce prouve, combien le genre *schistura* de cet auteur est peu fondé; car si, au lieu d'étendre la caudale, le dessinateur l'avait un peu fermée, elle serait évidemment celle d'un poisson de ce dernier genre nominal, et non pas d'un cobitis.

La Loche Bilturi.

(*Cobitis Bilturio*, H. Buch.[2])

Cette loche, que Buchanan indique dans sa description comme ne différant que très-peu de la précédente, et pour ainsi dire que par le nombre des rayons, à cependant des formes très-distinctes, si l'on en juge par la figure publiée par M. J. M'clelland.[3]

En effet, elle a le corps alongé; le dos presque droit, ou très-élevé au devant de la dorsale; cette nageoire plus longue et moins haute; la pectorale plus large; la caudale échancrée.

D. 14; A. 7; C. 19; P. 14; V. 8.

La couleur est brune sur le dos, avec des taches nuageuses; le dessous est argenté. Un petit ocelle noir se voit sous l'avant-dernier

---

1. *Asiat. res.*, vol. XIX, p. 3o4, et p. 436, tab. 52, fig. 7.
2. Buch., *Gang. fish.*, p. 358, n.° 10.
3. *Asiat. res.*, vol. XIX, p. 3o4, et p. 436, pl. 51, fig. 6.

rayon de la nageoire du dos et un autre de chaque côté de la queue. La dorsale porte trois lignes noirâtres longitudinales, et la caudale cinq à six transversales.

M. Buchanan lui a laissé son nom indien, *Bil Turi*. Il l'a trouvée dans le Brahmaputra avec la précédente. L'adjectif ajouté au nom de celle-ci par les pêcheurs, prouve que ces hommes habitués à voir les poissons de ce fleuve, savent bien distinguer ces deux espèces.

M. J. M'clelland a changé ce nom en celui de *cobitis ocellata*. On pourrait lui demander, comme pour la précédente, pourquoi il n'a pas placé cette espèce dans son genre des *Schistura*.

La LOCHE KHORIKA.

(*Cobitis Corica*, H. Buch.[1])

Le *Khorika*

porte six barbillons et n'aurait pas d'écailles; son corps est arrondi; sa queue en coin; un sillon longitudinal est tracé sur le dos; la dorsale est sur le milieu de la longueur du corps; la pectorale est plus longue que la tête; la caudale est fourchue.

D. 9; A. 6; C. 19; P. 11; V. 7.

Il y a un rang de taches le long du corps, et d'autres éparses sur le dos, composées de la réunion de points noirs. Le fond est bleuâtre; le ventre est blanc argenté, ainsi que les yeux.

M. M'clelland a compté les rayons un peu autrement que Buchanan. Il dit

D. 10; A. 7; C. 10 (c'est sans doute une faute d'impression :
il faut lire C. 19); P. 11; V. 9.

Il en fait un SCHISTURA, à cause de la forme de la caudale, et il a changé le nom en *Sch. punctata*.

---

1. *Gang. fish.*, p. 359, n.° 12.

Le nom de M. Buchanan est celui des pêcheurs du Kosi, où il a pris ce poisson, qui y atteint deux pouces. Le chirurgien écossais l'a pêché dans l'Assam.

La LOCHE PAON.

(*Cobitis Pavonacea*, J. M.)

M. J. M'clelland a encore ajouté quelques espèces à celles que nous trouvons dans M. Buchanan.

La première à citer, à cause de sa taille, qui égale près de quatre pouces, est le *cobitis pavonacea*[1] dont le corps alongé est traversé par vingt demi-bandes grises sur un fond vert. La dorsale et la caudale sont finement rayées. À la base de cette dernière nageoire il y a un ocelle noir.

D. 17; A. 6; C. 20; P. 13; V. 9.

Le museau, assez épais, n'a pas d'épines; il porte quatre barbillons; il y en a deux à l'angle de la bouche. L'estomac de cette espèce est en croissant, dont le bord concave est dirigé en avant. Le pylore est en arrière : l'intestin commence à la moitié de la longueur du corps; après un pli court, il arrive à l'anus.

Cette espèce vient de l'Assam.

La LOCHE LICORNE.

(*Cobitis monoceros*, J. M.)

Cette autre espèce, sans sous-orbitaire épineux et à six barbillons, se distingue des précédentes

par une épine redressée sur le bout du museau. La tête mesure le quart de la longueur totale.

D. 12; A. 6; C. 18; P. 12; V. 8.

---

1. *Ind. cyp. As. res.*, t. **XIX**, p. 3o5, et p. 437, pl. 52, fig. 1.

La couleur du corps est jaune verdâtre à reflets argentés; les opercules sont plus verts. Il n'y a aucunes bandes ni taches sur le tronc; mais les nageoires dorsales et anales sont rayées de brun.

La splanchnologie ressemble à celle de nos loches.

Les colons ont dit à M. M'clelland[1] que le nom vulgaire de ce poisson n'est pas différent de celui du *cobitis chlorosoma*, dont les couleurs et la forme sont cependant tout autres, ainsi que le prouve la figure de l'auteur écossais.

Ce poisson vient de l'Assam; la figure lui donne trois pouces quatre lignes.

La LOCHE VERDATRE.

(*Cobitis chlorosoma*, J. M.[2])

Cette petite espèce a

le front plus relevé, le corps plus court que la précédente, dont elle se distingue aussi par l'absence d'épine sur le bout du museau et par la brièveté de ses barbillons; elle n'a pas non plus le sous-orbitaire épineux. Les barbillons sont au nombre de six.

D. 11; A. 6; C. 18; P. 12; V. 8.

Un vert brillant, nuagé d'olive rembruni, colore le dos au-dessus de la ligne latérale. Les nageoires sont rouges; la dorsale et l'anale barrées de brun.

Cette espèce habite les étangs et les fonds sablonneux des rivières du haut Assam; on l'appelle *Bali Botea,* comme le *cobitis monoceros :* la figure a deux pouces dix lignes.

---

1. *Ind. cyp. As. res.*, t. XIX, p. 3o5, et p. 438, pl. 52, fig. 2.
2. *Ibidem*, p. 3o5, et p. 437, pl. 52, fig. 3.

La LOCHE A ANNEAUX.

(*Cobitis zonata,* nob.)

Parmi les espèces sans épines sous-orbitaires, à six barbillons et à caudale fourchue, ce qui les avait fait classer dans le genre du *schistura* de M. J. M'clelland, je place les espèces suivantes.

D'abord le *schistura zonata*[1], qui a le corps entouré par onze anneaux, détachés par leur couleur verte foncée sur le fond vert clair du corps. Les opercules sont argentées; les nageoires transparentes et sans taches.

D. 11; A. 6; C. 17; P. 11; V. 8.

On trouve cette espèce dans les étangs du Muttuc, district de l'Assam supérieur. La figure a un peu plus de deux pouces.

La LOCHE DES PIERRES.

(*Cobitis rupecula,* nob.; *Schistura rupecula,* J. M.[2])

Cette loche,

dont la caudale est peu profondément échancrée, n'a pas d'épines sous-orbitaires. Son museau porte six barbillons.

D. 8; A. 7; C. 17; P. 10; V. 8.

Les pectorales et les ventrales sont arrondies.

Le corps, gris-verdâtre, est entouré par quatorze bandes transversales d'un assez beau jaune citron. La caudale porte trois bandelettes verticales.

---

1. J. M'cl., *Ind. cyp. As. res.,* vol. **XIX**, p. 3o8, et p. 441, pl. 53, fig. 1.
2. *Ind. cyp. As. res.,* vol. **XIX**, p. 3o9, et p. 441, pl. 57, fig. 3.

Cette espèce a été trouvée par le D.ʳ Macleod dans les ruisseaux qui descendent des montagnes du Simla; on la voit aussi dans les marais stagnants du haut Assam. M. J. M'clelland considère celle-ci comme une variété, qui offre quelques différences dans le nombre des rayons.

D. 9; A. 6; C. 17; P. 12; V. 8.

Il serait possible qu'elle fût d'une espèce distincte.

La LOCHE MARBRÉE.

(*Cobitis marmorata.*[1])

M. Heckel a fait connaître plusieurs espèces de loches des Indes. Il adopte les idées de M. Agassiz sur les genres à établir parmi ses poissons, et il divise les cobitis d'Agassiz en deux groupes; certaines espèces ayant le corps couvert de petites écailles perdues dans la mucosité épaisse qui se coagule sur la peau; et les autres n'ont aucune écaille. Je n'ai pas vu de ces loches sans écailles. C'est à la seconde de ces divisions qu'appartiennent les deux loches décrites dans le travail sur les poissons rapportés de Cachemire par M. le baron de Hugel.

Celle nommée *loche marbrée* par M. Heckel a la forme de notre loche franche (*cobitis barbatula*). Le museau porte six barbillons assez longs. La tête est oblongue, à peu près du cinquième de la longueur totale; le profil du dos soutenu au-devant de la dorsale; le ventre un peu arrondi. La hauteur est comprise six fois et demie dans la longueur totale. La dorsale est haute; la caudale arrondie.

D. 10; A. 7; C. 22; P. 10; V. 7.

---

1. *Fische aus Kaschmir,* 1838, p. 76, B, pl. XII, fig. 1 et 2.

Le fond de la couleur du poisson conservé dans l'esprit de vin
était un gris verdâtre, avec des taches irrégulières, tantôt ondulées,
tantôt circulaires. Une bandelette longitudinale s'étend de la base
de la dorsale à la caudale, de chaque côté de la crête du tronçon de
la queue; mais la carène du dos, au-devant de la nageoire, n'a pas
de taches. Il y a deux rangs de points sur la dorsale, des points et
des petites taches irrégulières sur la caudale, sur l'anale et sur la
ventrale; les pectorales n'ont pas de taches.

Cette espèce reste à la taille de notre *cobitis barbatula,*
les habitants de Cachemire l'appellent *Tschottiir.*

La LOCHE RAYÉE.

(*Cobitis vittata,* Heckel.[1])

Cette seconde espèce paraît un peu plus petite que la
précédente, mais elle lui ressemble par sa figure, ses proportions, la structure des nageoires et le nombre de leur
rayons.

Le fond de la couleur au-dessus de la ligne latérale paraît un
gris verdâtre, et au-dessous un blanc à reflets jaunâtres. Tout le
corps est tacheté de points nombreux irréguliers, réunis souvent
en petites taches qui forment neuf ou dix raies transversales derrière
la dorsale. Outre les nombreux points qui existent sur toutes les
nageoires, la dorsale et la caudale ont une bandelette parallèle à
leur bord, qui est jaune. Le long de la ligne latérale et par le milieu
du côté il y a une bandelette longitudinale brune foncée.

Ce petit poisson se nomme *Gurna* dans le langage des
pêcheurs de Cachemire. M. Heckel a remarqué que les
femelles n'ont pas les ventrales tachetées.

---

1. *Fische aus Kaschmir,* p. 80, pl. XII, fig. 3 et 4.

La LOCHE A BRIDES.

(*Cobitis frœnata*, Heckel.[1])

Le savant ichthyologiste de Vienne a fait connaître d'autres espèces dans sa description des poissons de la Syrie, récoltées par M. Th. Kotschy, du musée de Vienne, et publiées dans la seconde partie du premier volume du voyage de M. Russegger.

Celle-ci a le corps comprimé en arrière; la tête obtuse, du sixième de la longueur totale. La dorsale est quadrilatère; la caudale un peu échancrée.

D. 11; A. 7; C. 17; P. 14; V. 7.

Une bandelette noire va comme une sorte de bride du bout du museau à l'œil. Le dessus de la tête et la partie antérieure du tronc sont ponctués de noir; sur la portion postérieure et sur la caudale ce sont des taches. La dorsale est ponctuée.

Cette petite espèce, longue de trois pouces à trois pouces et demi, vient du Tigris, on l'a prise à Mossul; elle s'appelle *Tetay*.

La LOCHE PANTHÈRE.

(*Cobitis panthera*, Heckel.[2])

Le corps est cylindrique et comprimé du côté de la queue. La tête est un peu pointue et cinq fois et demie dans la longueur totale; elle a six barbillons. La dorsale et l'anale sont arrondies; la caudale est coupée carrément.

D. 10; A. 7; C. 17; P. 9; V. 7.

La tête est couverte de petits points, un peu plus gros sur le front.

---

1. *Fische Syriens*, p. 96, tab. 12, fig. 1.
2. *Ibidem*, p. 97, tab. XII, fig. 2.

Le dos est chargé de taches irrégulières noires et serrées. La base de la caudale est noire; la nageoire, ainsi que celle du dos, sont ponctuées.

Ce poisson, long de trois pouces, vient des environs de Damas.

La Loche très-belle.

(*Cobitis insignis*, Heckel.[1])

Le corps est très-grêle, cylindrique en avant et comprimé en arrière. La tête, petite et pointue, est contenue six fois et demie dans la longueur totale.

D. 10; A. 7; C. 17; P. 11; V. 7.

Le corps est marbré de taches noires; la caudale échancrée de noir à la base et traversée par deux bandelettes. On en voit aussi deux sur la dorsale. Les autres nageoires sont sans taches ni rayures.

La longueur varie de trois pouces à trois pouces et demi; le poisson vient de Damas.

La Loche tigrée.

(*Cobitis tigris*, Heckel.)

La forme du corps ressemble à celle du *cobitis frœnata;* mais la tête est moins pointue. La dorsale est plus large, surtout à la base.

D. 11; A. 7; C. 17; P. 10; V. 7.

Sur les exemplaires encore bien conservés tirés de l'alcool, le fond de la couleur est d'un blanc jaunâtre : quatorze ou seize anneaux verticaux bruns entourent le corps. La caudale a la base noire, et le reste de sa surface ponctué ou rayé; il y a aussi quelques points sur la dorsale.

---

1. *Fische Syriens*, fig. 3.

Le musée de Vienne a reçu cette loche du fleuve Kueik près Alep, où on la nomme *Kebudi,* c'est-à-dire, le bleuâtre, ce qui fait présumer à M. Heckel que pendant sa vie la couleur de la peau tirait sur le bleu.

Ce zélé naturaliste indique en note une cinquième espèce de loches, de Damas, qu'il nomme *cobitis leopardus;* mais il ne la décrit pas encore avec assez de détails pour en parler ici.

Le MISGURNE.

(*Cobitis fossilis,* Linn.)

Cette loche est évidemment intermédiaire entre la loche franche, décrite au commencement de ce chapitre, et la suivante, le *cobitis tœnia,* que les ichthyologistes modernes ont cru devoir séparer, comme genre, des précédentes. D'autres plus anciens, comme Lacépède, en réunissant le *cobitis barbatula* et le *cobitis tœnia* dans un même genre, les avaient éloignées toutes deux du *cobitis fossilis.* Rien ne prouve plus l'incertitude, de laquelle on ne peut plus sortir, quand on veut donner de l'importance à des détails, et faire ainsi un trop grand nombre de coupes.

Ce que tous les naturalistes ont négligé de remarquer, faute d'avoir suffisamment étudié le squelette, c'est de reconnaître et de signaler la très-petite fente en forme de pore allongé et étroit, si l'on peut s'exprimer ainsi, qui marque sous l'œil la place correspondante à l'extrémité aiguë du sous-orbitaire; premiers rudimens des caractères singuliers de la plupart des loches. Le reste des détails, tels que la conformation des lèvres et l'insertion des barbillons, la distribution des couleurs, montre combien sont réelles

les affinités de ces animaux. Il n'est pas, jusqu'à la tâche caudale, qui ne se trouve ici placée entre les deux lobes.

La hauteur du tronc égale la longueur de la tête, et est comprise sept fois et trois quarts dans la longueur totale. L'épaisseur est de cinq septièmes de cette hauteur. Les côtés sont arrondis, de sorte que la coupe du tronc a la forme d'un ovale assez régulier. La tête est comprimée, mais les joues sont arrondies, ainsi que le dessus du crâne, qui est plus étroit que celui de la loche franche, mais plus large que celui de la loche de rivière. Les yeux sont petits, à peine du sixième de la longueur de la tête, et situés au milieu de la joue, mais un peu vers le haut. Les deux ouvertures de la narine sont près de l'œil, et l'antérieure seule est tubuleuse. Le museau est arrondi, saillant au-dessus et un peu au devant de la bouche.

Il y a quatre tentacules sur le voile, et un plus long à l'angle de la bouche. La lèvre supérieure est d'ailleurs assez charnue. L'inférieure est élargie en une membrane échancrée à la symphyse, et bilobée de manière à simuler de petits barbillons. L'interne est plus court que l'autre, de sorte qu'en observant le poisson vivant quand il fait flotter ses barbillons, on lui en compte aisément dix.

Comme dans les loches, on ne voit de l'appareil operculaire que le bord des ouïes, encore sont-elles peu fendues. La membrane branchiostège n'a que trois rayons comme dans la loche franche. On ne sent à l'extérieur aucune trace de sous-orbitaire; mais en disséquant avec soin l'on découvre cet os sous les téguments, et l'on trouve un petit osselet en stylet grêle, mobile, qui représente en raccourci et sans développement extérieur, l'épine de la loche de rivière. La bouche n'a pas de dents, et je ne vois pas de langue saillante et libre.

Les pharyngiens sont petits, et armés de dix à douze petites dents crochues.

La dorsale est reculée sur le dos au delà de la moitié du corps; elle répond aux ventrales, qui semblent la dépasser un peu. Ces nageoires sont petites, et éloignées de l'anale à peu près d'une fois leur longueur. Celle-ci ressemble assez à la dorsale, mais elle est

un peu moins haute. La caudale est arrondie. Les pectorales sont
lancéolées.

B. 3; D. 7; A. 6; C. 16; P. 10; V. 6.

Le corps est couvert de petites écailles bien plus visibles dans
cette espèce, à cause de la taille des individus, que dans nos petites
loches. On peut en estimer le nombre à cent trente-cinq ou cent
quarante rangées. Il y a sous la poitrine comme un petit plastron nu,
et sous le ventre comme des plis obliques et en chevron.

La couleur est un gris plus ou moins vaseux, sur lequel se
trouvent semées des taches, ou plutôt des points formés eux-mêmes
de la réunion nombreuse de points pigmentaires, d'un brun verdâtre plus ou moins intense. De ces points plusieurs sont serrés de
manière à former quatre lignes longitudinales brunes plus ou moins
foncées : l'une sur le dos, deux autres moyennes réunies par des
points bruns plus pâles, et une quatrième sur le bord du ventre.
Le dessus du crâne, les joues, les lèvres, les barbillons, la dorsale
et la caudale en portent de nombreux. L'anale est sablée de quelques petits. Il y en a quelques-uns sur les pectorales. Les ventrales seules me paraissent blanches.

Les viscères de ce cobitis apparaissent d'une simplicité remarquable, à cause de l'absence de replis du tube digestif et de la
petitesse du foie. L'œsophage et l'estomac, dilatés et cylindriques,
égalent le tiers de l'intestin. Après le pylore il fait de suite un coude,
et se rend ensuite droit, et sans la plus légère ondulation, à l'anus,
et se tenant entre les deux ovaires. Le foie enveloppe l'estomac.
Il est divisé en deux lobes. Le plus épais des deux est le droit; il
loge dans son échancrure la vésicule du fiel. Le lobe gauche est plus
mince et plus court. Les deux ovaires étaient pleins. Les œufs, petits
comme de la graine de pavot, formaient une masse remplissant
toute la longueur de la cavité abdominale. Les reins sont deux longs
rubans festonnés ou comme divisés à chaque articulation des vertèbres depuis la grande jusqu'à la fin de l'abdomen.

La description du squelette va compléter les rapprochements
existant entre cette loche et la loche de rivière.

Le misgurne a le crâne semblable à celui de cette dernière espèce.

Les frontaux sont étroits entre les yeux. Le trou interpariétal, ou, comme l'appellent quelques anatomistes, le *foramen Homianum*, est oblong et très-étroit. L'interpariétal ne donne pas de crête saillante. Les mastoïdiens sont également sans crêtes. L'arrière du crâne est donc à peu près lisse et arrondi. L'occipital supérieur se porte en arrière, et a de chaque côté, entre les mastoïdiens et au dessus des occipitaux latéraux, deux trous mastoïdiens ronds et assez grands. L'ethmoïde s'élève en avant par une lame mince et tranchante sur le devant du crâne. Le sous-orbitaire se prolonge en arrière en une épine au delà de la moitié de l'orbite; et elle donne de sa base une petite épine courte et aiguë qui reste cachée sous les téguments; de sorte, qu'à la longueur près, c'est tout à fait l'osselet épineux de la loche de rivière. L'angle externe du frontal antérieur a aussi une petite pointe dirigée à peu près dans le même sens que l'épine du sous-orbitaire. La caisse est également épineuse. Son épine est au bord postérieur, le long du préopercule.

On voit donc que le *cobitis fossilis*, placé dans le genre des cobitis et éloigné des prétendus acanthopsis, est une des loches dont les os de la face sont des plus épineux.

L'appareil operculaire ne se montre aussi que dans le squelette. L'opercule a son angle articulaire saillant et assez large, son bord supérieur droit, son angle arrondi et très-obtus. Le bord antérieur descend verticalement et est tout droit; l'inférieur est très-concave, ce qui rend l'angle très-aigu et en fait presque une épine. Le sous-opercule est petit et remplit l'arc du bord inférieur de l'opercule. Son bord libre est presque droit. Le préopercule est plus compacte, plus épais, et a la forme d'une grande lame arquée qui se rejoint à celle du côté opposé sous l'isthme de la gorge. L'interopercule est petit et étroit.

C'est aussi sur le squelette qu'il faut étudier les maxillaires pour se faire une juste idée de leur forme. Ce sont deux larges plaques en losanges, dont l'angle obtus et inférieur se termine en une petite épine; les intermaxillaires ont les branches horizontales minces, et la verticale termine le bout du museau.

Revenons maintenant vers l'arrière du crâne.

Le basilaire donne en arrière deux petites languettes apophy-
saires qui laissent entre elles un petit trou ovale, correspondant
par sa direction au trou du renflement de la grande vertèbre, très-
remarquable par sa composition. A cause de la grandeur de toutes
les parties dans lesquelles on peut la décomposer ces pièces se
voient mieux. La première a, comme toutes les vertèbres, un corps
allongé, au-dessus duquel est l'anneau vertébral qui donne passage
à la moelle épinière. La voûte de cet anneau est formée par les deux
pédicules de l'apophyse épineuse, qui est ici une large lame simu-
lant une crête osseuse. Les deux pédoncules s'élargissent en une
plaque osseuse composée de trois pièces, dont une va s'articuler
près du bord supérieur du trou occipital avec l'occipital même;
les deux autres pièces se portent sur les côtés et laissent entre elles
et les apophyses transverses un vide dans lequel est caché l'osselet
de Webber. Les apophyses épineuses s'élargissent en dessous en deux
lames caverneuses à plusieurs points d'ossification, et remontant sur
les côtés pour aller rejoindre les lames de l'apophyse épineuse,
elles complètent l'anneau osseux de la vertèbre entre le crâne et le
bord antérieur des lames osseuses. Il y a de chaque côté un trou
pour le passage des nerfs. Les lames des apophyses transverses
portent elles-mêmes des apophyses styliformes assez longues, que
l'on prendrait aisément pour des côtes. Elles ne m'ont pas paru être
un os distinct.

La seconde vertèbre a pour apophyse épineuse une crête beaucoup plus étroite. Les deux arêtes postérieures s'élargissent de
chaque côté en une petite lame qui se porte en avant, y devient
un os celluleux étendu sur les apophyses transverses. Celles-ci
s'arrondissent par une lame osseuse, criblée d'un nombre considérable de petits trous, ce qui lui donne l'apparence d'un réseau
des plus élégants. Une dépression médiane, à la face inférieure,
semble la diviser en deux parties, comme pour rappeler la symétrie
de ces pièces osseuses; car il n'y a qu'une seule cavité. Sur les côtés
l'on voit saillir une petite pointe, vestige d'apophyses transverses.

Le corps de la vertèbre est engagé en dessous dans ce réseau osseux, mais deux faces articulaires sont complétement libres. Au-

dessous de l'antérieure est un trou rond qui va communiquer avec deux autres pratiqués de chaque côté de la face articulaire postérieure; mais il n'y a pas de trou immédiatement sous le corps vertébral. De chaque côté du trou de la face antérieure, il y a un autre petit qui communique dans la boule. Celle-ci est plus largement ouverte sur le côté. En arrière il y a trois autres petites ouvertures, une médiane et deux latérales, qui s'ouvrent aussi dans la boule.

L'osselet de Webber a la forme d'un petit hameçon : il est plat, courbé en arrière et en dedans, et donne en avant deux apophyses pointues et divergentes. Il est petit, et on ne peut le voir qu'après avoir séparé l'apophyse épineuse de la première vertèbre et de ses dépendances.

La troisième vertèbre ressemble aux suivantes. On en compte trente et une, portant des côtes et constituées en vertèbres abdominales. Pour compléter cette colonne épinière, il faut y ajouter les dix-sept caudales. Ces vertèbres ont les deux cônes articulaires assez longs, et très-rétrécis à leur point de réunion pour former le corps de l'os.

C'est dans le renflement qu'existe la vessie aérienne, globuleuse, formée par ses deux membranes : l'une externe fibreuse, l'autre interne membraneuse, donnant par le trou médian de la face postérieure de la vertèbre un petit conduit allant à l'œsophage. Schneider a donc bien observé cet appareil; mais ni lui, ni aucun autre naturaliste, n'avait encore décrit la complication osseuse des apophyses vertébrales qui renferment cette vessie.

On voit que cette grande vertèbre rappelle ce que la nature nous a déjà montré dans les silures et dans les carpes; mais avec des différences qui prouvent qu'il n'y a aucune espèce d'unité de composition. En effet, nous n'avons ici que deux vertèbres engagées pour former la grande vertèbre, tandis qu'il y en a trois dans les carpes, et quelquefois quatre ou cinq dans quelques siluroïdes. Dans ces poissons, l'interpariétal contribue à faire une partie du casque, tandis que, dans les cobitis, les pièces osseuses qui recouvrent le canal vertébral restent distinctes des os du crâne, et vont s'articuler avec l'occipital. Les osselets de Webber sont tout-à-fait cachés, et les grandes apophyses des silures ou des carpes s'élargissent encore ici pour former l'ampoule osseuse contenant la vessie aérienne.

La description que je viens de donner du Misgurne, a été faite sur un des individus envoyés de l'Elbe au Cabinet du Roi par M. Nitsch. Ils sont longs de neuf pouces. Nous en avons d'autres de même taille, qui ont été donnés par M. Agassiz ; ils viennent du Danube. M. Hammer en a aussi adressé de Strasbourg. Nous en avons reçu un individu vivant, envoyé du Rhin près Strasbourg; il vit très-bien dans la cuve, où il est conservé depuis huit ans. Il se nourrit de vers et de chair hachée. Il vient à la surface de l'eau avaler de l'air, mais je ne l'ai jamais vu en rendre par l'anus; non pas que je nie le fait avancé par M. Ermann et répété par M. Cuvier, je suis même d'autant plus disposé à l'admettre, que j'ai vu le *cobitis tænia* rendre souvent des bulles d'air par l'anus. Il s'enfonce souvent dans la vase ou dans le sable fin, et il fait alors sortir par la fente des ouïes le sable fin qu'il a introduit dans sa bouche.

Ayant été blessé par des tortues d'eau douce, mises avec lui dans sa cuve, il a réparé avec rapidité les parties de ses nageoires dorsales et anales, qui avaient été arrachées; et il a aussi cicatrisé des blessures faites aux muscles coccygiens-latéraux.

Ce poisson paraît d'ailleurs beaucoup moins répandu en Europe que les deux autres loches.

La première figure du misgurne est dans les œuvres de Gesner[1], mais elle est bien loin d'être aussi bonne que

---

1. Nomencl., p. 286, 1560, et dans l'édition allemande, p. 160, *Francof. ad Mœn.*, 1669.

celle de nos petites espèces. Aldrovande a copié[1] le dessin de Gesner, mais ni Rondelet, ni Belon ne parlent de ce poisson.

Baldner, sous le nom de *Muhr-Grundel,* a laissé dans son manuscrit une fort jolie peinture de cette loche, que Willughby[2] n'a pas négligé de mentionner. Celui-ci l'appelle *Misgurn* ou *Fishgurn;* il le décrit assez bien après l'avoir vu à Nuremberg et ensuite à Ratisbonne; mais je ne sais pas trop pourquoi il l'a comparé aux lamproies, ce qui a empêché son esprit de saisir les vrais rapports de ce poisson La plus fidèle représentation de cette espèce est une des meilleures figures de Marsigli[3], il l'appelle *Pissgurn,* d'après les Allemands, riverains du Danube, et il ajoute que d'autres disent *Peisker* ou *Beisecker,* ou *Pfeifer,* ce qu'il fait venir de *pfeifen* (siffler), parce que, quand on prend ce poisson, il se contourne et il fait entendre un bruit semblable à une sorte de sifflet. Il est très-vrai que, quand on prend notre misgurne vivant, il fait toujours entendre un bruit très-distinct; mais je dois ajouter que nos petites loches rubannées (*cobitis tænia*) font la même chose.

Après qu'Artedi et Linné eurent introduit l'espèce sous le nom de *cobitis fossilis,* à cause de son habitude de s'enfouir sous la vase, ce qui avait été raconté à Gesner, avec un peu d'exagération et de merveilleux, par un médecin de son temps, le D.ʳ Fabricius, Bloch est venu en publier une très-bonne figure[4], et en donner l'histoire dans son

---

1. *De pisc.,* p. 579.
2. *Ibid.,* p. 118.
3. Mars., *Danub.,* p. 39, pl. 13, fig. 1.
4. Bl., pl. 31, fig. 1.

chapitre des loches; c'est sa première espèce. Nous avons
déjà expliqué comment Lacépède, ayant mal compris le
sens de Bloch, qui d'ailleurs s'était lui-même fort mal exprimé, a cru devoir faire un genre de ce poisson. Nous
avons aussi insisté dans notre description sur son affinité
avec le *cobitis tænia,* qui, avec la plus grande ressemblance, a les mêmes habitudes. Nous voyons ce poisson
s'avancer jusqu'en Belgique, où M. Selysen fait sa première
espèce des cobitis. Mais il ne paraît exister ni dans le
nord de l'Europe, ni dans aucune partie de l'Angleterre;
car, ni Linné, ni Muller, ni M. Nilson n'en font mention.
Aucun ichthyologiste anglais n'en parle; on ne doit pas
citer Willughby, qui ne l'a vu qu'en Allemagne. Je ne sache
pas qu'il ait jamais été rencontré en France, ni dans le
midi de l'Europe; mais on le voit habiter vers l'est. A
l'autorité de Marsigli il faut ajouter que M. Reisinger[1] le
dit rare dans le Danube, mais commun dans les eaux de
la Hongrie.

Pallas[2], qui ne l'a pas vu dans la Sibérie, l'a trouvé
dans les versants vers la Baltique, la Caspienne et la mer
Noire. Les Russes lui donnent le même nom qu'à la lam-
proie, *Wjiin.*

M. Nordmann[3] le place dans tous les petits courans
d'eau de la Russie méridionale. Il varie considérablement,
et cet auteur croit que le *cobitis Furstembergii* de
M. Fitzinger, ou le *cobitis variabilis* de Parreys n'est pas
une espèce distincte. Il paraît cependant que M. Agassiz
est d'une autre opinion.

---

1. *Ichth. Hung.,* p. 27.
2. *Faun. Ross. asiat.,* p. 166, n.° 127.
3. *Faun. Pont.,* p. 469.

Tous les auteurs s'accordent à dire, que cette grande loche a la chair dure, sèche et de mauvais goût.

La LOCHE DE RIVIÈRE.

(*Cobitis tænia*, Linn.)

La seconde espèce des loches, que nous trouvons en abondance dans la Seine, et qu'on appelle plus particulièrement la loche de rivière, quoique la loche franche y soit tout aussi commune, se distingue facilement des précédentes, et se reconnaît

à sa tête plus pointue et très-comprimée, ce qui rend son front très-étroit; à la petitesse des barbillons, dont les antérieurs sont si courts qu'on ne les voit pas sur l'animal vivant quand il se tient sur le sable; à ses pectorales plus courtes, et enfin à la tache noire qui existe de chaque côté de la base du lobe supérieur de la caudale, c'est-à-dire, que la tache est tout à fait à l'opposé de celle qui caractérise la loche franche. Si maintenant nous examinons avec détails cette loche de rivière, voici les caractères que nous lui trouvons.

La hauteur du tronc ne fait guère que le double de l'épaisseur, et le huitième de la longueur totale. La caudale égale aussi en longueur cette mesure. La tête y est six fois et quelque chose. La tête comprimée n'a en épaisseur que le cinquième de sa longueur. Les yeux sont un peu saillants sur les côtés; leur diamètre est six fois et quelque chose dans la longueur de la tête. Ils sont éloignés du bout du museau de plus de trois fois leur diamètre. On ne voit rien à l'extérieur qui montre la chaîne des osselets sous-orbitaires. Elle est d'ailleurs réduite à un seul os mobile, que l'animal redresse à volonté, et qui se cache dans une petite fente pratiquée sous l'œil et derrière l'ouverture postérieure de la narine. L'extrémité libre du sous-orbitaire est une double épine, dont l'inférieure est plus longue que l'autre, et qui sort, à la volonté de l'animal, de la rainure, où

il la tient cachée quand il est tranquille. Cette fente s'étend lors de
la protraction de l'épine, et elle couvre un ligament fixé au bord
postérieur de l'ouverture; elle est moins visible sur l'animal vivant
que sur celui qui est contracté par l'alcool. La bouche est très-
petite en dessous; le voile membraneux du museau est petit et ne
porte que les deux très-courts barbillons moyens. Les deux autres
sont sur la lèvre supérieure, tout près du postérieur, qui est à l'angle
même de la bouche. La lèvre supérieure est presque confondue
avec le voile, et peu épaisse; mais l'inférieure est libre et devient
une membrane flottante sous la bouche. Cette lèvre est divisée en
deux par une échancrure sous la symphyse; chaque lobe offre
encore un commencement de subdivision. Cet organe est donc
très-semblable à celui du misgurne d'Allemagne. La membrane
branchiostège n'a que trois rayons. Les ouïes sont peu ouvertes. Le
premier rayon de la dorsale est inséré au milieu de la distance du
bout du museau à la tache caudale. L'attache de la ventrale répond
à ce premier rayon du dos. L'anale est au milieu de l'espace entre
la nageoire paire inférieure et la tache de la queue. La nageoire caudale est coupée carrément, mais ses angles sont arrondis.

B. 3; D. 8; A. 6; C. 15; P. 8; V. 7.

Les écailles sont excessivement petites et peu visibles sous la
couche épaisse des mucosités qui les enduit, et qui rend le poisson
aussi glissant que l'anguille.

Le fond de la couleur sur le dos est un gris verdâtre, devenant
plus foncé dans les nombreux points pigmentaires, souvent réunis
en taches disposées en séries longitudinales, dont les principales,
par leur grandeur et par leur teinte presque noire, dominent sur le
corps, et forment une bandelette longitudinale composée de douze
gros points arrondis. Un trait festonné, grisâtre, sépare ces taches
d'une bandelette d'un vert grisâtre, au-dessus duquel est une autre
sorte de bandelette avec des taches verdâtres et transversales sur le
dos. Le dessus de la tête, les joues, la dorsale et la caudale sont
couverts de points verdâtres, composés eux-mêmes d'un sablé pigmentaire souvent plus foncé. La tache noire et en croissant se des-

sine toujours d'une teinte bien tranchée sur la base du lobe supérieur de la caudale. Les points de la caudale forment, quand les
rayons sont rapprochés, trois à quatre bandelettes brunes verticales.
Les pectorales et les ventrales ont un peu de jaunâtre; le reste est
blanc.

A l'intérieur, l'examen des viscères montre que cette espèce a
le canal digestif droit, sans circonvolution, et bordé dans la moitié
de sa longueur, à droite et à gauche, par les deux lobes du foie, qui
sont d'un beau rouge. Sous la bride qui réunit ces deux lobes,
l'intestin est un peu renflé; c'est la seule apparence d'estomac. La
vésicule du fiel est grosse, verte, et située dans la bifurcation du
foie sous l'estomac. Les œufs sont gros comme des petits grains de
millet, et occupent toute la longueur de la cavité abdominale. Ils
sont séparés de l'intestin par un repli argenté du péritoine qui est
très-visible, non-seulement à cause de sa couleur blanche, mais
aussi à cause de son épaisseur.

Quant à la vessie aérienne, elle est renfermée dans la petite boule
osseuse qui forme les apophyses de la grande vertèbre.

Nous avons donc à parler du squelette. Ce qui nous frappe
d'abord dans le crâne, c'est son étroitesse. Le trou interpariétal est
long, la crête interpariétale est très-petite, les deux trous des occipitaux latéraux sont assez grands. En avant du frontal on remarque
la hauteur de la crête osseuse, due à une lame tranchante et élevée
de l'ethmoïde. Le vomer est long et étroit, et son chevron dépasse
de beaucoup l'ethmoïde. Les palatins sont très-grêles. Ils donnent
aussi sur le côté une petite apophyse saillante en épine pointue
au devant de la grosse épine sous-orbitaire. Le basilaire donne également en arrière une double apophyse, qui se prolonge sous la
grande vertèbre. Celle-ci est composée de trois autres. Une première,
petite, donnant sur le côté, et vers l'arrière une longue apophyse
étendue au delà de l'apophyse transverse de la seconde vertèbre.
Cet os porte une longue crête ou lame osseuse unie à l'apophyse
épineuse de la vertèbre suivante.

L'apophyse transverse est changée en une lame convexe, plus
grande que dans la loche franche, et terminée en une pointe aiguë

qui dépasse de beaucoup la petite boule formée par les apophyses de ces vertèbres, et qui contient la vessie aérienne. La colonne vertébrale se compose ensuite de trente-huit vertèbres, dont vingt-sept pour l'abdomen.

Nos plus longs individus ont quatre pouces. Je les trouve en abondance dans la Seine; ils peuvent très-bien vivre dans un baquet où l'on a mis du sable, et dont on change l'eau souvent. Je les ai observés dans cette captivité, et je vois qu'ils ont l'habitude de se tenir cachés dans le sable, de manière à ne laisser sortir que le bout du museau, les deux yeux et un peu du vertex. Le reste de la tête, les ouïes, sont enfoncés avec le corps. Si on les touche, ils se retirent pour enfoncer le corps tout entier, mais si on ne les tourmente pas, elles ressortent bientôt à la même place. Si on les touche plusieurs fois, elles cheminent sous le sable et finissent à sortir un peu loin de l'endroit où ils étaient d'abord. Ces loches sont voraces, et se nour-rissent principalement de petits vers.

Nous avons reçu cette espèce de tous les pays de l'Eu-rope : ainsi je l'ai prise dans le lac de Tegel chez M. de Humboldt; M. Agassiz nous l'a donnée du Danube à Munich; M. Savigny l'a rapportée de Milan et de Naples; M. le comte Borromeo l'a envoyée au Muséum parmi les poissons du lac Majeur; M. Major l'a expédiée du lac de Genève, et nous l'avons reçue dernièrement d'Espagne, par les soins de M. le D.ᵣ Tellieux.

Outre son nom de loche de rivière, nous connaissons pour noms vulgaires, celui de *Sternazzo,* qui nous a été transmis par M. Major, et celui de *Foraquada,* par M. le comte Borroméo. M. le D.ᵣ Filippi l'appelle Üsellina.

Ce poisson, abondant dans l'Europe, a été aussi souvent représenté et décrit que le *cobitis barbatula.*

C'est encore dans Gesner[1] que nous en trouvons la première bonne peinture, car Rondelet, et Aldrovande, son copiste, n'en ont donné qu'une figure à peu près nulle, tant elle est mauvaise. Willughby[2] cite deux fois cette espèce, et a soin de ne pas négliger le dessin du manuscrit de Baldner, qui est excellent. Ce pêcheur lui donne déjà le nom allemand de *Steinbisser,* et dit qu'il est plus rare que la loche franche, ce qui n'est pas la même chose dans notre Seine. Les deux espèces y sont aussi abondantes l'une que l'autre, et je crois que l'espèce dont il est question dans cet article, y est au moins plus facile à prendre que la première. Duhamel n'en fait pas mention; mais Marsigli[3] en donne une représentation assez bonne. Bloch[4] en a donné une meilleure figure, où la tache caudale a été cependant négligée, et l'histoire qu'il a laissée du poisson est assez complète.

Toutes les Faunes spéciales de l'Allemagne et de l'Angleterre en font mention. Ainsi Linné[5], dans le *Fauna suecica,* et Nilson[6], dans son Ichthyologie scandinave, le donnent comme abondant, soit dans le lac de Mælar, soit dans les rivières et les ruisseaux, où il se tient isolé. Mais il vit en troupes dans le fleuve Lidan de Vestrogothie,

---

1. *De aquatil.,* p. 406.
2. *De pisc.,* liv. IV, p. 265, ch. 26 et 27.
3. Mars., *Danub.,* p. 3, pl. 4, fig. 2.
4. Bl., pl. 31, fig. 2.
5. *Faun. suec.*
6. *Prod. ichth. Scand.*

et dans le Köpingea en Scanie. Müller[1] le cite dans le *Fauna danica*. Cette espèce serait donc la seule loche originaire de la partie septentrionale de l'Europe. Elle existe aussi en Belgique, et M. Selys Longchamps, ayant adopté les divisions génériques de M. Agassiz, l'appelle *acanthopsis tænia*. En Angleterre MM. Pennant et Donovan n'en font pas mention; mais Turton[2], Flemming[3] et Jennyns[4] la nomment le *Groundling* des Anglais. M. Yarell[5] lui conserve ce nom vulgaire. Il a cru devoir aussi, à l'exemple de M. Gray, la considérer comme d'un genre distinct, et il l'appelle avec son prédécesseur *Botia tænia*. La figure est petite, très-ressemblante, mais l'auteur y a oublié la tache caudale. M. Nenning n'en parle pas dans son Histoire des poissons du lac de Constance; mais je la trouve dans l'Ichthyologie hongroise de M. Reisinger[6]. Pallas[7] lui laisse le nom linnéen, et l'a suivie dans toute la Russie sous les noms de *Podkameschnik, Mulœfka,* et *Malefka;* sur l'Aldan et le Covyma sous la dénomination de *Morshogòn,* en Sibérie de *Munga,* chez les Tunguses de Baikal de *Chiïhika,* à Chatanga de *Schoekdekoer,* et chez les Burets de *Chochor-Schirachin.* Elle existe encore dans tous les ruisseaux à fond pierreux, qui descendent des montagnes, surtout de Sibérie, des monts Ourals, et de la chaîne australe du Caucase : elle aime aussi les eaux stagnantes où croît le *ceratophilus.*

---

1. *Zool. dan., prod.,* p. 47, n.° 402.
2. *Brit. Faun.,* p. 103, n.° 90.
3. *An. Kingd.,* p. 189, n.° 70.
4. *An. vert.,* p. 497, n.° 98.
5. *Brit. fish.,* p. 381.
6. Ichth. hongr., p. 26.
7. *Faun. Ross. asiat.,* III, p. 166, n.° 126.

18.

M. Nordmann[1] cite également ce poisson dans sa Faune pontique sous le nom d'*acanthopsis tænia*, Agass. Je partage l'opinion de ce savant zoologiste quand il croit que le *cobitis caspia* de M. Eichwald n'est qu'une variété de notre espèce. J'ai vu dans la Seine de ces *cobitis*, où les taches sont réunies en une seule et unique bandelette.

La loche de rivière fraie en Mai; tous les auteurs s'accordent à dire que sa chair est maigre, sèche et de mauvais goût.

La LOCHE GUNTEA.

(*Cobitis Guntea*, Buch.)

Nous avons reçu cette espèce par M. Alfred Duvaucel.

Elle a la tête petite, comprimée et assez semblable à celle de notre loche de rivière; mais le corps est beaucoup plus trapu, à cause de sa largeur, de son épaisseur et de sa brièveté.

L'œil est petit, avec un sous-orbitaire à deux épines. Il y a quatre barbillons au-dessus d'une très-petite bouche, et deux à l'angle; la lèvre inférieure est libre et frangée. Les nageoires sont petites.

D. 7; A. 6; C. 19; P. 8; V. 7.

On voit que ce poisson, couvert de très-petites écailles, avait le corps rayé longitudinalement par une bande médiane noire, avec quelques taches nuageuses au-dessus de la ligne latérale. Les nageoires sont ponctuées.

Ces détails de forme conviennent parfaitement à la figure que M. J. M'clelland[2] a donnée du *cobitis Guntea* de Buchanan. Mais cependant cet ichthyologiste compte un rayon de plus que moi aux nageoires. Je dois avouer

---

1. *Faun. pont.*, p. 468.
2. *As. res.*, vol. XIX, pl. 2, fig. 3.

que notre exemplaire n'est pas très-bien conservé. Ces auteurs, qui l'ont vue fraîche, disent que cette loche est olive en dessus, avec des nuages plus foncés, que la bande est couleur de vert-de-gris, que la dorsale et la caudale ont leurs rayons tachetés, et que les autres nageoires sont d'une couleur métallique rembrunie.

Ce poisson abonde dans tout le Bengale et l'Assam.

Notre individu est long de trois pouces et demi.

Je crois retrouver la même espèce dans un plus petit individu des étangs de Calcutta, rapporté par M. Dussumier. Ce naturaliste le dit fauve avec des taches vertes; ce sont d'ailleurs les mêmes formes. M. Dussumier indique dans ses notes que les Indiens mangent ce poisson.

La LOCHE AMNICOLE.

(*Cobitis amnicola*, nob.)

Nous avons aussi du Bengale une petite loche à sous-orbitaire épineux assez long et bifide,

qui a six barbillons et les lèvres de notre *cobitis tænia*. Le corps est plus comprimé et plus court. Les nageoires sont petites et arrondies.

D. 9; A. 7; C. 17; P. 7; V. 6.

Les rayons de la caudale seuls sont couverts de petits points bruns et serrés. Les autres nageoires et le corps sont d'une teinte uniforme.

A cause de la ressemblance de cette espèce avec notre loche de rivière, je l'ai appelée *cobitis amnicola*. Nos exemplaires ont deux pouces sept lignes; ils viennent du Bengale : c'est M. Belanger qui les a donnés au Cabinet du Roi.

La Loche des montagnes.

(*Cobitis montana, Schistura montana,* M'cll.)

Cette autre espèce
n'a qu'une épine sous-orbitaire; la pectorale paraît assez large; la
caudale est un peu échancrée.

D. 8; A. 6; C. 18; P. 10; V. 8.

Le corps est entouré par douze anneaux gris détachés sur le fond
gris jaunâtre du dos, et sur le blanc du ventre. La dorsale et la
caudale ont une raie de points noirâtres. Une bande noire foncée
colore la base de cette dernière nageoire.

Cette petite espèce a été découverte par le docteur M'leod dans les
petits ruisseaux qui descendent des montagnes de Simla.

M. J. M'clelland[1], qui la trouva une des plus allongées
de ce genre, en a fait un de ses *schistura*.

La Loche aiguillonnée.

(*Cobitis aculeata, Schistura aculeata,* J. M.)

Je trouve encore indiqué dans M. J. M'clelland deux
loches, rangées par lui, à cause de leur caudale fourchue,
parmi ses *schistura*. Il a donné à l'une un nom assez im-
propre pour une loche; mais, ne connaissant pas assez le
poisson, je préfère ne pas changer l'expression de l'auteur
écossais.

Il caractérise cette espèce par une crête tranchante, osseuse
entre les yeux, et des raies nuageuses sur les côtés.

D. 8; A. 7; C....; P. 9.

---

1. *Ind. cyp., As. res.,* vol. XIX, p. 307, et p. 440, pl. 57, fig. 1.

L'auteur ne dit rien autre de ce poisson de l'Assam;
il ne l'a pas figuré.

La Loche cucura.

(*Cobitis cucura*, Buch.)

Cette jolie petite espèce, décrite par M. Buchanan[1],
et dont le dessin a été publié par M. J. M'clelland[2],

a le corps comprimé, la tête petite, obtuse, plus étroite que le
tronc. Deux épines courtes sous l'œil, la dorsale sur le milieu du
dos, la pectorale plus courte que la tête, la caudale ronde, l'anale
carrée.

D. 9; A. 7; C. 15; P. 9; V. 6.

Le fond est blanc, avec des taches sur le dos et sur les côtés,
formant des nuages noirâtres ou des barres irrégulières en travers.

M. Buchanan a trouvé ce poisson dans le Kosi, où il
atteint rarement trois pouces. Cet auteur assure que le
corps est dépourvu d'écailles visibles, ce qui tient à leur
extrême petitesse. M. J. M'clelland dit, que les pêcheurs
le nomment *Chota Kukura*.

C'est une assez grande loche, qui atteint six pouces;
elle vient des rivières du nord du Bengale dans les montagnes. Le second de ces naturalistes l'a trouvée dans les
petits cours d'eau très-lents, à fond sablonneux, de l'Assam
supérieur. L'anatomie de ce poisson ressemble à celle de
nos loches.

----

1. *Gang. fish.*, p. 352.
2. *Ind. cyp. As. res.*, vol. XIX, p. 303, et p. 434, pl. 51, fig 2.

La LOCHE GONGOTA.

(*Cobitis gongota*, Buch.[1])

Le nom de cette espèce s'est changé en celui de *cobitis oculata* dans le travail de M. J. M'clelland.[2]

Son sous-orbitaire a deux pointes courtes et fortes. Le museau porte six barbillons. La tête est ovale, plus étroite que le tronc; la bouche circulaire, avec des barbillons placés à égale distance l'un de l'autre, quatre en haut et deux à l'angle de la bouche. Le plus grand axe de la pupille est vertical; la dorsale est reculée sur le dos; les pectorales sont arrondies; les ventrales plus petites; la caudale est courte comme l'anale.

D. 11; A. 8; C. 17; P. 10; V. 6.

Les écailles peu visibles; la ligne latérale par le milieu du côté. Le fond de la couleur est blanc, nuagé de taches grises en dessus, et argenté en dessous. La dorsale et la caudale sont barrées. M. M'clelland colore les joues et les nageoires en jaune; il donne à la caudale deux larges raies de cette couleur.

La LOCHE BOTIE.

(*Cobitis Botia*, Buch.)

Une des loches épineuses de l'Inde n'a qu'une épine sous-orbitaire. C'est le *cobitis Botia* de M. Buchanan.[3]

Elle a le corps comprimé, couvert de petites écailles. L'épine est forte et non divisée. Quatre barbillons à la lèvre supérieure et deux à l'angle de la bouche. La dorsale est vers le milieu; la caudale est large et en éventail.

D. 14; A. 8; C. 15; P. 13; V. 8.

---

1. *Gang. fish.*, p. 351.
2. *Ind. cyp.*, *As. res.*, vol. XIX, p. 303, et p. 423, pl. 51, fig. 1.
3. *Gang. fish.*, p. 350.

Une bande longitudinale, argentée, se dessine de chaque côté sur le fond vert olive du corps. Le dos est couvert de taches nuageuses. Les nageoires et la tête sont rougeâtres. La dorsale et la caudale portent trois à quatre rangées de points.

M. Buchanan a trouvé le *Botia* dans les rivières du nord-est du Bengale; ce poisson a les mêmes qualités nutritives que nos loches. M. J. M'clelland[1] en a donné une figure, en changeant le nom en celui de *cobitis bimucronata*.

———

Quelques autres loches à sous-orbitaires épineux ont huit barbillons. Ces espèces sont en général remarquables par leur corps arrondi et allongé, et par la position reculée de la dorsale sur le dos de la queue, entre l'insertion des ventrales et celle de l'anale. Le *cobitis montana*, dont j'ai parlé plus haut d'après le Mémoire sur les cyprinoïdes de l'Inde, est tout-à-fait de cette forme. Aussi je soupçonne que cette espèce doit avoir huit barbillons.

Voici les observations tirées des ouvrages de M. Buchanan et de J. M'clelland. Je n'ai décrit, d'après nature, qu'une seule espèce, conservée dans le Cabinet du Roi.

La Loche bulgara.

(*Cobitis bulgara*, Buch.[2])

est un petit poisson,

dont le corps est comprimé, la tête plus étroite que le tronc, la

———

1. *Ind. cyp.*, *As. res.*, p. 3o4, et p. 435, pl. 51, fig. 4.
2. *Gang. fish.*, p. 356.

bouche petite, un peu protractile, avec huit barbillons; l'épine sous-orbitaire divisée jusqu'à la racine; les yeux, rapprochés l'un de l'autre, ont une pupille circulaire; la caudale est coupée en croissant.

D. 7; A. 7; C. 17; P. 7; V. 7.

M. Buchanan dit le corps sans écailles. Le dos est d'une couleur olive pâle, tacheté de maculatures plus foncées; le dessous est argenté. La dorsale et la caudale sont rayées longitudinalement.

Le Bulgara ne dépasse pas deux pouces; il vient de la rivière Kosi.

M. J. M'clelland[1] a donné une figure de ce *bulgara*, en le considérant comme une espèce de ses SCHISTURA.

La LOCHE D'HASSELT.

(*Cobitis Hasselti,* nob.)

J'ai trouvé parmi les dessins envoyés de Java, par MM. Kuhl et Van Hasselt, une petite loche qui me semble voisine de la précédente,

à cause de la petitesse de ses nageoires. Le museau me paraît plus arrondi et plus gros, l'œil excessivement petit; la caudale est échancrée.

D. 7; A. 7; C. 19, etc.

Le dos, vert olivâtre, est tacheté de brun; la caudale a des petits traits verticaux; la dorsale et les autres nageoires ont des traits interrompus; le ventre est jaunâtre.

La longueur de l'individu dessiné est d'un pouce six lignes. Il vient de la rivière Tjelankakan. Il faudrait voir sur la nature si la bouche a six ou huit barbillons; je crois plutôt à ce dernier nombre.

---

1. *Ind. cyp.*, *As. res.*, vol. XIX, p. 307, pl. 53, fig. 2.

La Loche pangia.

(*Cobitis Pangia*, Buch.[1])

Ce poisson semble appartenir à une autre forme générique; car il a, comme les espèces suivantes, le corps un
peu plus rond que les loches ordinaires. Cependant on
voit, par les expressions de M. Buchanan, qu'il rentre encore dans ce genre.

Le corps, d'égale hauteur partout, est un peu comprimé. Les
yeux sont très-petits, les narines tubulaires. La dorsale est reculée
sur le dos, de manière à répondre entre la ventrale et l'anale; celle-
ci est très-petite. Il en est de même des deux nageoires paires.
La caudale est arrondie.

D. 7; A. 7; C. 18; P. 10; V. 6.

La couleur est rougeâtre, et, suivant M. M'clelland, de teinte vive
de cannelle.

M. Buchanan a trouvé le *pangya* dans les rivières du
nord-est du Bengale; on le mange. Il vient à trois ou
quatre pouces de long. M. J. M'clelland[2] a changé le nom
de ce poisson en celui de *cobitis cinnamomea*.

La Loche oblongue.

(*Cobitis oblonga*, K. et V. H.)

Je trouve aussi dans les dessins de Kuhl et Van Hasselt
la figure de deux espèces voisines du *pangya* de Buchanan,
mais dont la caudale est échancrée. L'une d'elles avait reçu
des naturalistes hollandais le nom de *cobitis oblonga*.

---

1. *Gang. fish.*, p. 355.
2. *Ind. cyp. As. res.*, v. XIX, p. 304, et p. 439, pl. 50, fig. 5.

Elle a en effet le corps allongé, rond; la dorsale reculée entre l'insertion des ventrales et de l'anale. L'œil est très-petit, et le peintre a représenté très-nettement une épine sous-orbitaire. Le corps est brun foncé en dessus; jaunâtre en dessous, avec des reflets couleur de chair. La caudale est très-rembrunie, avec un liséré jaune. Les autres nageoires sont rosées; la dorsale a le bord noirâtre.

Le poisson dessiné a deux pouces et demi; il paraît commun à Java, car on le dit des environs de Buitenzorg et des autres rivières.

La LOCHE DE KUHL.

(*Cobitis Kuhlii*, nob.)

Je dédierai à la mémoire de mon ami Kuhl cette espèce, voisine de la précédente

par la forme allongée de son corps, par la position de sa dorsale, par l'échancrure de sa caudale; mais qui en diffère par la brièveté de ses barbillons, par la petitesse des nageoires; et dont le corps est traversé, sur un fond jaune plus ou moins orangé, par douze bandes brunes. La caudale a la base de la même couleur que les bandes, et le liséré jaune. La dorsale, l'anale et la ventrale sont également jaunes. La pectorale est grise.

Ce poisson n'a que deux pouces; il vient des ruisseaux des environs de Batavia. On voit que Kuhl avait eu l'idée de séparer les espèces à sous-orbitaires épineux des autres loches, puisqu'il avait nommé celui-ci *Acanthophthalmus fasciatus,* tandis qu'il aurait donné aux espèces sans épine le nom de *Nemacheïlus.*

La LOCHE THERMALE.

(*Cobitis thermalis*, nob.)

Nous possédons dans la collection du Muséum une de ces petites loches, caractérisées

par les huit barbillons qui entourent un museau comprimé; la tête l'est aussi, mais le tronc est plutôt arrondi. Ces barbillons sont très-courts : il y en a quatre pour la lèvre supérieure, un à chaque angle de la bouche; la lèvre inférieure a le bord libre, frangé, et donne un barbillon. Les yeux sont petits; sous eux est une petite épine mobile, simple. La caudale est arrondie.

D. 8; A. 7; C. 19; P. 7; V. 6.

Ce très-petit poisson a un trait grisâtre tiré du bout du museau vers l'œil; des points noirs sur la dorsale; une tache noire, ocellée sur la base du lobe supérieur de la caudale, qui est traversée par trois bandes noires, courtes et parallèles au bord. Le corps a quelques points gris, sur un fond gris argenté.

Nous en avons reçu un assez grand nombre d'individus longs d'un pouce cinq lignes, et qui tous viennent des eaux chaudes de Cania à Ceylan. Ils ont été rapportés et donnés par M. Regnault, chirurgien à bord de la corvette la Chevrette.

Je trouve aussi dans le travail fait sur la famille des cyprinoïdes de l'Inde, l'indication de quatre espèces distinctes des précédentes, parce qu'elles n'ont que quatre barbillons. Deux, à caudale arrondie, ont été laissées parmi les *cobitis,* et deux autres, à caudale un peu échancrée plutôt que fourchue, ont été considérées comme du genre *schistura.*

La LOCHE A GOUTTELETTES.

(*Cobitis guttata*, J. M.[1])

Cette loche à quatre barbillons, et sans épines sous-orbitaires, a le dos d'une belle couleur verte chargée de petits points; le ventre est argenté.

D. 8; A....; C.....

L'espèce aurait, d'après la figure, le museau épais, arrondi; les barbillons assez visibles, du quart de la longueur de la tête; des points sur la caudale et la dorsale, et un petit trait noir par le milieu de la largeur du corps.

Elle vient du Haut-Assam.

La LOCHE A MUSEAU EFFILÉ.

(*Cobitis phoxocheila*, J. M.[2])

M. M'clelland dit

que la tête de cette curieuse espèce est relevée obliquement, comme celle d'un de ses périlampes; et que l'arête du front, entre les yeux, est tranchante et osseuse; les côtés sont comprimés; il n'y a pas d'épines sous-orbitaires. La caudale est arrondie.

D. 8; A. 6; C. 16; P. 8; V. 6.

Une raie nuageuse va de la tête à la caudale par le milieu du corps, qui est jaunâtre au-dessus et argenté dessous; il n'a pas de taches. La caudale a plusieurs rayures verticales. Les autres nageoires sont incolores.

Cette espèce a été trouvée dans les montagnes du Mish-mée, par M. Griffith.

---

1. *Ind. cyp.*, *As. res.*, vol. XIX, p. 3o5, et p. 438, pl. 52, fig. 5.
2. *Ibidem*, p. 3o5, et p. 439, pl. 52, fig. 4.

La Loche brunatre.

(*Cobitis subfusca*, nob.)

M. J. M'clelland[1] avait fait un *schistura* de cette petite loche à caudale fourchue.

Elle n'a pas d'épines sous-orbitaires; quatre tentacules garnissent le devant de la bouche; les yeux sont rapprochés sur le tranchant fort étroit de l'arête du crâne, comme dans la précédente.

D. 11; A. 7; C. 17; P. 11; V. 7.

Le fond de la couleur est jaune, et dix bandes grises entourent le tronc. Les nageoires sont transparentes et de la teinte du corps.

Cette espèce habite les eaux de l'Assam supérieur.

La Loche scaturigine.

(*Cobitis scaturigina*, Buch.)

Le même auteur a encore placé dans le genre des *schistura* un poisson qu'il n'a pas vu, mais dont il a eu connaissance par un dessin laissé par Buchanan, et dont ce voyageur n'a pas fait usage dans son Histoire des poissons du Gange.

Cette espèce, sans épines sous-orbitaires, aurait, a en juger par le dessin, les nageoires inférieures plus larges que la précédente; la dorsale moins haute de l'avant, et plus étendue; les bandes du corps plus larges, et nuageuses sur le tronçon de la queue. Les rayons de la dorsale ont vers le milieu un petit point noir; la caudale est rosée sur les bords.

---

1. *Ind. cyp.*, *As. res.*, vol. XIX, p. 3o8, et p. 443, pl. 53, fig. 5.

Je ne la crois pas aussi voisine de la précédente, que le pense M. M'clelland[1], et je crois même que cette espèce doit avoir six barbillons. Dans le Mémoire sur les cyprins de l'Inde on a reproduit le dessin de M. Buchanan.

Enfin, il y a des loches qui ont la vessie aérienne membraneuse, semblable à celle des autres poissons, au lieu d'être, comme dans les nôtres, renfermée dans la sphère osseuse qui lui est fournie par la grande vertèbre. De ces loches les unes ont six barbillons, une autre en a huit, toutes trois ont le sous-orbitaire épineux. J'ai examiné sur la nature une de ces espèces, le *cobitis geto* de Buchanan. La dissection m'a fait trouver une vessie oblongue, étroite et simple, comme celle d'une espèce de la famille des *clupées*. M. M'clelland dit, que la vessie est divisée en deux par un septum longitudinal; je n'ai rien vu de semblable. Cet auteur avait pensé que l'on devrait peut-être séparer du genre ces espèces à vessie aérienne différente de celle de la plupart des loches indigènes ou étrangères, et il a proposé, pour désigner cette nouvelle coupe par le nom d'HYMENOPHYSA.[2]

La loche geto, que j'ai examinée avec le plus grand soin, ne présente aucun caractère générique, traduisant à l'extérieur cette différence de conformation, et qui justifierait une séparation.

L'auteur dont j'examine le travail, pour l'apprécier à

---

1. *Ind. cyp.*, *As. res.*, vol. XIX, p. 3o8, et p. 443, pl. 53, fig. 6.
2. *Ibidem*, p. 3o6 et p. 444.

cause de sa grande importance et non pour en faire la critique, n'a pas songé que les variations de la vessie aérienne sont des plus grandes dans des espèces voisines, constituant cependant les genres les plus naturels. Pour ne citer qu'un seul exemple, mais le plus connu de tous les naturalistes, je rappellerai que le maquereau ordinaire de nos côtes de l'Océan n'a pas de vessie natatoire, tandis que cet organe existe dans l'espèce que M. de Laroche a nommée *scomber pneumatophorus.*

Si la présence ou l'absence de la vessie ne peuvent être caractéristiques pour établir des genres en ichthyologie, à plus forte raison les variations que présentera cet organe, quand il existe, ne doivent pas servir à la diagnose de ces coupes, qui deviendraient tout-à-fait arbitraires. On diviserait presque à l'infini les sciènes, si l'on tenait compte des nombreuses différences de la vessie.

Des trois espèces pourvues de cet organe, deux sont voisines l'une de l'autre; leur principale différence consiste dans le nombre de leurs barbillons; je ne connais la troisième que par la figure publiée par M. Gray; elle est enrement distincte de toutes les autres loches, par sa taille et par ses couleurs. Je la laisse à la suite du groupe.

Je vais commencer par décrire le *cobitis geto,* parce que je puis faire cette description d'après nature.

La LOCHE GETO.

(*Cobitis geto,* Ham. Buch., pl. 11, fig. 96.)

Le Muséum doit la possession de cette petite loche à M. Alfred Duvaucel.

Elle a le corps comprimé, le museau obtus, la tête comprise quatre fois et demie dans la longueur totale; le diamètre de l'œil du quart de la longueur de la tête. Les barbillons, au nombre de huit, sont placés ainsi qu'il suit. Les quatre antérieurs sont réunis au bout du museau : deux sont à l'angle de la bouche et appartiennent à la lèvre supérieure; deux autres sont sous la symphyse de la lèvre inférieure. La caudale est fourchue; les autres nageoires sont très-peu étendues.

D. 11; A. 7; C. 19; P. 13; V. 8.

Les écailles sont si petites, qu'on ne les voit qu'à la loupe. Mais elles n'en existent pas moins; de sorte que l'assertion de M. Buchanan, qui dit que le corps est dénué d'écailles, est tout-à-fait erronée. Je suis tenté de croire qu'il en est de même pour toutes les espèces indiquées comme nues et sans écailles. Le sous-orbitaire porte deux fortes épines.

Le corps est traversé par sept bandes d'un vert foncé; teinte qui s'étend sur le vertex, et un peu sur le bord de l'opercule. Dans les deux exemplaires que possède le Muséum, je vois deux bandes noires transversales sur les lobes de la caudale, et un vestige de bande noirâtre sur la dorsale.

Je me suis déterminé à appeler cette loche du nom de *cobitis geto*, parce que je trouve dans le Mémoire de M. M'clelland, qu'il a vu de ces poissons avec deux barres sur la caudale; toutefois il n'en représente qu'une seule dans sa figure, ainsi que M. Buchanan le dit dans sa description.

En faisant l'anatomie de ce poisson, j'ai trouvé un foie gros, cachant des intestins, semblables à ceux de nos loches, et une vessie aérienne simple à parois argentées assez épaisses, alongée en un fuseau très-pointu aux deux bouts. Cette vessie simple communique avec l'intestin par un canal excessivement délié, qui part de son extrémité.

Au-dessus de cet organe sont les reins, situés comme à l'ordinaire.

M. M'clelland observe que les *geto* de l'Assam diffèrent de ceux du Bengale, mais que ces différences ne sont pas assez fortes pour donner lieu à l'établissement d'espèces distinctes. M. Buchanan a trouvé le *geto* dans les marais du nord-est du Bengale.

La Loche Dario.

(*Cobitis Dario*, Buch.[1])

Cette autre espèce, très-voisine de la précédente par les formes et par la distribution des couleurs,

a le corps comprimé, le profil du dos plus arqué que celui du ventre, la tête demi-ovale, et une double épine sous chaque œil. Le museau n'a que six barbillons.

D. 11; A. 7; C. 18; P. 13; V. 8.

Les couleurs sont disposées par bandes transversales, composées de taches noires détachées sur un fond jaune. La caudale porte des bandes interrompues; les autres nageoires n'ont aucunes taches ni rayures.

On trouve le *Dari* dans les rivières du nord du Bengale; il croît à deux ou trois pouces.

M. M'clelland[2] a parlé du *cobitis Dario* avec ses *schistura;* il l'a trouvé dans les grandes rivières de l'Assam, et l'a vu atteindre huit à dix pouces.

---

1. *Gang. fish.*, p. 354, tab. 29, fig. 95.
2. *Ind. cyp.*, *As. res.*, t. XIX, p. 306, et p. 444, pl. 61, fig. 8.

18.

La Loche géante,

(*Cobitis grandis, Botia grandis,* Gray),

a reçu cette épithète de M. Gray[1], parce qu'il la comparait à nos petites espèces d'Europe. Ce zoologiste, n'ayant observé avec soin que deux de nos Loches, avait cru, comme M. Agassiz, devoir les distinguer en deux genres, et avait emprunté au langage des pêcheurs du Bengale, d'après M. Buchanan, pour désigner les espèces à sous-orbitaire épineux, le nom de *Botia;* de sorte que ce poisson a reçu sur la planche de l'ouvrage sur la zoologie de l'Inde, du major général Hardwick, la dénomination de *Botia grandis.*

C'est, en effet, une des plus grandes loches connues; cependant nous avons cité que le *cobitis Dario* atteindrait à huit ou dix pouces. Cette espèce ne l'emporte donc point en cela sur d'autres, nous allons toutefois conserver le nom après avoir fait cette remarque.

Cette loche a le corps gros et trapu, assez semblable, sous ce rapport, à celui de nos tanches. La hauteur du tronc, égale à la longueur de la tête, fait le quart de celle du corps jusqu'à la fourche de la caudale. La tête est pointue, le museau arrondi, l'œil petit. Les deux épines du sous-orbitaire sont très-grosses. Quatre barbillons sont au bout du nez; deux à l'angle de la bouche, et deux à la symphyse de la mâchoire inférieure, mais attachés à la lèvre. La dorsale, sur le milieu du corps, est coupée obliquement. L'anale est pointue; la caudale est fourchue, ses deux lobes sont larges et terminés en pointe.

Sur un fond olivâtre, violacé sur les flancs, et foncé sur le dos, le corps est couvert de nombreuses taches carrées, irrégulières,

---

1. *Ill. of Ind. Zool.,* by *Maj. gen. Hardwick,* part. X.

La tête est violette, avec des taches jaunes. Les lèvres, l'œil et l'épine sont de cette couleur. Toutes les nageoires sont jaunes. La dorsale a des barres longitudinales et verticales grises; le bord est roux. La caudale a quatre bandes verticales de taches grises et le bord roussâtre. L'anale a une barre grise près de sa base, et trois séries de points plus pâles, et un peu de roux sur le bord. La ventrale a les mêmes dessins. La pectorale a quatre raies grises, verticales.

La figure représente un poisson long de sept pouces. M. Gray dit qu'on le nomme *Almorah* dans l'Inde.

C'est une loche sous tous les rapports : M. M'clelland remarque que c'est la seule espèce tachetée dans ce groupe.

* * *

La Loche malaptérure.

(*Cobitis malapterura*, nob.)

M. Aucher Éloy a envoyé de Syrie, au Cabinet du Roi, une loche, que l'on pourrait considérer comme le type d'un genre distinct, si on n'étudiait pas l'ensemble de son organisation. C'est pour cela que j'en parle dans un paragraphe à part.

Elle se distingue, en effet, de toutes les espèces que j'ai examinées,

par la grandeur et par l'épaisseur des mâchoires. La supérieure fait saillie vers le milieu en une sorte de petit cuilleron, et l'inférieure, arrondie, est échancrée dans le milieu. Une muqueuse épaisse recouvre ces parties osseuses, qui portent des lèvres charnues et larges. Il y a six barbillons, quatre à la mâchoire supérieure et deux à l'angle de la bouche. Les ouïes sont largement fendues. Il n'y a pas d'épines sous-orbitaires; mais la joue est percée d'une assez grande quantité de petits pores blancs.

La longueur de la tête fait, à peu de choses près, le cinquième de la longueur totale. L'œil est petit, assez haut sur le profil; et presque sur le dessus de la tête. Les deux narines, rapprochées des yeux, sont ouvertes sur le haut du crâne. La dorsale, arrondie, s'élève sur le milieu de la distance du bout du museau à la naissance de la caudale; celle-ci, arrondie, est égale à la longueur de la tête. Les autres nageoires sont petites et rondes.

D. 8; A. 7; C. 21; P. 9; V. 6.

Sur presque tout le dos de la queue un repli de la peau s'élève plus que dans aucune autre loche, et y forme, comme une seconde nageoire, une sorte de nageoire adipeuse. Le corps, quoique très-lisse, est couvert d'écailles très-petites, qu'on ne découvre qu'à la loupe et avec le plus grand soin.

La couleur du poisson, conservé dans l'alcool, est grise, avec de nombreuses rivulations blanches. En cherchant à voir les écailles avec une forte loupe, on remarque que le centre de chacune porte un petit point brun, et que le bord reste blanchâtre; c'est ce qui détermine la couleur grise de tout le corps. Une bandelette noire colore la base de la caudale, qui est, ainsi que la dorsale, pointillée de noirâtre. La pectorale et la ventrale sont, en dessus, grises, avec des points plus foncés, et en dessous, d'une couleur jaunâtre uniforme.

En examinant les parties internes, on trouve à cette loche des pharyngiens armés de dents, comme notre misgurne; un canal intestinal simple, à petite courbure, et une vessie aérienne, contenue dans une boîte osseuse, semblable à celle de nos loches.

On ne peut donc se refuser à placer l'espèce dont je traite dans le genre des loches, tout en la considérant comme une des plus singulières, à cause du rudiment de nageoire adipeuse sur la caudale : ce qui montre les affinités des loches avec les siluroïdes, en même temps que la forme des mâchoires donne un second caractère non moins remarquable; mais, pour tout le reste, il est évident que ce poisson est une loche.

CHAPITRE XX.

Des BALITORES (*Balitora,* Gray).

Le genre nouveau de poisson, dont il va être traité dans ce chapitre, a été découvert dans les eaux douces de Java par MM. Kuhl et Van Hasselt. Ces infatigables zoologistes avaient reconnu les caractères particuliers de ces cyprinoïdes, et ils avaient envoyé trois espèces accompagnées de dessins élégans faits d'après nature. Le nom qu'ils avaient imaginé n'a pas été imprimé. Ils auraient appelé leur nouveau genre *Homaloptera.*

Depuis la mort de ces deux savans, M. Gray, chargé de la partie ichthyologique de la Zoologie indienne du major-général Hardwick, a trouvé deux espèces de ce genre, et il les a publiées sous le nom de *Balitora Brucei* et *Balitora maculosa.* Les figures données par M. Gray sont assez reconnaissables pour déterminer des espèces; mais elles ne sont pas exemptes de tout reproche; car il a oublié les barbillons de l'une d'elles, et il n'en fait figurer grossièrement que quatre à la seconde; ceux des angles de la bouche ayant été oubliés. Cependant, comme M. Gray a déjà fait paraître depuis long-temps ce nom de *Balitora,* emprunté de Buchanan, j'ai cru devoir l'accepter, afin de ne pas augmenter encore d'un synonyme nouveau la nomenclature déjà assez complexe de ces poissons; car M. J. M'clelland n'a pas eu la même réserve que moi. Il a changé le nom de *Balitora* en celui de *Platycara,* qui signifie tête plate.

Voilà donc des poissons à peine connus des ichthyologistes, qui auraient déjà reçu trois noms. Ils sont voisins des loches par leur bouche sans dents, garnis de petits barbillons; mais ils en diffèrent par leur tête aplatie, par la grandeur de leur pectorale et de leur ventrale, dont les os huméraux ou pelviens forment de larges plaques osseuses, qui donnent attache à la nageoire, de manière à ce qu'elle s'étale horizontalement, comme celle des callionymes. Le corps est couvert d'écailles visibles en dessus; mais la région pectorale et ventrale est nue.

Ils ont un canal intestinal simple, court; l'estomac est grand, rond, et distinct du reste du canal alimentaire. Ils n'ont pas de vessie natatoire.

Nous ne connaissons qu'un petit nombre d'espèces de ce genre, toutes indiennes.

Le BALITORE A MUSEAU ROUGE.

(*Balitora erythrorhina*, nob.)

MM. Kuhl et Van Hasselt avaient envoyé cette espèce au Musée royal de Leyde, sous le nom de *Homaloptera erythrorhina*.

La forme du corps ressemble beaucoup à celle de nos aprons du Rhône. L'endroit le plus épais du tronc répond à la base de la dorsale, où la hauteur, égale à l'épaisseur, est comprise six fois dans la longueur totale. Le museau est pointu, coupé en ogive. La ligne du profil monte insensiblement jusqu'à la dorsale; elle est un peu soutenue au-dessus de l'orbite, un peu plus en arrière de la nuque, de sorte que cette ligne est légèrement ondulée. Elle descend rapidement à partir de la nageoire, ce qui fait que la hauteur de la queue n'est plus que des deux cinquièmes de celle du tronc. Le dessous de la tête et de la poitrine est plat. La ligne du profil inférieur est légèrement et régulièrement concave. La longueur de la tête est un peu plus courte que le tronc n'est élevé. Les deux yeux sont presque verticaux, tant le cercle de l'orbite entame la ligne du profil. Ils sont petits; car leur diamètre n'est guère que le sixième de la longueur de la tête; ils ne sont pas écartés l'un de l'autre de trois fois leur diamètre. Les deux ouvertures de la narine sont si rapprochées, qu'elles semblent confondues, et elles sont tout près de l'œil.

On ne voit à l'extérieur, ni le sous-orbitaire ni aucune pièce de l'appareil operculaire.

L'ouverture de la bouche est tout-à-fait en dessous et en arc de cercle. La lèvre supérieure reçoit exactement l'inférieure. Il y a deux tentacules très-courts à l'angle de la bouche, et quatre autres plus courts au-dessus de la lèvre supérieure. Les machoires n'ont aucune dent. L'isthme de la gorge est très-large, et il est encore augmenté parce que la membrane branchiostège ne se replie pas sous l'opercule. Les rayons sont au nombre de trois; les deux externes sont larges et aplatis; le troisième est grêle et rond. Les dents pharyngiennes sont pointues, sur un seul rang. J'en ai vu cinq. La ceinture humérale forme un cercle solide et épais, sur lequel les pectorales, insérées par une sorte de pédicule, s'étalent horizontalement, comme celles des callionymes, par exemple. Les nageoires, étendues, sont plutôt quadrilatères que rondes. Le premier rayon est un peu plus fort que les autres. Sous l'aplomb de la dorsale on voit les ventrales, qui sont, par conséquent, insérées aux deux cinquièmes de la longueur du corps; elles s'étalent horizontalement comme les pectorales, et elles ont à peu près la même forme. La dorsale a le bord concave; elle est plus basse de l'arrière que de l'avant. Assez loin en arrière est implantée l'anale, nageoire étroite, et deux fois aussi haute que longue. La caudale est profondément fourchue et ses lobes sont égaux et pointus.

B. 3; D. 10; A. 6; C. 25; P. 15; V. 9.

Les écailles sont petites. J'en compte quatre-vingts, rangées entre l'ouïe et la caudale; elles sont rondes, ont leurs petites carènes longitudinales saillantes au-delà du bord, ce qui les rend comme dentelées; elles ont d'autres stries rayonnantes, et des stries circulaires.

Dans l'alcool, le poisson est devenu roussâtre. On voit encore une suite de traits noirs sur le milieu des rayons de la dorsale, y formant par leur réunion une bandelette. Il y en a une semblable sur l'anale; la caudale est aussi tachetée en travers sur ses lobes; les nageoires paires ont des taches brunes foncées et irrégulières.

D'après le dessin fait sur la nature vivante, les couleurs sont peu altérées sur le corps et sur les nageoires; les membranes de l'ouverture des narines seules sont décolorées. MM. Kuhl et Van Hasselt les représentent rouges.

L'estomac est dilaté en un assez grand sac, à parois tout-à-fait membraneuses et transparentes, à travers lesquelles on pouvait facilement apercevoir les insectes dont le poisson fait sa nourriture. Du haut de l'estomac et sur le côté droit naît l'intestin, qui descend le long du renflement stomacal, se contourne pour remonter sous le viscère, et passe dessus pour se rendre droit à l'anus. Le foie est très-petit et réduit à un lobe mince, qui remplit l'anse de la première portion repliée de l'intestin. Les ovaires de la femelle que j'ai disséquée, étaient volumineux, et remplissaient plus des quatre cinquièmes de la cavité abdominale. Il n'y a pas de vessie aérienne. J'ai compté dix-neuf vertèbres abdominales. Les côtes sont assez fortes.

Le plus grand individu reçu au Cabinet du Roi, par les soins généreux de M. Temminck, est long de quatre pouces neuf lignes.

Je ne vois, d'ailleurs, sur cet individu aucune trace de taches sur le dos de la queue, tandis que deux autres poissons, longs de trois pouces, ont des taches rondes et plus rousses que le fond. Ces taches s'effacent-elles avec l'âge? Il n'y a pas sur ceux-ci de bandelettes latérales, même effacées. Enfin, la distance entre l'extrémité des pectorales et le bord des ventrales les distingue de l'espèce suivante.

Ces petits poissons viennent des environs de Buitenzorg.

Le BALITORE OCELLÉ.

(*Balitora ocellata*, nob.)

Les mêmes naturalistes ont aussi envoyé de Java, près de Buitenzorg, sous le nom de *Homaloptera ocellata*, une seconde espèce, distincte de la précédente parce que

la pointe des pectorales touche au bord de la ventrale; elle a la tête plus courte, le museau plus rond, les yeux plus petits et plus écartés. Les nageoires paires plus arrondies, quand elles sont étalées; les pectorales conservent une forme elliptique; l'anale plus ronde et moins haute, et la caudale simplement échancrée.

D. 9; A. 6; C. 23; P. 17; V. 9.

Le corps est tellement plus raccourci que les écailles, quoique plus petites, ne sont qu'au nombre de soixante-dix dans la longueur. La peau du dessous de la gorge et du ventre est nue et sans écailles. La ligne latérale est très-visible, droite et tracée par le milieu du côté. Il y a, comme dans l'espèce précédente, les mêmes barbillons au bout du museau et à l'angle de la bouche, qui est aussi en dessous et sans dents.

Dans l'alcool, la couleur paraît rousse, avec cinq taches rondes noires sur le dos de la queue, en arrière de la dorsale, et avec trois autres nuageuses au-devant de la nageoire. Le dessus du crâne est grivelé de noirâtre. Une bandelette longitudinale noire va de l'opercule à la caudale. Les nageoires sont tachetées ou rayées de noir. Vivant, le corps a le fond verdâtre, avec les taches noires foncées telles que je viens de les indiquer. Il y a de l'orangé à la pectorale et à la caudale.

Ce petit poisson, long de deux pouces huit lignes, vient de Buitenzorg. Nous devons aussi cet exemplaire à M. Temminck, directeur du Musée de Leyde.

18.

10

Le BALITORE PAVONIN.

(*Balitora pavonina*, nob.)

J'ai encore observé dans les collections de ces deux zélés naturalistes, une autre espèce, qu'ils me paraissent avoir confondue avec la précédente, à cause de la ressemblance des couleurs.

Ce poisson

a le corps plus alongé; la tête plus étroite et plus pointue de l'avant; les yeux plus grands et plus bas sur les côtés de la joue; les pectorales courtes et trapézoïdales; les ventrales arrondies; la caudale plus échancrée, avec le lobe inférieur plus long; l'anale plus carrée.

D. 10; A. 6; C. 22; P. 18; V. 9.

En dessous on remarque la petitesse de la bouche, la largeur et l'épaisseur de la lèvre, ainsi que la brièveté des barbillons. Tout le ventre, jusqu'à l'anus, est nu, sans aucunes écailles. Celles des flancs et du dos sont petites, mais solides et imbriquées. Une carène relevée sur chacune dépasse le bord, et les rend un peu âpres: elles sont plus grandes que dans les deux autres espèces; car je n'en compte que soixante-cinq rangées sur un corps plus alongé.

Tout le dessus est noirâtre. Au-devant de la dorsale il y a des points ronds et noirs. En arrière de cette nageoire, cinq grandes taches ou ocelles noires, encore mieux dessinées que dans l'espèce précédente, à cause du cercle blanc qui les entoure, donnent cependant à ce poisson de la ressemblance avec l'autre. Les nageoires sont tachetées de noir. Il n'y a pas de bandelettes longitudinales.

Le Balitore pavonin que j'ai ouvert était une femelle. Ses œufs et ses ovaires sont bien moins gros que ceux du précédent. L'estomac est plus court et plus globuleux, de sorte que le pli de l'intestin se fait au-delà de ce viscère, à peu près à la moitié de la longueur

de la cavité abdominale. Le reste de l'intestin passe de même
sur l'estomac, et se continue droit jusqu'à l'anus. Il n'y a pas non
plus de vessie aérienne. Le péritoine était noir. Les vertèbres abdominales sont au nombre de seize.

J'ai déterminé l'espèce précédente en comparant le dessin de M. Kuhl avec l'individu de sa collection. Je ne
crois pas qu'il ait figuré celle établie ici, et qui est différente
par sa forme et par ses couleurs, puisqu'elle n'a pas les
pectorales aussi longues, et de bande noire sur les côtés.

L'individu donné par M. Temminck est long de quatre
pouces.

Le BALITORE RAYÉ.

(*Balitora lineolata*, nob.)

M. Diard a envoyé de la Cochinchine une autre espèce
de ces balitores, très-différente des précédentes par son
corps raccourci, par la grandeur de ses pectorales, dont
la pointe recouvre les ventrales, par la brièveté de son
museau arrondi, et, enfin, par la forme singulière des tentacules.

Les barbillons supérieurs sont plats et frangés sur les bords; ceux
de l'angle de la bouche sont très-petits et simples.

D. 9; A. 5; C. 23; P. 22; V. 18.

Tout le dessous du corps est sans écailles. Celles de la queue
sont larges, plus grandes que celles de la région du dos et de la
pectorale. Sur un fond gris, le corps a cinq raies noires longitudinales. Les pectorales et les ventrales en ont quatre; la caudale
a quatre ou cinq, et il y a trois séries de points sur la dorsale.

Dans ce petit poisson le canal intestinal devient long, et se
plie huit à dix fois sur lui-même, en s'enroulant comme celui
d'un têtard de grenouille. L'estomac est petit comme un gros grain

de chenevis. Le duodénum naît d'en haut et de sa droite. Le foie a peu de grosseur; les ovaires étaient assez petits, quoique les œufs fussent gros et développés; mais ces organes ont peu de place, parce que la masse intestinale remplit presque tout l'abdomen. Il n'y a pas de vessie natatoire.

Ces poissons n'ont que deux pouces de long, et la largeur des pectorales est de onze lignes.

Parmi tous ces poissons, voisins des loches, mais qui s'en éloignent par leur forme générale, il n'y en a pas de plus singulier que ce petit cyprinoïde, qui ressemble à une squatine (*squalus squatina*, Linn.), vue avec un verre rapetissant; c'est la comparaison la plus juste que l'on puisse en faire. J'ai cependant choisi pour nom spécifique un trait rappelant la coloration du corps, parce qu'elle est aussi fort caractéristique, et constante dans tous les individus de cette espèce.

Le BALITORE DE BRUCE.

(*Balitora Brucei*, Gray.)

Il y a dans les Illustrations de la zoologie indienne du major-général Hardwick la figure de deux espèces, voisines de celles que je viens de décrire.

La première, que M. Gray, auteur de la partie scientifique de cet ouvrage, a dédiée à Bruce, sous le nom de *Balitora Brucei* [1], ressemble un peu au *Balitora ocellata;* car elle a, comme celui-là, les pectorales grandes et touchant presque au bord des ventrales; mais elle en diffère par son museau plus rétréci, par sa queue aussi longue au moins que celle

----

1. Gray, *Illustrat. of Ind. Zool. by Major. gen. Hardwick*, tab. 5, fig. 1.

du *Balitora pavonina.* Le corps est gris foncé, tacheté de noir. Les nageoires sont rousses, avec des rayures noires. Les yeux, rouges, sont entourés d'un cercle noir.

M. J. M'clelland[1] donne cette espèce dans ses Cyprinoïdes de l'Inde, d'après l'ouvrage de M. Gray, et il en copie la figure; car il n'a pas vu lui-même ce poisson. Ce zoologiste n'a pas figuré de tentacules autour de la bouche; mais on ne saurait douter qu'il n'y en eût de petits comme dans les congénères.

L'espèce vit dans les grands ruisseaux qui descendent des montagnes de l'Inde.

Le Balitore taché.

(*Balitora maculata*, Gray.)

La seconde espèce a[2]

le corps plus court et plus rond. La tête est très-raccourcie, arrondie; les yeux petits, écartés et reculés près de la nuque. La pectorale, large et ovalaire, ne touche pas à la ventrale, qui est ronde; la dorsale, basse, est arrondie; l'anale est petite et coupée carrément; la caudale est échancrée, et ses deux lobes sont égaux. Les écailles sont petites.

La couleur est un gris jaunâtre, tacheté de noir; celle de la tête est bleuâtre; la caudale, grise, a le milieu brun orangé, avec deux rangées verticales de points noirs. Les autres nageoires, sans aucunes taches, ont les rayons blancs, et une teinte très-pâle, un peu jaunâtre sur la membrane.

L'auteur marque les quatre barbillons de la mâchoire supérieure de cette espèce; mais il oublie ceux de l'angle de la bouche.

---

1. J. M'cl., *Ind. cyp.*, *As. res.*, vol. XIX, p. 299, et p. 428, pl. xlix, fig. 1.
2. Gray, *Ind. Zool. of Maj. gen. Hardwick*, tab. 5, fig. 2.

M. J. M'clelland a vu ce poisson. Il lui compte ainsi les rayons :

D. 8; A. 6; C. 19; P. 17; V. 9.

Il a observé que l'estomac et l'intestin forment un tube charnu, continu, pas plus long que le corps. La figure donnée par cet auteur[1] est une copie de celle de M. Gray : c'est le *Platycara maculata* des cyprinoïdes de l'Inde. Il faisait partie des collections recueillies dans les montagnes du Boutan par M. Griffith.

Le BALITORE NASON.

(*Balitora nasuta*, J. M.)

M. J. M'clelland donne encore, sous le nom de *Platycara nasuta,* une espèce distincte de toutes les précédentes, et qui pourrait bien être le type d'un genre particulier.

Son caractère le plus apparent consiste dans son museau, subitement déprimé entre les yeux, et creusé d'une large fossette entre les narines. Le corps, gros et cylindrique, est recouvert de trente-quatre rangées longitudinales d'écailles sur huit de hauteur. Les nombres sont :

D. 10; A. 6; C. 15; P. 16; V. 9.

Ce poisson, long de six pouces, a été trouvé par M. Griffith dans les montagnes du Kasydeh. L'auteur a d'abord décrit et figuré ce poisson sous le nom de *Platycara nasuta,* dans le Journal de la société asiatique du Bengale[2], et il a reproduit le dessin et la description, sans y rien

---

1. *Ind. cyp.*, *As. res.*, t. XIX, p. 299, et p. 427, pl. XLIX, fig. 2.
2. *Journ. As. soc. of Bengal.*, vol. VII, part. II, 1838, p. 947, pl. LV, fig. 2, *a*, *b*.

changer, dans le mémoire sur les cyprinoïdes de l'Inde.[1]
Le dos et les nageoires sont verdâtres; le ventre est blanc.
La figure de la tête, vue en dessous, quoique un peu
embrouillée, montre que la bouche est ouverte sous la
saillie du museau; mais on n'y a indiqué aucuns barbillons. Les nageoires paires paraissent larges et carrées, sans
se toucher. A en juger par la figure du dessus de la tête,
je serais assez porté à croire que ce poisson n'est pas du
même genre que les autres balitores, et je lui réserverais
le nom de PLATICARA; mais il faudrait avoir vu l'animal pour
me prononcer plus positivement; c'est pourquoi je l'ai
laissé provisoirement à la suite des autres espèces.

---

1. *Ind. cyp.*, *As. res.*, vol. XIX, pl. LVII, p. 3oo et 428.

CHAPITRE XXI.

Des Pœcilies, des Cyprinodons, des Fundules, des Hydrargyres et Grundules.

Les ichthyologistes qui liront le nouveau travail consigné dans la suite de ces articles, verront, en le comparant aux premiers essais de M. Cuvier dans le Règne animal, ou à ceux que j'ai insérés dans les Recherches de zoologie et d'anatomie comparée de M. de Humboldt, avec quel soin j'ai refondu la monographie de ces petits poissons. Plus j'ai examiné et décrit avec détails les nombreuses espèces de ces genres, et plus je me suis convaincu que ces poissons ne doivent pas être séparés de la famille des Cyprinoïdes, si l'on veut conserver dans la méthode le rang que doit garder la coupe appelée *famille,* et si l'on ne veut pas la faire descendre à la position de celle du genre; c'est-à-dire, qu'en partant de l'espèce comme premier échelon, le genre est placé au second rang et la famille au troisième.

Les genres réunis dans le dix-huitième livre de notre Ichthyologie, ont tous, dans l'ordre des Malacoptérygiens abdominaux, les caractères nets et naturels d'une structure de mâchoires semblables; les intermaxillaires soutenant à eux seuls l'arcade supérieure de la bouche, les deux maxillaires formant, derrière ceux-ci, un arc concentrique, et la mâchoire inférieure complétant le cercle de l'ouverture orale. Ces caractères, joints à ceux qui circonscrivent l'ordre auquel appartient cette famille, la distinguent

nettement et suffisamment des autres malacoptérygiens abdominaux. Un grand nombre de genres et de groupes variés,
se composera de poissons sans dents aux mâchoires; mais
la nature fera reparaître ces organes sur les mandibules de
plusieurs autres. Elle montre par là au naturaliste que les
dents ne peuvent être considérées, dans cette famille,
comme un caractère de première valeur, à cause de la pro-
fusion des formes génériques ou spécifiques qui apparaissent avec des mâchoires inermes.

Les caractères anatomiques de tous ces cyprinoïdes
viennent, par leur similitude, confirmer leurs rapprochements.

Cependant un très-célèbre ichthyologiste a eu une manière de voir différente de la mienne. M. Agassiz, dont
j'honore le talent autant que j'aime le caractère, a cru
devoir faire une famille de cyprinoïdes composée seulement des cyprins subdivisés en nombreux genres, et
des Loches, également partagées. Il a établi ensuite, sous
le nom de Cyprinodontes, une seconde famille, composée
des anableps, des pœcilies, des cyprinodons et des genres
voisins.

D'abord je me hâte de dire qu'au fond il n'y a pas entre
nous de véritable dissentiment, il n'y a que de simples
nuances dans l'appréciation de la valeur des caractères
pour agrandir ou resserrer le cercle des familles naturelles. Dans le mémoire où M. Agassiz a commencé à
émettre l'idée de diviser nos cyprinoïdes en deux familles,
il a caractérisé comme nous le groupe auquel il réservait
ce nom, en ajoutant à la diagnose de la famille l'absence
des dents. En un mot, il n'a pas considéré qu'il dût
exister des cyprinoïdes avec des dents aux mâchoires.

En passant en revue la série des poissons, on voit que les dents des mâchoires (je ne parle pas ici des palatines, des vomériennes ou des pharyngiennes) varient beaucoup dans les familles et quelquefois même dans les genres les plus naturels. Les mulles dans les percoïdes, les caranx parmi les scombéroïdes, les muges, offrent la preuve de ce que j'avance.

C'est par l'étude des espèces faite une à une, avec autant de peine que de persévérance, que l'on arrive à bien saisir ces nuances; à apprécier le degré de la valeur du caractère. L'on s'affranchit ainsi de beaucoup d'entraves dans l'échafaudage de la classification méthodique.

L'on comprend alors que, pour caractériser les familles naturelles, il ne faut pas toujours employer le même organe.

Les dents, qui nous fournissent de bonnes caractéristiques pour les Percoïdes opposées à celles des Sciénoïdes, n'ont plus la même valeur pour les Scombéroïdes, chez lesquels la nature a, sans contredit, donné plus d'importance aux organes du mouvement. En ne perdant jamais de vue ces principes, on fonde des familles naturelles ; en ne voulant pas astreindre toute une classe à être subdivisée en groupes par la valeur d'un seul caractère, on n'établit pas une méthode artificielle, tout en ayant pour but la fondation d'une classification en familles naturelles.

Il faut ensuite se demander si le caractère que l'on prend pour signaler la famille, pourra être traduit à l'extérieur de manière à ce que le naturaliste qui étudie avec détails, et selon les principes établis, ne reste pas embarrassé, ou quelquefois même dans l'impossibilité d'appliquer la diagnose que vous lui indiquez comme rigoureuse. Ces observations ne nous laissent pas long-temps incertains sur le parti à suivre pour les cyprinoïdes.

Un des plus savans zoologistes de l'Europe, M. le prince de Canino, a présenté une longue série de familles comme une classification méthodique des poissons. Pour les cyprins, il n'a fait autre chose que de suivre les idées de M. Agassiz, et il divise nos cyprinoïdes en *Cyprinidæ* et en *Pœcilidæ*, au lieu de dire, comme le célèbre naturaliste de Neufchâtel, Cyprinoïdes et Cyprinodontes.

Chaque famille comprend des sous-divisions. La première a deux sous-familles, les *Cyprinini* et les *Leuciscini* : je ne vois pas qu'il soit très-facile de faire rentrer sous la diagnose donnée par l'auteur, les Carpes et les Cobitis qui doivent y appartenir à cause de leur bouche à barbillons; et comment il établit qu'une carpe a le corps couvert d'écailles plus rares que le gardon; celui-ci, à cause de l'absence des barbillons, étant un de ses *Leuciscini;* si d'ailleurs il veut dire que la carpe avec ses grandes écailles n'en a qu'un petit nombre sur le corps, que fera-t-il alors des barbeaux (*cyprinus barbus,* Linn.), par exemple, ou de la tanche (*cyp. tinea,* Linn.).

La seconde sous-famille est subdivisée en deux : l'une, les *anableptini,* pour l'*anableps tetrophthalmus* de Bloch, dont le caractère, tiré de la forme remarquable de la cornée, est celui du genre, et il est le seul; car la seconde phrase de la diagnose convient à la majeure partie des *pœcilini* de l'auteur, qu'il caractérise en disant: *Maxillæ depressæ, protractiles,* caractère qui n'appartient qu'aux Pœcilies seules : il ne peut être réellement donné aux autres genres de cette famille.

Si l'on veut tenir compte des rayons de la membrane branchiostège, on arrive alors à poser des caractères négatifs, ce qui est non-seulement vague, mais même, selon moi, contraire aux principes de la saine philosophie, les caractères devant exprimer ce qui existe.

Ces réflexions me paraissent suffisantes pour faire comprendre que ces règles et ces principes de classification sont les véritables : je multiplierais les preuves par des exemples de détails, faciles à prendre dans la seule classe des poissons, mais je ne puis le faire ici sans donner trop d'extension à cette discussion, qui deviendrait alors une digression.

Je laisse donc les genres dont il va être traité successivement, dans la famille des cyprinoïdes, parce que toutes les espèces ont le bord de l'ouverture de la bouche limité par les seuls intermaxillaires, que les maxillaires décrivent derrière ceux-ci un arc semblable, sans porter jamais de dents; que le palais est toujours lisse; que le canal intestinal est simple, en général alongé, étroit, d'un diamètre presque égal dans toute sa longueur. Toutes ces espèces ont une vessie natatoire simple. Un seul genre américain, mais dont la place est encore incertaine, celui qui renferme le Guapucha, a la vessie aérienne double. Si ce dernier poisson est bien placé, cette observation aura une haute importance; car elle rattache les cyprinoïdes sans dents et à vessie aérienne double, à ceux dont les mâchoires sont dentées et dont la vessie aérienne est simple.

Si l'on voulait arguer de là que le caractère de la simplicité de la vessie doit entraîner la séparation de ces genres d'avec les autres cyprinoïdes, que l'on réfléchisse que la nature montre la même répétition, la même combinaison de formes intérieures dans les salmonoïdes, dont il y a autant de genres à vessie aérienne simple qu'à vessie aérienne double.

La plupart des espèces des genres voisins des pœcilies, sont vivipares. Cette particularité de leur organisation est connue depuis très-longtemps, comme je le démontrerai à leur article. Cependant il ne faut pas dire que toutes le soient.

Un fait anatomique, qui paraît se rattacher le plus souvent à la viviparité, mérite d'être signalé. C'est que les poissons de ces genres dans lesquels j'ai constaté, par la dissection, la faculté de reproduire leurs petits vivans, n'ont qu'un seul ovaire. Il ne faut pas cependant oublier que la perche de nos eaux douces, poisson bien connu pour être ovipare et pour pondre ses œufs d'une manière toute particulière, n'a aussi qu'un seul ovaire; d'un autre côté, les anableps, qui sont les plus vivipares de tous les poissons, ont deux ovaires. Que l'on ne se hâte donc pas en histoire naturelle d'établir des lois générales, quelque séduisans que soient les résultats généraux.

Le plus grand nombre de ces poissons fourmille dans les eaux douces ou saumâtres de l'Amérique. Cependant on en trouve en Europe et en Afrique.

DES POECILIES.

Le nom de pœcilie (*pœcilia*) a été employé dans nos catalogues ichthyologiques par Bloch. Dans son édition posthume cet auteur désigne sous ce nom un genre assez mal défini, et dans lequel il a réuni plusieurs espèces qui ont dû être placées dans des coupes différentes; ce qui est l'ordinaire pour les genres de cette ichthyologie. Ce nom grec ne désignait pas chez les anciens un poisson en particulier, mais il avait été employé comme épithète d'une ou de plusieurs espèces parées de couleurs variées. Il est impossible de les déterminer aujourd'hui.

Bloch, auteur de ce genre, n'a vu que la première espèce, le *pœcilia vivipara* : elle m'est inconnue. Celles qui suivent sont d'abord deux doubles emplois d'un même poisson : le *pœcilia cœnicola* et le *pœcilia fasciata* étant évidemment la même chose; le *pœcilia majalis* est d'un genre différent.

Quant au *pœcilia fusca*, tiré des manuscrits de Forster, nous avons déjà reconnu, par l'examen du dessin de ce savant naturaliste, dont la copie nous a été communiquée par Mme Lee (Formerly Bowdich), que c'est notre *éleotris nigra*[1]. Nous serions tout-à-fait confirmé dans cette détermination, s'il nous restait quelques doutes à cet égard par la lecture de la description entière. Cette prétendue pœcilie, faite par le savant compagnon de Cook, sous la dénomination de *cobitis pacifica*, les naturalistes peuvent la consulter aujourd'hui dans la publication des œuvres du célèbre voyageur, par M. Lichtenstein. Nous remarquons cependant que le zoologiste de Berlin a oublié de citer notre détermination à côté de celle de Bloch. Forster avait eu une singulière idée en comparant un poisson à deux dorsales au *cobitis heteroclita*, dont il ne se faisait pas une idée claire; mais l'auteur du genre Éleotris a été encore plus éloigné de la vérité en le mettant dans ses pœcilies.

---

1. Cuv. et Val., Poissons, t. XII, p. 233.

Enfin, Bloch termine par l'espèce indéchiffrable du *cobitis japonica* d'Houttuyn.

Lorsque M. Cuvier publia la première édition de son Règne animal, il avait cru reconnaître le *pœcilia vivipara* de Schneider dans un petit poisson qu'il tenait de Levaillant. Cet ornithologiste, qui s'est rendu célèbre par ses Voyages au cap de Bonne-Espérance, était retourné à Surinam, sa patrie, et en avait rapporté diverses collections d'oiseaux, de reptiles et de poissons. C'est ce qui explique comment il a publié, dans son Histoire des oiseaux d'Afrique, plusieurs espèces américaines. Il céda à M. Cuvier ses collections ichthyologiques, qui furent données par cet illustre savant à la collection du Jardin des plantes, dont il aimait à enrichir toutes les parties. Je me suis servi des mêmes exemplaires pour rectifier dans mon travail sur ce genre de Cyprinoïdes les déterminations et les caractères qui avaient été assignés à ce groupe. En faisant ces changemens, j'ai composé et caractérisé tout autrement le genre des Pœcilies, dont j'ai seulement emprunté le nom à Bloch. J'ai alors commis une erreur en étudiant sur des exemplaires assez mal conservés les très-petites dents de ces poissons, et en disant que les mâchoires n'en portent qu'une seule rangée. M. Duvernoy[1] m'a rectifié sur ce point dans un mémoire sur le développement de la pœcilie.

Peu de temps après la publication de mon travail, M. Lesueur faisait connaître[2] une nouvelle espèce de ce genre.

Mais les naturalistes ont jusqu'à présent négligé de rapporter la première observation sur ces poissons vivipares.

---

1. Ann. des sciences nat., Mai et Juin 1844, p. 313 et suiv.
2. Ann. des sciences nat. phil., 1821.

Elle est cependant assez complète pour l'époque où elle a été publiée. On la trouve consignée dans une lettre écrite de Mexico à l'Académie des sciences par don Joseph-Antoine de Alzate y Ramirez, correspondant de la savante compagnie. Elle est citée dans la relation du Voyage en Californie, entrepris pour l'observation du passage de Vénus sur le soleil en 1769, par l'abbé Chappe d'Auteroche. Cet astronome, membre de l'Académie, mourut encore jeune, pendant son expédition. La publication de son voyage en Californie parut en 1772 par les soins de Cassini fils. C'est à la suite des relations établies par ces savans académiciens avec le Mexique, que Cassini reçut de don Alzate des petits poissons d'un lac de Mexico avec des détails sur leur organisation remarquable et sur leurs mœurs. Fougeroux de Bondaroy, neveu de Duhamel, et qui devait à ce titre payer son tribut à l'ichthyologie, donna à son collègue Cassini une note pour l'intelligence de la lettre de don Alzate, en y joignant une figure de ces poissons, gravée dans la relation du voyage. Il aurait fallu ajouter bien peu de choses, comme on va le voir, pour établir sur ces documens la description zoologique d'une espèce restée encore inconnue aux ichthyologistes. Nous n'avons pas retrouvé ces petits poissons qui furent déposés à l'Académie, et qui pourraient être encore conservés dans le Cabinet du Roi, puisque nous avons pu nous-mêmes décrire et disséquer ceux du Canada qui avaient été envoyés à Buffon en 1750.

Voici ce que dit Fougeroux :

« Ils (ces poissons conservés dans l'eau-de-vie) ont la « peau couverte de très-petites écailles ; leur longueur « varie depuis un pouce jusqu'à dix-huit lignes ; ils n'ont

« guère que cinq à sept lignes dans leur plus grande lar-
« geur: ils ont de chaque côté une nageoire *a* (la pecto-
« rale), deux autres *b* sous le ventre (la ventrale), une
« unique *d* (anale) derrière l'anus *c*, qui se trouve entre la
« nageoire *b* et la nageoire unique *d*; la queue *e* (caudale)
« n'est pas fourchue; enfin ce poisson a un aileron *f* sur le
« dos, un peu au-dessus de la nageoire *d*. »

Si les nombres des rayons, la forme des mâchoires, la nature des dents, la couleur du corps eussent été ajoutés à cette courte notice, on aurait eu une description complète. Mais la figure est si vague, que je n'ai pas osé faire prendre rang à cette curieuse espèce; je n'aurais certainement introduit qu'un nom de plus dans l'ichthyologie. Je laisse donc à un autre le soin de recueillir et de décrire ce poisson, qui multiplie dans un lac d'eau douce voisin de la ville de Mexico; je le crois du genre Pœcilie, quoique je lui trouve, d'après la figure, la dorsale et l'anale un peu longues. Transcrivons maintenant les détails sur leurs mœurs communiqués à Cassini:

« Je vous envoie des poissons vivipares à écailles, dont
« je vous avais précédemment donné notice. Voici ce que
« j'ai observé en eux cette année. Si on presse avec les
« doigts le ventre de la mère, on en fait sortir les petits
« avant le temps; en les examinant au microscope, on y
« observe la circulation du sang telle qu'elle doit être dans
« un poisson déjà grand. Si l'on jette ces petits poissons
« dans l'eau, ils nagent aussi bien que s'ils avaient vécu
« depuis long-temps dans cet élément. Les mâles ont les
« nageoires et la queue plus grandes et plus noires, de sorte
« qu'à la première vue on peut facilement distinguer les
« deux sexes. La manière de nager de ces poissons est sin-

« gulière; le mâle et la femelle nagent ensemble sur deux
« lignes parallèles; la femelle toujours en-dessus, le mâle
« en dessous. Ils conservent entre eux une distance constam-
« ment uniforme, et un parallélisme parfait. La femelle
« ne fait pas un mouvement, soit de côté, soit vers le fond,
« qui ne soit à l'instant imité par le mâle. »

Je suppose que ces poissons sont des pœcilies, parce que
M. Cuvier m'a laissé parmi des dessins copiés d'un grand
recueil manuscrit mexicain, deux figures représentant une
pœcilie et peut-être l'espèce de don Alzate, et qui, sans
aucun doute, sont aussi vivipares. Les caractères spécifiques ne sont pas assez nets pour établir aussi, d'après
elles, une espèce zoologique : on ne peut en tirer que des
conjectures très-proches de la vérité.

Le même recueil contenait aussi le dessin d'un poisson
voisin de ces genres, long de six à sept pouces, à caudale
arrondie, à mâchoire inférieure saillante, à pectorales et à
ventrales de moyenne grandeur et qu'on a nommé *cyprinus
viviparus*. C'est encore un poisson inconnu.

J'ai déjà dit que mon travail sur ces genres avait pour
premier point de départ le désir de déterminer l'espèce
représentée dans un dessin fait à Santa-Fé de Bogota
par M. de Humboldt. Je sépare aujourd'hui le Guapucha
des pœcilies, et je donne à son article les raisons qui
me le font considérer comme d'un genre différent. Dans
cette monographie des pœcilies je ne faisais connaître,
d'après nature, que deux espèces; aujourd'hui je porte à
sept le nombre de celles décrites d'après nature. Toutes,
ainsi que les autres prises dans les auteurs, sont américaines,
et elles me paraissent appartenir, pour la plupart, à l'Amérique équinoxiale.

Les caractères de ce genre consistent dans la forme particulière des mâchoires déprimées, horizontales et protractiles, formées en haut par les intermaxillaires seuls; ils portent, ainsi que la mâchoire inférieure, une bande composée d'une rangée extérieure de dents mobiles et crochues, et d'une seconde bandelette de dents en velours; le palais est lisse, mince, mou et charnu; les pharyngiens ont des dents en crochets sur plusieurs rangs; la membrane branchiostège est soutenue par cinq rayons; les intestins sont longs et simples; la vessie aérienne unique. Toutes les pœcilies paraissent vivipares.

La Pœcilie de Surinam.

(*Pœcilia Surinamensis*, nob.)

Je commence la description des espèces de ce genre par celle que j'ai nommée autrefois *Pœcilia Surinamensis*.[1] A l'époque de la première mention de ce poisson, je me demandais si l'espèce était réellement distincte du *pœcilia vivipara* de Bloch. Je n'avais alors que les individus rapportés par Levaillant, et en assez médiocre état de conservation, pour craindre de n'en pas bien saisir les caractères. Aujourd'hui que le Cabinet du Roi possède un grand nombre de ces poissons de toutes grandeurs, et aussi bien conservés que s'ils sortaient de l'eau, il ne peut plus y avoir de doute sur la nature de cette espèce; elle est d'ailleurs mieux établie depuis que M. Duvernoy a fait connaître plusieurs traits importans de son organisation et de son développement.

---

1. Val. *apud* Humb., Observ. de zool. et d'anat. comparée, t. II, p. 158, pl. II, fig. 1, 1817.

Ce petit poisson a la tête aplatie et déprimée, ce qui rend le museau un peu cunéiforme ; le profil supérieur monte par une courbe peu soutenue vers la dorsale, qui est petite, reculée sur la seconde moitié du corps et au-dessus de l'anale. Le profil du ventre est très-arqué, redressé subitement derrière l'anus ; les deux lignes qui circonscrivent la queue sont presque parallèles, et assez éloignées. Cet écartement rend cette partie du corps assez élevée. La plus grande hauteur du tronc, mesurée à l'insertion des ventrales, est le tiers de la longueur du corps, la caudale non comprise. La longueur de cette nageoire égale celle de la tête, et le cinquième de la longueur totale. La hauteur de la queue est comprise six fois et quelque chose dans le corps entier. L'aplatissement de la tête se continue au-delà de la nuque, de sorte que le corps est assez épais. Il ne devient comprimé qu'à la région de la dorsale. La plus grande épaisseur fait les deux tiers de la hauteur. L'œil est assez grand, car son diamètre égale presque le tiers de la longueur de la tête ou la moitié de l'espace qui les sépare sur le front. Il n'y a qu'un seul sous-orbitaire, petit osselet carré qui couvre l'espace entre l'œil et l'angle de la bouche. Quand le poisson nage, cet os est tout-à-fait en-dessous. Le méplat supérieur du museau est élargi à l'extrémité, et de chaque côté par l'os nasal, qui est aussi assez large et carré. Sur l'angle que font ces deux plans, on trouve en avant les deux ouvertures de la narine, l'une près de la bouche, l'autre, plus large, tout contre le bord antérieur de l'orbite. Les mâchoires seules sont dépourvues d'écailles. Le dessus de la tête, ainsi que les joues, en ont d'aussi grandes que celles du corps. On voit cependant sous leur transparence les quatre pièces operculaires, qui ressemblent à celles des cyprins. La membrane branchiostège se replie sous le bord de l'opercule : elle est soutenue par cinq rayons, dont les deux internes sont très-grêles, et les trois autres sont plats. La fente des ouïes est ordinaire ; la bouche est petite et fendue en travers, et horizontalement au bout du museau ; les intermaxillaires bordent toute la partie supérieure ; une lèvre assez épaisse cache le rang de petites dents coniques, pointues et régulières dont cet os est garni ; le maxillaire est petit, caché en

partie sous le bord antérieur du sous-orbitaire : on n'en voit, quand
la bouche est fermée, que l'extrémité en dessous et à côté de la
branche de la mâchoire inférieure ; celle-ci a ses branches courtes,
aplaties et élargies le long du bord dentaire. La conformation
de cette bouche est tout-à-fait celle des muges. Les intermaxillaires
et la mandibule inférieure portent seuls des dents de deux natures ;
celles qui suivent le bord externe de l'os sont toutes égales, serrées l'une contre l'autre, droites à leur base et courbées en crochets
à l'extrémité : elles sont mobiles comme celles de beaucoup de
poissons de genres et de familles diverses : telles sont celles des
salarias ou des synodontes. Je les ai vues s'abaisser quand on tire
sur la lèvre ; mais je n'ai pas observé qu'elles se relevassent par une
sorte de mouvement de ressort, ainsi que M. Duvernoy l'a décrit.
La lèvre qui les recouvre est épaisse, et forme derrière cette rangée
externe de dents une sorte de gencive ou bourrelet charnu, garni
de papilles, entre lesquelles il y a une seconde bandelette de
dents nombreuses en carde très-fine, coniques, pointues à l'extrémité, mais peu acérées et comme grenues ; ces dents tombent souvent : elles ont été parfaitement observées par M. Duvernoy[1] dans
son Mémoire sur le développement de la Pœcilie.

Cet habile anatomiste a également bien vu les pharyngiens et
leur dentition ; les supérieurs forment deux plaques elliptiques,
retrécies en avant et portant des petites lames élevées en travers
sur la base du pharyngien. Elles sont mobiles et armées de six à
huit petites dents aiguës et coniques. Ces petites lamelles, serrées
à côté les unes des autres avec peu de régularité, sont minces et
jaunâtres. M. Duvernoy les croit subcartilagineuses ; par leur aspect
fibreux, elles ne me paraissent pas devoir être distinguées du reste
des os. Les pharyngiens inférieurs forment, par leur réunion, un
triangle conique, dont la pointe est dirigée en avant. Les dents
sont semblables aux supérieures.

La dorsale est petite, sa base égale la hauteur du rayon le plus
haut ; le bord est légèrement convexe. L'anale est plus étroite et

---

1. Duv., Mém. cité, p. 355.

plus haute que la dorsale; la caudale est arrondie, les nageoires paires sont ordinaires.

B. 5; D. 7; A. 7; C. 24; P. 13; V. 6.

Les écailles sont larges, lisses : j'en compte vingt-quatre rangées entre l'ouïe et la caudale : avec une très-forte loupe on peut observer les seize rayons de l'éventail sur une écaille du milieu des côtés, et les très-fines stries concentriques dont la surface est rayée. Le bord radical est coupé carrément, l'autre est en demi-cercle.

Je n'ai pu réussir à trouver la ligne latérale, car il ne faut pas prendre pour elle les quatre ou cinq lignes formées de deux stries longitudinales que l'on voit à la loupe et par reflets sur les premières rangées des côtés.

La couleur est verdâtre, plus ou moins dorée au centre des écailles, dont le bord est vert rembruni, ce qui fait paraître le poisson recouvert d'un réseau noirâtre. Le ventre des femelles pleines devient orangé; la dorsale a une petite tache noirâtre sur les rayons du milieu; le reste est gris, plus ou moins pointillé de noirâtre. C'est aussi la couleur de la caudale, dont le bord supérieur ou inférieur a une tache noire près de l'insertion des rayons: les autres nageoires sont pâles.

Le gonflement du ventre des pœcilies est dû au développement de l'ovaire, à cause de la viviparité de ces poissons; aussi est-on frappé de la grosseur de cet organe unique quand on ouvre l'abdomen. Le conduit oviducal, qui semble lui servir de pédoncule, est assez long pour être facilement distingué. L'ovaire occupe toute la longueur de la cavité abdominale : il n'y a qu'un très-petit espace au-devant de lui et derrière le diaphragme.

L'intestin se porte à gauche de l'ovaire, jusqu'au milieu de la longueur de l'abdomen : il se replie et remonte alors pour passer sous le diaphragme vers l'hypocondre droit, d'où il se contourne cinq fois sur lui-même en faisant des plis courts. Il constitue alors un petit peloton semblable à celui que nous observons dans un grand nombre de poissons à intestins longs et enroulés, ou à celui des têtards de nos grenouilles.

Ce tube digestif est quatre fois aussi long que le corps quand il est étendu et développé, ainsi que l'a représenté M. Duvernoy[1]; le foie est très-petit, aplati et divisé en lobules qui s'engagent entre les premiers plis de l'intestin. La rate est très-petite et cachée entre les replis du tube digestif.

M. Duvernoy, qui a décrit avec tant de soin les diverses parties du fœtus des pœcilies, a compté quatre-vingts de ces œufs dans l'ovaire disséqué par lui. Ces viscères sont tous contenus dans un repli du péritoine, dont la face interne est recouverte d'un pigment du noir le plus intense, tandis que la face externe brille du plus bel éclat d'argent mât.

En détachant avec soin ce péritoine, on découvre au-dessus de lui et sous la colonne épinière abdominale une grande cavité ovale, dans laquelle on voit flotter sous l'eau la membrane excessivement mince et argentée de la vessie aérienne, organe simple; et qui ne communique pas, je crois, avec l'intestin; cependant je ne suis pas sûr du contraire. Au-dessus sont les reins, qui n'occupent que la moitié environ de la longueur de la cavité abdominale, et qui donnent deux longs uretères rapprochés, et formant une dilatation assez sensible avant de déboucher dans la vessie urinaire, qui est petite et bilobée, M. Duvernoy a remarqué que les cornes de la vessie des petits fœtus sont plus longues que celles de la vessie de l'adulte.

J'ai trouvé dans l'intestin des débris de végétaux, mêlés à des portions d'insectes. M. Duvernoy a observé dans son exemplaire des fourmis presque entières.

La longueur du plus grand de ces poissons est de trois pouces ou de o^m,082; mais leur taille ordinaire n'est guère que deux pouces à deux pouces et demi. J'ai trouvé des œufs développés près à éclore dans des individus de quinze lignes seulement.

---

1. Annales des sciences naturelles, 3.ᵉ série, Zoologie, t. I, pl. XVII, fig. 1.

Le dessus du crâne est tout-à-fait aplati, et l'on voit sur le squelette que l'élargissement du dessus de la tête est dû surtout à la grandeur des os sourciliers des cyprins. Il y a une très-petite et très-courte crête occipitale, deux petits trous occipitaux latéraux et deux petites fosses mastoïdiennes de chaque côté. C'est donc un crâne de cyprin. Je compte quinze vertèbres abdominales et treize caudales.

Nous possédons dans le Cabinet du Roi les exemplaires de cette pœcilie, rapportés de Surinam par Levaillant. Depuis, il a été trouvé des individus de cette espèce dans une collection de poissons envoyés de Bahia au Musée de Genève par M. Blanchet, et dont M. Moricand nous a cédé des doubles. Enfin, plus récemment M. Alexandre Rousseau, l'un des préparateurs des laboratoires de zoologie, chargé d'une mission à la Martinique, en a rapporté un assez bon nombre pris dans cette île. Comme ils sont frais et bien conservés, ils m'ont donné les moyens de rectifier les omissions de mon premier travail. Ils proviennent des réservoirs d'eau douce du Jardin botanique de cette colonie. On sait dans cet établissement qu'ils y ont été importés de Cayenne. Je dois même faire remarquer à ce sujet qu'on les a confondus avec les gouramy (*Osphromenus olfax*, Lac.), qui, par ordre de M. Clermont-Tonnerre, ministre de la marine, ont été transportés des colonies indiennes dans celles d'Amérique. Ce ministre avait donné cette commission à un de nos plus habiles officiers de marine, M. le baron de Mackau, devenu lui-même aujourd'hui ministre de la marine.

Les gouramys furent d'abord importés à Cayenne, et ils ont passé de là dans les îles de la Martinique et de la Guadeloupe. Avec eux on y a porté des pœcilies, qui

ont été prises pour des jeunes du poisson de l'Inde. Je
ne fais ces remarques que pour prévenir contre des rapports rédigés par ordre de la marine ou du gouvernement
de la colonie de la Martinique. Les personnes instruites
qui les ont faits, ne connaissant pas du tout l'ichthyologie,
ont confondu les deux poissons, et ont appliqué aux gouramys ce qui ne convient qu'aux pœcilies. Comme l'erreur
se répand ordinairement plus vite que la vérité, ces réflexions préviendront peut-être contre la propagation de
fausses allégations, si on venait à les tirer de quelques
cartons. Nous en concluons, pour l'ichthyologie, que la
pœcilie habite aussi à Cayenne, et nous la voyons donc
sur la côte depuis la Guyane hollandaise jusqu'à Bahia
vers le sud.

La Pœcilie a une tache.

(*Pœcilia unimaculata,* Val.[1])

J'ai fait connaître depuis long-temps une seconde espèce
de ce genre, très-voisine de la précédente ;

Elle a cependant le museau un peu plus long et plus gros ; la
ligne du profil du dos un peu plus convexe ; la dorsale moins reculée ; l'anale plus pointue ; d'ailleurs les nombres sont les mêmes,
et la forme de la caudale, de la pectorale et de la ventrale sont
semblables.

D. 7 ; A. 7 ; etc.

Je compte vingt-sept rangées d'écailles le long des flancs ; la ligne
latérale est assez difficile à voir ; le fonds de la couleur du corps
est semblable à celui de notre première espèce, mais il y a sur le

---

1. *Apud* Humboldt, Recueil d'observat. de zoologie et d'anatomie comparée,
t. II, p. 158, pl. II, fig. 2, 1817.

côté, à la septième ou à la huitième rangée d'écailles, une tache noire bien marquée; la dorsale, l'anale et la caudale manquent de taches.

Le canal intestinal de cette pœcilie se montre dans la partie antérieure de l'abdomen sous la masse ovarique, replié cinq fois sur lui-même. Il est plus long que celui de la précédente espèce. Les œufs, développés et prêts à éclore, m'ont aussi paru plus gros; d'ailleurs le péritoine est de même argenté extérieurement, et couvert en dedans d'une couche très-dense de pigment noir. Il y a aussi une vessie aérienne membraneuse dans la même position et sous les mêmes enveloppes que dans la précédente espèce, mais elle m'a paru plus petite.

Nos plus grands exemplaires n'ont que deux pouces trois lignes. Ils ont été rapportés des environs de Rio-Janéiro par M. Delalande. Depuis, M. Gaudichaud, lors de son passage à Rio, a retrouvé des individus de cette espèce qu'il a donnés au Muséum en 1832.

La Poecilie a museau en coin.

(*Pœcilia sphenops*, nob.)

Une troisième espèce, découverte depuis mon premier travail sur ce genre, se distingue des deux autres par son museau déprimé et tout-à-fait aminci en coin; la ligne du profil du dos est quelquefois droite, quelquefois un peu courbe, selon la contraction du corps par l'alcool. La fente de la bouche est tout-à-fait en dessus; la dorsale, reculée sur le dos de manière à ce que le premier rayon soit au milieu de la longueur totale, a le bord arrondi. L'anale est sous la dorsale; son premier rayon répond au quatrième de la nageoire supérieure : elle est pointue. La caudale, coupée carrément, a les angles arrondis. La pectorale est ronde; les ventrales sont petites.

D. 9; A. 8; C. 29; P. 14; V. 6.

Il y a trente-deux rangées d'écailles : chacune a, comme celles des autres espèces, le bord radical droit, l'autre bord en demi-cercle; l'éventail n'a que onze à douze rayons très-courts; le reste de la surface est marqué de stries concentriques moins fines que dans les deux autres pœcilies. La ligne latérale est facile à voir: elle est un peu convexe et tracée par le tiers de la hauteur. La couleur est un vert rembruni, sans bordure aux écailles, dix à douze petits traits verticaux descendent du dos, s'arrêtent à la ligne latérale et deviennent plus visibles de chaque côté de la queue qu'en avant de la dorsale. Cette nageoire et la caudale sont tachetées de petits points noirâtres; les autres nageoires sont incolores.

J'ai trouvé, dans cette pœcilie, l'œsophage se portant dans l'hypocondre gauche jusqu'à moitié de la longueur de la cavité abdominale. Le canal digestif se replie alors et remonte le long de l'œsophage en diminuant de diamètre; il passe dans le côté droit du ventre, s'enroule sur lui-même en faisant cinq tours de droite à gauche et autant en sens inverse, et il se rend ensuite droit à l'anus, entre les premiers plis, sous les lobes grêles et même du foie. L'ovaire unique, le péritoine, la vessie natatoire, les reins, sont comme dans les autres espèces.

Nous avons reçu, au Cabinet du Roi, un assez grand nombre d'individus de cette espèce pêchés près de la Vera-Crux. Leur taille ne dépasse pas deux pouces trois lignes.

La PŒCILIE DE SAINT-DOMINGUE

(*Pœcilia Dominicensis*, nob.)

est une quatrième espèce, également découverte depuis peu de temps.

Sa tête et son museau ressemblent beaucoup à ces mêmes parties chez notre première pœcilie, mais elle a la queue plus étroite et plus longue; les nageoires sont petites, arrondies.

D. 8; A. 7; C. 27; P. 14; V. 6.

Je compte vingt-huit rangées d'écailles entre l'ouïe et la caudale. Une écaille a le bord radical droit avec dix-sept rayons à l'éventail. La partie nue est finement chagrinée, les bords sont plus délicatement striés.

Le fond de la couleur est verdâtre, avec un fin réseau noirâtre. Il y a une tache rembrunie sur la dorsale; la caudale a deux bandes verticales grisâtres très-pâles, les autres nageoires sont incolores.

C'est une très-petite espèce : les individus très-nombreux, que j'ai vus, ne dépassent pas vingt lignes.

Les viscères de cette pœcilie ressemblent à ceux des autres espèces. L'individu, long de quinze lignes, que j'ai ouvert, avait déjà les œufs développés, de manière à montrer des petits tout formés.

Ils ont été envoyés au Cabinet du Roi par M. Ricord, qui les a recueillis à Saint-Domingue.

La Pœcilie ponctuée.

(*Pœcilia punctata,* nob.)

M. d'Orbigny a recueilli aux environs de Montevidéo une petite pœcilie

dont la queue est alongée, l'anale longue et pointue, la caudale coupée carrément. Le corps est brun, avec quatre ou cinq rangées longitudinales de petits points noirs.

D. 9; A. 6; C. 19, etc.

Il y a trente et une écailles sur les côtés.

C'est un petit poisson long de quinze lignes, et bien caractérisé par ses points et par son anale.

La Poecilie grêle.

(*Pœcilia gracilis,* nob.)

Le même voyageur a aussi rapporté de ces contrées une autre petite espèce

à queue un peu plus longue, plus grêle et plus étroite que celle des précédentes. Elle a la dorsale et l'anale courtes, la caudale en ovale alongé.

D. 7; A. 9, etc.

Le corps est vert, avec une série de neuf points noirs par le milieu des flancs : le dernier est à la base de la caudale.

J'ai trois individus de la taille de quinze lignes, qui ont tous les mêmes caractères; je crois donc qu'ils sont d'une espèce réellement distincte par les formes et par les couleurs.

La Pœcilie a plusieurs raies.

(*Pœcilia multilineata,* Lesueur.)

M. Lesueur a fait connaître une autre espèce de ce genre, observée dans les eaux douces des environs de la Nouvelle-Orléans.

Elle a le corps comprimé, le dos peu élevé, la queue longue, assez haute; l'abdomen gros et saillant dans les femelles; la tête, aplatie en dessus, est assez courte; la dorsale plus longue que haute; la caudale large; l'anale courte.

D. 14; A. 9; C. 26; P. 16; V. 6.

La couleur est jaune. Une tache à la base de chaque écaille forme plusieurs séries de lignes, plus foncées dans les mâles que dans les femelles. Le dos est plus rembruni, et le ventre est pâle et souvent irisé. La dorsale, jaunâtre, offre plusieurs lignes couleur terre d'ombre, réunies souvent en mailles hexagonales près du dos. Les pectorales, les ventrales et l'anale sont blanches dans les mâles et jaunâtres chez les femelles. La caudale, ronde, est variée de teintes légères de jaune et de bleuâtre, et avec plusieurs séries de taches brunes dans les mâles.

Ces petits poissons vivipares se tiennent en troupes assez nombreuses, à l'entrée du canal qui communique au lac Pontchartrain, sur les fonds sablonneux ; ils s'éloignent peu du rivage et des racines qui peuvent leur servir de retraite. Ils sont aussi très-communs dans les Bayons. Ils troublent l'eau en agitant la vase à la moindre peur : ils se cachent parmi les herbes ; après quelques instans on les voit reparaître, souvent poursuivis par une Molliénisie. Ils ne dépassent pas un pouce et demi ou deux pouces.

Long-temps avant d'étudier les mœurs de ces petits poissons, M. Lesueur avait, en 1821, fait connaître cette espèce dans le Journal de Philadelphie[1] d'après des individus rapportés de l'est de la Floride par MM. Machère, Ord, Say et T. Péale.

La Poecilie de Schneider.

(*Pœcilia Schneideri*, Val.)

Est-ce bien une pœcilie que le poisson décrit et figuré par Bloch dans l'édition de Schneider[2] sous le nom de *Pœcilia vivipara ?* Je n'en suis pas certain ; mais ne sachant où le placer mieux, je le maintiens provisoirement à la suite du genre.

---

1. Lesueur, *Journ. of the acad. of nat. sc. of Phil.* Janv. 1821, pl. I.
2. Bloch et Schneider, p. 452, pl. LXXXVI, fig. 2.

Il a le corps comprimé; la tête couverte d'écailles, plate et large en dessus; la bouche étroite; une rangée de dents petites et fines comme des soies; la caudale est fourchue.

B. 6; D. 7; A. 7; C. 20; P. 12; V. 6.

Le nombre des rayons branchiostèges et même ceux de la dorsale et de l'anale ne sont pas de nos pœcilies.

Bloch le colore de jaunâtre, avec cinq larges bandes transversales brunes.

C'est un poisson long de deux pouces, qui vit dans les eaux douces de Surinam.

Dès 1817, dans mon travail publié dans le Recueil des observations de zoologie de M. de Humboldt, j'ai changé l'épithète de *vivipara* en celle de *Schneideri,* parce que toutes les espèces de ce genre sont vivipares.

Si le poisson décrit par Bloch n'est pas une pœcilie, ce qui est probable, il en est au moins fort voisin, et Bloch s'est bien assuré que son poisson est vivipare. Il faut espérer que nous le recevrons un jour.

Je ne trouve dans l'Ichthyologie de la Guyane, du chevalier Robert H. Schomburgk, aucun poisson qui lui ressemble.

La MOLLIÉNISIE.

(*Mollienisia*, Lesueur.)

M. Lesueur observa et décrivit le premier ce curieux et intéressant poisson des eaux douces des États du sud de l'Amérique septentrionale. Ayant reconnu qu'il devait constituer un genre nouveau, et étant toujours prêt à épancher les sentimens de sa tendre et constante amitié pour Péron, partout où sa vie de voyageur infatigable le portait, il le dédia à M. Mollien, l'un des ministres des finances de Napoléon qui, concurremment avec Gaudin, a tant contribué à établir l'ordre admirable de cette partie de l'administration. A l'époque de ce voyage en Amérique, M. Mollien n'était plus un des conseillers du gouvernement. Mais ce n'est pas au ministre puissant et possesseur d'un haut crédit que M. Lesueur a voulu donner une preuve de son souvenir reconnaissant; c'est au seul protecteur de l'ami qu'il a perdu que notre naturaliste a envoyé d'un autre hémisphère le gage de sa gratitude.

Ayant bien vu les caractères génériques du poisson, l'ayant décrit avec exactitude, quoique d'une manière un peu concise, et ayant joint à sa description une figure fort exacte, M. Lesueur a laissé un travail assez complet; aussi le genre qu'il a créé, a-t-il été adopté par les naturalistes.

Les Molliénisies sont voisines des pœcilies; elles en ont les dents, la bouche, les rayons branchiostèges, le canal intestinal; mais elles en diffèrent par plusieurs caractères faciles à saisir. Le plus remarquable est la position de l'anale avancée entre les ventrales, qui sont peu reculées en arrière. Cependant, comme les os du bassin sont libres et sans attache avec la ceinture humérale, ces poissons sont encore des abdominaux. Ils auraient pu être considérés comme des thoraciques par des observateurs qui n'auraient tenu compte que de l'insertion des nageoires paires inférieures. Une large et longue dorsale, une caudale dilatée, complètent les caractères extérieurs des Molliénisies. La position avancée de l'anale a rendu la cavité abdominale très-courte; par conséquent elle n'est pas grande. Cependant la nature y a placé un intestin alongé et enroulé sur lui-même un plus grand nombre de fois que celui des pœcilies. Pour arriver à cette constitution, elle a rejeté en arrière la plus grande partie de la vessie aérienne, en la rendant fourchue, et en faisant pénétrer entre les muscles coccygiens inférieurs les deux grosses cornes de cet organe. Nous avons déjà eu d'autres exemples de cette forme remarquable. N'ayant ouvert que deux mâles, je n'ai pu savoir si ce poisson est vivipare.

On ne connaît encore qu'une espèce de ce genre, que le naturaliste, à qui on en doit l'établissement, a nommée

Molliénisie aux larges nageoires.

(*Mollienisia latipina*, Lesueur.)

En voici une description un peu plus détaillée que celle qui a été insérée dans le Journal de Philadelphie.[1]

Ce petit poisson a le corps presque rectangulaire, tant la queue a de hauteur. En effet, celle du tronc, prise au-devant des ventrales, fait le tiers de la longueur du corps; la caudale non comprise. Celle de la queue est les trois quarts de celle du tronc. La longueur de la caudale est contenue quatre fois et demie dans la longueur totale. L'épaisseur du tronc ne mesure pas tout-à-fait la moitié de la hauteur. Le profil du ventre est plus concave que celui du dos n'est convexe. La longueur de la tête égale celle de la caudale. Le dessus du crâne est plat, le museau est comprimé en coin. La bouche est petite, protractile, fendue horizontalement; la mâchoire inférieure dépasse un peu la supérieure; les dents sont sur deux rangs; les externes sont en crochets, et derrière elles on voit une petite bande de dents en velours. En un mot, c'est sous tous les rapports une bouche conformée comme celle des pœcilies. L'œil

---

1. Lesueur, ouvr. cité, t. II, pl. III, cah. Janv. 1821.

18.   14

fait presque le tiers de la longueur de la tête. Le cercle de l'orbite est tangent à la ligne du profil du front. Le préopercule est étroit, l'opercule, un peu convexe, est plus large. J'ai disséqué avec soin la membrane branchiostège, et je suis sûr qu'elle a constamment cinq rayons.

Les nageoires sont aussi remarquables par leur étendue que par leur position. La dorsale, élevée sur la nuque, occupe la moitié de la longueur entre l'œil et la caudale; mais à cause de la hauteur des rayons et de l'éventail qu'ils font, le bord libre mesure les deux tiers au moins de la longueur totale du corps. La hauteur des rayons antérieurs égale celle du corps sous eux. La caudale est arrondie et large; la pectorale est de moyenne taille; le second rayon de la ventrale est alongé en un petit filet, les autres rayons sont courts. C'est entre la base de ces deux nageoires qu'est insérée l'anale, nageoire très-courte, dont le second rayon est alongé et élargi. La pointe de la membrane de ce rayon se termine par une petite ampoule. Je la retrouve sur tous mes exemplaires : je n'ai encore rien vu de semblable dans aucun autre poisson. Je n'y aperçois aucune ouverture; ce n'est pas, comme je le croyais, le méat des organes génitaux ou urinaires; car j'en ai vu les orifices à la base du premier rayon de la nageoire, derrière celle du rectum, comme à l'ordinaire. Le troisième rayon est aussi long que le second, mais il est grêle comme les autres. Les trois suivans sont très-courts.

B. 5; D. 14; A. 6; C. 28; P. 12; V. 6.

Je suis très-sûr de l'exactitude de ces chiffres, quoiqu'ils diffèrent un peu de ceux de M. Lesueur.

Voici ceux de ce célèbre voyageur :

B. 4 ou 5; D. 14; A. 6; C....; P. 16; V. 16.

Il est évident qu'il y a une faute d'impression pour ce dernier nombre, et j'ai compté la pectorale sur plusieurs individus.

Les écailles sont implantées sur trente rangées entre l'ouïe et la caudale; une d'elles a le bord radical droit avec vingt rayons à l'éventail; la surface libre est marquée de fines stries concentriques.

Le poisson conservé dans l'alcool a les écailles du dos colorées
en gris bleuâtre dans le centre et en noir sur le bord. Chacune
porte un trait noir foncé et alongé, ce qui forme le long des flancs
des lignes interrompues dont on compte ainsi sept rangées : il y en
a une ou deux de plus sur la queue; les flancs et le ventre sont
dorés.

La dorsale est rayée longitudinalement sur sa moitié inférieure
par quatre lignes flexueuses noires. Au-dessus il y a, entre les rayons,
des taches noires oblongues et verticales, et enfin des points grisâtres dans l'éventail du rayon. La membrane qui réunit les deux
premiers est noire; la caudale a un liséré de cette couleur; entre
les rayons supérieurs il y a des taches noires alternant avec des
points gris-bleuâtres; entre les rayons inférieurs il n'y a que des
traits bleuâtres longitudinaux sans points noirs, les autres nageoires
sont blanches sans aucune tache.

Il résulte de l'ensemble et de la disposition de ces couleurs que le poisson, même après sa mort, est agréablement
grivelé. Il paraît que pendant la vie ce petit cyprinoïde
brille de belles nuances rouges dorées, selon les observations communiquées par M. Nuttal. En effet je trouve, dans
des notes envoyées par M. Lesueur avec les poissons du
lac Pontchartrain, pour nous faire connaître ses observations ichthyologiques, une description des couleurs faite
sur le poisson frais. L'auteur s'exprime ainsi :

Les écailles portent à leur base une petite tache brune alongée,
ce qui forme, sur la longueur du poisson, plusieurs lignes interrompues. Le bord de l'écaille est brun roux, et comme le fond de
la couleur générale est argenté, le corps semble couvert d'une
sorte de réseau sur un fond irisé de vert, de violet, de rose; on
dirait autant de petites pierres précieuses. Le dos, le dessus de la
tête et les opercules sont plus foncés. La dorsale ne le cède pas en
couleur; car sur son fond jaune se détache un réseau de plusieurs
lignes rousses et de belles taches bleues, entourées d'un liseré jaune,

et surmontées de plusieurs autres lignes rousses et en zig-zag. Il y a plusieurs individus qui portent sur le corps de belles taches tranversales bleues. On en voit encore la trace sur quelques-uns de ceux conservés dans l'alcool. La caudale a le centre d'un beau jaune orangé : du roux, avec plusieurs séries de petites taches blanches, colore le lobe supérieur, tandis que l'inférieur a le centre d'un beau blanc, tranchant avec le bord noir de la nageoire. Les pectorales sont jaunes, les ventrales et l'anale blanches.

M. Lesueur ajoute qu'on peut regarder ce petit poisson comme l'un des plus beaux des eaux stagnantes des Bayons.
Voici mes observations sur la splanchnologie :

L'intestin de ce petit poisson est long et enroulé onze fois sur lui-même; quand il est déroulé, il est au moins quatre fois aussi long que le corps. Le foie est très-petit. L'individu que j'ai disséqué était un mâle. J'ai observé les deux laitances rejetées dans le fond de la cavité abdominale. Celle-ci est petite, car elle ne fait guère que le sixième de la longueur totale. Les viscères que je viens de nommer étaient enveloppés dans un péritoine argenté, noirci par un sablé assez abondant de points pigmentaires noirs. Au-dessus est une vessie aérienne qui se prolonge en deux longues et grosses cornes dans une cavité pratiquée entre les muscles de la queue, au-delà des interépineux de l'anale, qui ne prennent qu'un très-petit espace en arrière de la dernière vertèbre abdominale, à cause de la brièveté de la nageoire. L'uretère suit, comme à l'ordinaire, le premier interépineux de l'anale et passe entre les cornes de la vessie.

La longueur de nos individus est de deux pouces six à huit lignes.

Les collections du Muséum en sont redevables à M. Lesueur, qui les a envoyés du lac Pontchartrain, près de la Nouvelle-Orléans. Ce zélé naturaliste dit que l'espèce est très-commune dans tous les étangs d'eau douce de la

Louisiane. Il n'a pu l'étudier qu'en 1830, quoiqu'il en ait donné la première notice en 1821.

En les pêchant dans le lac, M. Lesueur a cru remarquer que les Molliénisies ne vivent pas en troupes comme les Pœcilies ou les Cyprinodons; elles vont par petites bandes de quatre, de six au plus, s'arrêtent, se tiennent souvent tranquilles à la surface de l'eau. Elles s'élancent quelquefois avec rapidité après les autres espèces, les poursuivent avec ardeur, et les forcent ainsi à sauter hors de l'eau; d'autres fois elles se mêlent dans leurs troupes, paraissant alors être en bonne intelligence avec elles. Souvent aussi ces Molliénisies nagent derrière une bande de Cyprinodons ou de Pœcilies, et on dirait alors qu'elles s'établissent comme gardiennes du troupeau. On les voit chasser et rallier celles qui s'écartent; de temps à autre elles en poursuivent quelques individus avec plus d'acharnement, et viennent ensuite reprendre leur place derrière la troupe.

M. Lesueur ajoute que les mœurs de cette espèce devraient encore être étudiées par des observations plus suivies, qu'il n'a pu le faire en se promenant sur les bords du lac.

DES CYPRINODONS, *Lacép.*, OU LEBIAS, *Cuv.*

C'est en examinant les manuscrits de Bosc, et en les comparant, soit avec les travaux de Lacépède, soit avec la nature, que je me suis convaincu que le genre *Cyprinodon* a été fondé par Lacépède sur le même poisson qui a servi à M. Cuvier pour établir son genre Lebias.

Il est impossible de ne pas reconnaître sur le dessin original de Bosc, gravé dans Lacépède sous le nom de

Cyprinodon varié, le poisson que j'ai nommé *Lebias rhomboidalis*. En établissant cette, espèce dans mon Mémoire sur cette famille (voyez Humboldt, Observ. zool., t. II), je n'avais pas encore vu le dessin de Bosc, et M. Cuvier, qui ne le possédait pas non plus, n'avait pu déterminer la gravure assez mauvaise que M. de Lacépède a laissé paraître dans son Ichthyologie: comme je suivais, à l'époque de la publication de mon travail, les leçons de mon maître, je crus alors le genre des Lebias convenablement établi; et j'étais d'autant plus fondé à le croire, que, comparant alors avec la nature les caractères exprimés dans le Règne animal, je les trouvais parfaitement exacts. Cette forme de dents à couronne dentelée est tellement remarquable, si facile à saisir, que tous les ichthyologistes ont, sans exception, distingué les poissons qui viennent se placer dans les Lebias. Cuvier dit, dans la note de ce genre (t. II, p. 199, 1817), que les espèces sont nouvelles. Je me hâtais de les publier; l'une d'elles paraissait effectivement pour la première fois dans nos catalogues ichthyologiques, c'est mon *Lebias fasciata,* que feu M. Delalande rapportait tout récemment des environs de Rio Janeiro. L'autre vient d'être citée aux premières lignes de cet article, c'est mon *Lebias rhomboidalis.*

Aujourd'hui que je connais mieux les poissons de la collection qu'il y a vingt-huit ans, je n'ai presque plus de doute sur l'origine de cet individu. En le comparant aux autres poissons qui sont entrés dans les collections du Muséum après la mort de M. Bosc, je n'hésite pas à dire que les deux petits *Lebias rhomboidalis* qui ont servi à ma description, avaient été donnés à M. de Lacépède par M. Bosc, qui les avait pris à la Caroline. Ils faisaient partie

de ces nombreuses légions de ces petits cyprinoïdes sur
lesquels Bosc avait fait la description et la figure devenus
dans Lacépède le genre CYPRINODON, et comme espèce,
le *Cyprinodon varié*.

Cette identité étant reconnue, il devient facile de rectifier les erreurs qui se sont succédé sur ce genre et de se
tirer de la confusion, source de toutes ces erreurs.

Il faut pour cela revenir à la première édition du Règne
animal.

M. Cuvier y établit le genre des *Lebias,* puis au-dessous il cite les Cyprinodons de Lacépède, mais avec un
caractère que ni cet auteur, ni Bosc, n'avaient indiqué.
Ces deux naturalistes ont dit que leur Cyprinodon avait
des dents très-courtes aux mâchoires. M. Cuvier a ajouté
que « les dents sont en velours, et la rangée antérieure
« en crochets. Ils en ont de coniques, assez fortes, aux
« pharynx. On leur compte quatre rayons aux ouïes. »
M. Cuvier tirait ces caractères, dont le dernier, celui des
rayons branchiostèges n'est pas exact, de l'examen de petits poissons de l'Amérique septentrionale, qui venaient
d'arriver au Muséum, et qu'il rapportait à tort et après
un examen trop rapide, aux Cyprinodons. Mais, dans
son ouvrage, il ne cite en note que le Cyprinodon varié
pour la seule espèce connue d'un genre dont il venait de
modifier les caractères.

Il y a là une suite de méprises; car il est évident que
le genre Lebias a été créé pour un poisson qui n'est autre
chose que le cyprinodon varié; que le caractère du genre
Cyprinodon a été modifié par l'examen de poissons des
genres Fundule et Hydrargyre, oubliés dans le Règne
animal.

En travaillant, en 1817, sur les déterminations de cet admirable ouvrage, je signalai bien déjà quelques-uns des oublis que je viens de montrer; mais à cette époque, élève encore timide d'un maître très-illustre, je n'avais pas la richesse des matériaux réunis pour composer l'ouvrage actuel. Cependant je remarquais aussi, et avec raison, que l'*Esox ovinus* de Mitchill devait être considéré comme une espèce très-voisine du Cyprinodon varié. Aujourd'hui je vais plus loin, j'en reconnais l'identité. Mais comme l'auteur américain lui donnait six rayons aux ouïes, je crus qu'il y avait eu erreur dans le compte fait par M. Bosc, et cette induction me conduisit à penser que le Cyprinodon varié avait six rayons aux ouïes; retrouvant ce nombre dans l'*Esox flavulus* de Mitchill, je pris les six rayons branchiostèges pour le caractère du genre *Cyprinodon*. Je composai donc, après le Règne animal, un genre tout-à-fait fautif, qui n'était plus ni les Cyprinodons de Lacépède, ni même ceux de Cuvier. Trop confiant dans la netteté de la diagnose des Lébias, je crus le genre bon, et je l'adoptai; de sorte qu'en corrigeant quelques erreurs échappées à M. Cuvier, j'en commis d'autres, et que je laissai encore une grande confusion dans ces genres.

Dans la seconde édition du Règne animal, M. Cuvier a bien voulu admettre mon travail sur cette famille. On y trouve donc le genre des Lebias conservé, celui des Fundules rétabli, et celui des Cyprinodons caractérisé par les six rayons de la membrane branchiostège; mais l'espèce citée comme représentant ce genre en Europe, sous le nom de *Cyprinodon Umbra*, est un poisson d'une tout autre famille, voisin des Erythrins, ainsi que quelques ichthyologistes l'ont déjà reconnu, et comme je le démontrerai avec plus de détails dans la suite. On voit, pour le dire en passant, par l'exemple de ce poisson d'Europe, ce que deviennent ces grands tableaux de classifications et de divisions en famille, faits par des naturalistes qui se contentent d'essayer de prendre pour eux, par un simple néologisme, si dangereux pour les sciences, les travaux d'ensemble, avant de se donner la peine de consulter d'abord la nature.

Une fois que j'eus trouvé que mon *Lebias rhomboidalis* n'est autre que le Cyprinodon varié de Lacépède, les autres corrections suivirent avec facilité, d'autant plus que j'avais déjà fixé les Fundules du grand et célèbre ichthyologiste, successeur et ami de Buffon.

J'ai beaucoup hésité si je changerais le nom de Lebias, parce que tous les ichthyologistes l'ont adopté sur l'autorité de Cuvier. Cependant je ne puis m'empêcher de replacer dans la science le genre Hydrargyre de Lacépède; il aurait fallu alors effacer le nom de Cyprinodon établi par ce savant, ou le laisser comme un synonyme qui aurait consacré une erreur de détermination : je n'ai pas cru cela digne de notre ouvrage, et j'espère que les ichthyologistes voudront bien se conformer à cette nouvelle nomenclature, ou plutôt qu'ils reprendront le nom ancien que M. Cuvier n'aurait dû ni transposer ni remplacer par un mot nouveau.

Les Cyprinodons, connus d'abord par une espèce américaine, existent en Europe, et sont surtout nombreux en Orient. Comme les Pœcilies, ces petits poissons sont vivipares, et ont les mâchoires encore un peu déprimées, mais cependant un peu moins. Les dents sont disposées sur un seul rang; elles sont serrées l'une contre l'autre, comprimées, et le bord de la couronne est divisé en trois pointes, dont la longueur ou la direction varient suivant les espèces. Les rayons de la membrane branchiostège sont au nombre de cinq. Les intestins, la vessie aérienne, ressemblent aux mêmes organes dans les Pœcilies. Toutes les espèces restent petites, et ont le corps généralement cylindrique; celle d'Amérique fait seule exception : son corps rappelle la forme de celui de la bouvière (*cyprinus amarus*); mais la queue est plus large.

Comme le Cyprinodon varié s'éloigne un peu de tous les autres, je vais commencer la monographie de ce genre par les espèces d'Europe, quoiqu'elles aient été découvertes long-temps après celle sur laquelle le genre a été fondé.

Le Cyprinodon de Cagliari.

(*Cyprinodon calaritanus*, nob.; *Lebias calaritana*, Bonelli.)

Ce petit poisson, à cause de la brièveté de son corps, du renflement de ses côtés et du peu de saillie de son ventre, ressemble plus à nos vérons (*Cypr. phoxinus*) qu'aux Pœcilies. Quoique le dessus de la tête soit un peu aplati, il l'est moins que dans ces dernières; le museau n'est pas comprimé en coin, il est obtus et arrondi par la saillie de la mâchoire inférieure.

La longueur de la tête mesure le quart de la longueur totale : elle égale la hauteur du tronc et fait presque le double de l'épaisseur. L'œil est éloigné du bout du museau d'une fois son diamètre, et d'une fois et demie cette longueur jusqu'à l'angle de l'opercule. L'intervalle qui sépare les deux yeux égale aussi une fois et demie le diamètre. Le cercle de l'orbite entame la ligne du profil. Les deux ouvertures de la narine sont éloignées l'une de l'autre; l'antérieure est petite et ronde, pratiquée sur le devant du sous-orbitaire, près du bord qui recouvre la mâchoire supérieure; la postérieure est sur le bord même de l'orbite, c'est un trou oblong. Il est facile de faire mouvoir sur elles le petit nasal qui les recouvre. Le sous-orbitaire est placé au-devant de l'œil, son bord antérieur est en arc plus courbe que celui de l'orbite; les autres sous-orbitaires, s'ils existent, sont recouverts par les écailles de la joue, et on en voit aisément deux rangées. Le bord du préopercule est arrondi; il recouvre en partie l'interopercule, lequel touche sous la gorge à celui du côté opposé. L'opercule et le sous-opercule, qui est ici assez grand, se confondent sous les écailles qui couvrent aussi les deux autres pièces précédentes. La membrane branchiostège se cache sous cet appareil : elle a cinq rayons.

L'extrémité arrondie du museau est entièrement formée en haut par les intermaxillaires et en bas par la petite saillie du maxillaire inférieur. Les premiers font tout le bord de l'arcade dentaire; ils sont élargis sur les côtés et arqués; leur branche montante, assez longue, s'abaisse dans la protraction de la mâchoire. Les maxillaires sont reculés sous le bord du sous-orbitaire. Ils ne participent donc pas à former le bord de la bouche. La mâchoire inférieure est un peu saillante; l'une et l'autre mâchoire portent quatorze dents, comprimées, serrées l'une contre l'autre, un peu courbées, un peu élargies à leur extrémité libre, dont le bord est divisé en trois pointes. Je ne vois que cette seule rangée. Il n'y a pas de dents en second rang comme aux Pœcilies. Les dents pharyngiennes sont coniques, pointues, rapprochées sur deux pharyngiens en haut et sur un seul en bas.

La dorsale est rejetée sur la seconde moitié du corps, et n'est pas placée aussi exactement au-dessus de l'anale que dans les Pœcilies, le premier rayon de cette dernière répondant au septième rayon de la nageoire du dos. Ces deux nageoires, ainsi que la caudale, sont arrondies; la pectorale est en ovale alongé, et les ventrales sont très-courtes.

B. 5; D. 10; A. 11; C. 27; P. 14; V. 6.

Je compte vingt-huit rangées d'écailles entre l'ouïe et la caudale; une écaille a le bord libre marqué de stries concentriques et rondes; le centre est grenu et le bord radical a douze rayons à l'éventail.

La couleur du poisson conservé dans l'alcool est un peu roussâtre sur les écailles du dos, leur bord étant gris blanchâtre; le dessus et le dessous de la queue rougeâtre, le ventre argenté et les flancs traversés par de petits traits verticaux noirs, qui, ne s'élevant pas jusqu'au dos, dépassent peu la ligne latérale et ne descendent pas sous le ventre ou la queue. Le nombre de ces traits varie, selon les individus, de dix à seize et même dix-huit; et ils alternent aussi de longueur : sur l'insertion des rayons de la caudale il y a un, deux ou quelquefois trois points noirs. Les nageoires sont incolores.

La splanchnologie des Cyprinodons ressemble beaucoup à celle des Pœcilies; elle prouve que ces espèces sont aussi vivipares. Il n'y a qu'un seul ovaire dans lequel j'ai déjà vu des œufs contenant des fœtus formés. Ils sont plus petits et moins nombreux que ceux des Pœcilies.

Le canal intestinal est moins long; d'ailleurs il est de même formé d'un œsophage se portant d'abord vers le côté gauche, puis revenant vers le diaphragme toujours dans ce même hypocondre; quand il est sous la cloison, il se contourne un peu vers la droite, descend le long des parois musculaires abdominales, se recourbe en dessus, fait deux plis brusques, puis il se contourne pour embrasser dans son anse la masse de l'ovaire sur laquelle il passe pour se rendre à l'anus. Le foie est petit et sur les deux premiers replis de l'intestin. Il y a une vessie aérienne unique à parois argentés, mais minces comme une membrane hyaloïde. Le péritoine est d'un noir très-profond en dedans et argenté contre les muscles du corps.

Le squelette ne diffère pas non plus d'une manière essentielle de celui des Pœcilies. Il y a treize vertèbres abdominales et quinze caudales. Les trois premières ont une apophyse épineuse comprimée

en lame basse, qui rappelle ce que nous voyons dans la grande
vertèbre des cyprins; mais en dessous je ne trouve rien de ce qui
forme cette grande vertèbre, et la disposition de la vessie aérienne
devait faire présumer qu'il en était ainsi.

La longueur de tous nos exemplaires est d'environ
un pouce neuf lignes à deux pouces.

Cette description est faite sur des individus très-bien
conservés, et donnés au Cabinet du Roi par M. le chevalier
de la Marmora, géologue piémontais, si connu par ses
travaux sur la Sardaigne. Il les avait pris au cap Cagliari;
nous en avions reçu d'autres auparavant, donnés à M. Cuvier
par M. Bonelli.

Mais l'espèce habite encore différentes parties de l'Italie :
ainsi, M. Costa l'a trouvée dans le royaume de Naples, et
dans les lacs ou petits ruisseaux qui communiquent avec
la mer. Ce naturaliste[1] en a publié une description sous
le nom qui lui avait déjà été imposé par Bonelli. Il l'a
accompagnée d'une excellente figure. Il l'a observée, mêlée
avec l'espèce suivante, dans les lacs Varano et Spetti et
dans les petits ruisseaux Galeso, Cervaro, qui versent leurs
eaux dans le golfe de Tarente. Les habitans la désignent
sous le nom de *Maremisulo* ou de *Vitriolo;* on dit aussi
Minosicia à Surbo sur la terre d'Otrante.

Le CYPRINODON RUBANNÉ

(*Cyprinodon fasciatus,* n.; *Lebias fasciata,* Val.[2])

Il existe dans le même étang de Cagliari une autre espèce
de Cyprinodon, non-seulement distincte par les couleurs,
mais encore par les formes du corps et des nageoires.

---

1. Costa, *Faun. neap.,* p. 33, pl. XVII, fig. 2.
2. Val. *apud* Humb., Observ. zool., t. II, p. 58.

Elle est publiée depuis mon travail de 1817, mais les ichthyologistes n'ont pas été en mesure de la reconnaître.

La tête mesure le quart de la longueur totale, et est égale souvent à la hauteur du tronc. Les pédoncules de la mâchoire supérieure me paraissent un peu plus longs; les dents sont tricuspides, au nombre de dix-huit en haut et de vingt en bas; elles sont donc plus nombreuses que dans l'autre espèce. Le premier rayon de la dorsale est inséré sur la première moitié du corps; mais comme la nageoire est plus haute, elle atteint bien plus près de la caudale que dans notre précédente espèce. L'anale répond à la dorsale; quand elle est couchée, elle atteint aussi loin en arrière que la nageoire du dos. Cela fait paraître la queue du poisson plus courte, et le rend par conséquent plus trapu. Ces deux nageoires sont arrondies; la caudale est coupée plus carrément; la pectorale est moins elliptique.

D. 10; A. 8; C. 24; P. 16; V. 7. [1]

Je compte vingt-six écailles entre l'ouïe et la caudale. La couleur du dos, dans l'alcool, est rousse au centre des écailles, et leur bord est pâle. Dix à douze bandes argentées descendent de la moitié du côté jusque sous la ligne inférieure du profil. Le dessous de la queue paraît rouge. Il y a quelques petits points argentés, visibles à la loupe, sur le dos de la queue. La dorsale a les trois premiers rayons grêles et la membrane qui les réunit, d'un noir très-foncé, qui forme un liséré qui va, en s'affaiblissant, jusque sur le bord des derniers rayons, où il ne paraît plus que comme une bordure grise. L'intervalle entre les derniers rayons est tacheté de points gris. Il y a aussi de ces points sur les derniers rayons de l'anale. Les autres nageoires sont blanches. Quelquefois il y a une bande transversale grise sur la nageoire de la queue.

Le canal intestinal est plus long que celui du *Cyprinodon*

---

1. M. Costa compte les nombres autrement que moi. Il dit :

D. 1 — 11; A. 10, etc.

J'ai vérifié, sur plusieurs de nos exemplaires, l'exactitude de ceux que j'indique.

calaritanus; l'estomac plus large; la vessie aérienne plus grande; le péritoine est noir de même. N'ayant pas observé de femelle, je ne puis dire si ce poisson est vivipare comme l'autre.

Nos individus ne dépassent pas un pouce six lignes. Ils viennent des eaux douces des environs du cap Cagliari, et nous en sommes redevables à M. Bonelli et à M. le chevalier de la Marmora.

C'est en comparant ces exemplaires en très-bon état avec celui qui est conservé depuis très-longtemps dans les galeries du Muséum, que j'ai pu me convaincre de leur identité; mais comme ce dernier a été altéré par le temps, il en résulte que les extrémités des nageoires, aussi délicates que celles de ces petits poissons, se sont détruites, et que la figure donnée dans mon premier travail[1] sur ce genre est défectueuse. En effet, la dorsale et l'anale sont beaucoup trop basses, et cependant le peintre aurait dû les faire plus hautes et moins arrondies. S'il eût copié avec plus d'exactitude, le bord de la nageoire eût été plus découpé, et cela aurait mis le naturaliste sur la voie. Il a aussi exagéré les bandelettes, et surtout les antérieures, croyant qu'elles étaient effacées par l'action de l'alcool. D'ailleurs, le peu de mots que j'en ai dit alors dans le texte ne s'oppose nullement à reconnaître dans le *Lebias fasciatus* le Cyprinodon qui fait le sujet de cet article.

J'ai eu soin aussi de remarquer que j'ignorais la patrie des deux espèces dont je donnais la description et la figure; je ne voulais alors que compléter ce que M. Cuvier avait laissé à faire dans la première édition du Règne animal, où les deux seules espèces de ce genre alors connues, sont

---

1. Val. *apud* Humb., Observat. zool. et anat. comp., t. II, p. 160, pl. LI, fig. 4.

désignées comme nouvelles. Le hasard m'a du moins assez bien servi, puisque, en publiant ces descriptions dans une monographie d'espèces nouvelles de l'Amérique, l'une des deux s'est trouvée américaine.

Dans ces derniers temps M. Costa, en 1839, donna une figure aussi élégante que fidèle de cette jolie petite espèce. Une description détaillée précède cette planche. L'auteur cependant ne nous fait pas savoir si le Lebias est vivipare. Quant à la détermination spécifique, ce zélé naturaliste a bien reconnu les affinités de son espèce avec mon *Cyprinodon fasciatus,* qu'il a cru américain; mais il a considéré comme distinct le poisson italien, et il l'a nommé *Lebias flava.* Il l'a trouvé réuni et mêlé au précédent dans le lac Varano.

Le Cyprinodon d'Espagne.

(*Cyprinodon Iberus,* nob.)

Nous devons à M. Teillieux, jeune médecin, qui aime les sciences naturelles, une nouvelle espèce de ce genre, ce qui en établit une troisième en Europe.

Elle a le museau plus court, la mâchoire inférieure plus arrondie et plus saillante; l'œil plus grand et plus près du bout du museau. Les dents sont tricuspides, la pointe du milieu est plus alongée que celle des précédentes. J'en compte quatorze. La queue plus courte et plus grosse, la dorsale et l'anale peu alongées, la caudale plus elliptique.

D. 10; A. 9; C. 25, etc.

Les écailles sont petites, le corps est gris plombé et traversé par quinze à vingt traits verticaux argentés. Il y a trois bandes brunes sur la caudale, une tache noire sur les derniers rayons de l'anale, et ceux de la dorsale sont noirs.

Tous nos individus n'ont qu'un pouce de longueur. Ils ont été pris en Espagne par le médecin que j'ai cité plus haut : l'espèce est bien distincte et nouvelle.

Le Cyprinodon a croissant.

(*Cyprinodon lunatus; Lebias lunatus*, Ehr.)

Il existe aussi en Orient des cyprinodons qui y représentent nos espèces de Sardaigne, ou de Naples même, par la disposition des couleurs : elles sont vivipares; elles vivent dans les eaux douces des côtes de l'Abyssinie; elles ne craignent pas de séjourner dans l'eau salée, car M. Ehrenberg en a pris dans la mer de Massuah. MM. Ruppell, Botta et Bové, qui ont parcouru l'Égypte et la Syrie, en ont rapporté de nombreux exemplaires en Europe.

Les deux naturalistes allemands qui ont fait une étude assidue des poissons de Forskal, ont été tous deux d'accord pour croire que ces petites espèces appartenaient au *cyprinus leuciscus* du voyageur danois. Je conserve, malgré leur autorité, beaucoup de doutes à établir cette synonymie. Forskal donne à son poisson la longueur d'un pied, et des couleurs ou des proportions qui ne peuvent s'accorder avec ce que nous offrent ces petits poissons. Il dit que le front est assez large pour que les yeux soient éloignés de trois fois leur diamètre : le dessus de la tête était donc proportionnellement deux fois plus large que celui de nos cyprinodons. Il existe un trait doré longitudinal derrière les opercules.

Cependant les détails des couleurs des deux variétés s'accordent ensuite avec nos petits cyprinodons. Faut-il croire que ces deux diagnoses ne se rapportaient pas à la

18.   16

phrase du *cyprinus leuciscus?* Il me paraît bien difficile
de décider ces doutes d'une manière plausible.

Voici les observations que j'ai faites sur les petits poissons, venus en assez grande abondance au Cabinet du Roi,
et depuis longtemps.

Parmi ces cyprinodons du littoral de la mer Rouge, je
trouve une espèce remarquable

par la hauteur du tronc et surtout par celle du tronçon de la
queue. La dorsale et l'anale sont aussi très-élevées. La ligne du profil
monte obliquement jusqu'à la base de la nageoire du dos, et la
ligne inférieure descend jusqu'aux ventrales, de manière à ce que
la longueur totale comprend à cette partie trois fois et demie la
hauteur. Celle de la queue mesure les deux tiers et plus de celle
du tronc; l'épaisseur est des deux tiers de la hauteur. Ce poisson
a donc le corps beaucoup moins rond que celui des autres espèces.
Il a l'air d'une petite brème, à queue encore plus haute. La longueur
de la tête fait moins du quart de la longueur totale; le museau est
beaucoup moins obtus ou arrondi que celui de nos cyprinodons
de Sardaigne. La mâchoire supérieure, un peu protractile, se cache
tout-à-fait sous le voile du haut du museau, et l'inférieure ne la
dépasse guère. Toutes deux portent quinze à seize dents de cyprinodon.

La dorsale, insérée sur le milieu du corps, atteint, quand elle est
couchée, la base de la caudale. Sa hauteur égale celle de l'anale
et est un peu supérieure à celle du corps. Les pectorales dépassent
l'insertion des ventrales, et celles-ci les premiers rayons de l'anale.
La caudale est coupée carrément.

D. 9; A. 9; C. 27; P. 18; V. 7.

Je vois vingt-cinq rangées d'écailles assez fortes entre l'ouïe et
la caudale. La couleur argentée du corps devient rembrunie sur le
dos; la dorsale, grise, est ponctuée ou rivulée de noirâtre; l'anale
a ses premiers rayons blancs et les derniers chargés d'ondulations
transversales noires; la caudale a deux larges bandes verticales,

aussi foncées, et une autre, brune ou rousse, sur la base des rayons. Une tache noire fait remarquer l'épaule du poisson. On voit, à la loupe, les nombreux points de pigments qui rembrunissent le bord des écailles du dos, et il y a des traces de bandes longitudinales visibles par reflets.

M. Ehrenberg a trouvé ce poisson dans les eaux douces de la côte d'Abyssinie. Il avait le projet de nommer cette espèce *Lebias velifer,* à cause de la hauteur et de la grandeur de la dorsale et de l'anale.

La contraction des parties molles conservées dans l'alcool peut faire varier beaucoup les proportions du corps; car dans d'autres individus, également recueillis par M. Ehrenberg et durcis par l'esprit de vin, la hauteur de leur tronc est comprise cinq fois dans la longueur totale; la dorsale et l'anale ayant la même longueur relative, des taches semblables sur le corps et à l'épaule; je vois aussi des bandes sur la caudale, de sorte que je ne puis hésiter à les regarder comme de la même espèce que l'individu précédemment décrit. Ils ont cependant sur le haut de l'opercule deux ou trois taches alongées, horizontales, dont je n'aperçois pas de traces sur le premier de nos exemplaires.

J'observe ensuite dans les collections du Muséum d'autres individus que je puis comparer aux précédens, en les plaçant à côté les uns des autres : ceux-là ressemblent tout-à-fait, par les proportions du corps et par les couleurs, aux seconds exemplaires de M. Ehrenberg, et que j'ai dit contractés par l'action de l'alcool; mais sur ces derniers individus la dorsale et l'anale sont courtes; car, loin d'atteindre à la caudale, elles ne dépassent pas les deux tiers de la longueur de la queue.

Parmi les exemplaires que M. Ehrenberg nous a cédés,

il y en a qu'il a pris lui-même dans les eaux de la mer à Massuah.

A côté de ces exemplaires à dorsale et à anale courtes, j'ai à placer un individu que M. Botta a rapporté des environs de Massuah, et dont le corps est comprimé et assez élevé pour que sa hauteur ne soit aussi que trois fois et demie dans la longueur totale. Il a donc les dimensions du premier de nos exemplaires, avec la brièveté des nageoires verticales des troisièmes : d'ailleurs ils ont tous les mêmes couleurs.

J'ai ouvert ce dernier exemplaire, et je me suis assuré qu'il est une femelle, dont l'ovaire unique est gonflé d'œufs développés : ainsi, cette espèce est aussi vivipare. Cette observation prouve également que la femelle de ce cyprinodon a la caudale rayée, la dorsale haute et rivulée, l'anale marquée de traits noirs sur les derniers rayons comme les mâles.

M. Botta a rapporté un grand nombre de petits individus, tous de même taille, longs d'un pouce à un pouce et demi, qui ont les mêmes nageoires impaires; mais le dos paraît plus noir. Je retrouve cette même variété dans les individus envoyés du Jourdain par M. Aucher Éloy.

Les différentes variétés que je viens d'énumérer, prouvent que j'ai examiné un grand nombre de poissons de cette espèce, et qu'elle est bien caractérisée par les fines rayures d'une dorsale plus ou moins longue, mais toujours étendue, même quand elle paraît courte, par une anale également grande, et qui a toujours, dans l'alcool, les derniers rayons traversés alternativement par des rayures grises, blanc de lait ou bleuâtres, et enfin par une caudale ornée de deux ou trois bandes verticales. La tache noire de l'épaule est aussi très-constante. Je retrouve d'ailleurs dans toutes ces variétés le même nombre de rayons et de dents.

Cette constance de caractères m'engage à considérer encore comme appartenant à cette espèce, les nombreux individus que M. Bové a pris aux bains de Moïse, près de Tor, dans des sources qui ont de 26 à 27 degrés Réaumur. Tous mes individus portent les caractères signalés ci-dessus, mais ils ont le corps grivelé de beaucoup de points bleuâtres; le corps me paraît un peu plus rond.

Je ne crois pas devoir en faire une espèce distincte, parce que je reste ainsi de l'avis de M. Ruppell, qui a vu ces petits poissons vivans. M. Ehrenberg, qui avait désigné le plus grand de nos individus sous le nom de *Lebias velifer,* réservait aux autres variétés le nom de *Lebias lunatus.* C'est celui que j'ai adopté, parce qu'il caractérise mieux l'espèce, la grandeur des nageoires tenant, sans aucun doute, à la croissance du poisson.

M. Ruppell a très-exactement représenté notre cyprinodon sous le nom de *Lebias dispar* mâle[1]. Il donne à ce petit poisson les couleurs suivantes : le dos est brun jaunâtre; les côtés et le ventre, jaunes, grivelés de rouge et de bleu; la dorsale jaune, tachetée de brun; la première moitié de l'anale d'un beau jaune sans taches, et la seconde moitié bleue et piquetée de cinq taches noires; la caudale, bleue, avec trois bandes verticales. Ce savant voyageur se trompe quand il ne compte que trois rayons à la membrane branchiostège, mais il a remarqué que ces poissons sont vivipares.

---

1. Ruppell, *Reise in Nord-Afrika,* p. 66, pl. 18, fig. 1.

Puisque j'ai trouvé des femelles de cette espèce, je ne rapporte à notre poisson que celui de M. Ruppell, dont je parle ici. C'est pour cette raison que je n'adopte pas le nom de *Lebias dispar,* qui serait très-convenable si la femelle était aussi différente du mâle que M. Ruppell l'a cru.

Le CYPRINODON DE MOÏSE.

(*Cyprinodon Moseas,* nob.)

Cette espèce est distincte de la précédente, parce qu'elle a la tête et le dessus du corps plus gros et plus rond. La dorsale est reculée sur la seconde moitié du corps; son bord est arrondi; elle est courte et ne dépasse pas la moitié de la longueur de la queue. L'anale répond à l'à-plomb des derniers rayons dorsaux, et elle est aussi courte. La caudale est coupée carrément.

D. 10; A. 11; C. 25; P. 16; V. 6.

Il y a seize dents aux mâchoires; la couleur est argentée. Le dos est couvert d'un petit réseau noirâtre, dû à la réunion de points pigmentaires sur le bord des écailles. Une tache noire couvre l'épaule; dix à douze petites lignes verticales, irrégulières, souvent divisées ou anastomosées, séparées par des points, qui deviennent de véritables taches en s'agrandissant, couvrent les flancs. Le ventre et le dessous de la queue est argenté; toutes les nageoires sont incolores.

Nos plus grands individus ont deux pouces quatre lignes. Le Cabinet du Roi en possède depuis longtemps un assez bon nombre, qui avaient été rapportés d'Égypte par M. Geoffroy Saint-Hilaire. Depuis, MM. Ehrenberg et Botta en ont pris aux bords de la mer Rouge. M. Bové a trouvé les siens dans les sources chaudes des bains de Moïse près Tor.

M. Ehrenberg a aussi rencontré des exemplaires de cette espèce dans les sources de l'oasis de Jupiter Ammon.

Les viscères ressemblent tout-à-fait à ceux de nos cyprinodons. L'ovaire est unique et très-petit. Dans les deux individus que j'ai ouverts, il était situé derrière le rectum, comme à l'ordinaire des poissons, et non pas comme dans nos autres cyprinodons. Est-ce parce que, n'étant pas encore assez gros, il n'avait pas déplacé le rectum? ou est-ce une différence spécifique? Je dois faire remarquer qu'il y avait une masse considérable de graisse dans les épiploons : elle grossissait tellement l'abdomen, que je croyais ouvrir des femelles prêtes à frayer.

Le Cyprinodon d'Ammon.

(*Cyprinodon Hammonis*, nob.)

M. Ehrenberg a trouvé, dans ces mêmes sources de l'oasis de Jupiter Ammon, ce petit cyprinodon, qu'il a ensuite vu en plus grande abondance dans les autres parties de l'Égypte et de la Syrie. Il l'a retiré encore vivant du jabot d'un héron qu'il venait de tuer sur le bord des eaux. J'emprunte au lieu si célèbre où elle a été trouvée, le nom que j'impose à l'espèce.

Elle me paraît en général plus petite, plus courte, et plus ronde que les espèces voisines. Les dents tricuspides me paraissent plus courtes; je n'en compte que quatorze. Les nageoires sont petites, non prolongées.

D. 9; A. 10, etc.

Le dos est vert très-foncé ou même presque noir. Cette teinte s'affaiblit sur les côtés et devient presque blanche sous le ventre. Les flancs sont rayés par de petits traits verticaux. Tout le corps a des reflets argentés. La dorsale, la caudale et les pectorales sont noirâtres, sans aucune tache ni rayure. Les ventrales et l'anale sont blanches.

Les intestins et l'ovaire ressemblent à ceux de l'autre espèce. Le ventre était de même très-gros.

Les plus grands exemplaires ne dépassent pas un pouce huit lignes..

Nous en avons reçu de M. Ehrenberg lui-même. D'autres nous sont venus de M. Botta. M. Aucher Éloy en avait aussi recueilli parmi ses poissons de Damas.

M. Ruppell en a donné au Cabinet du Roi, sous le nom de *Lebias dispar fœmina*. La figure [1] qu'il a publiée sous ce nom est en effet fort exacte. Il donne cependant aux côtés une teinte jaune, et aux nageoires une couleur transparente, plus claire que je ne la trouve sur nos exemplaires.

Nous avons dit, à notre article du *Cyprinodon lunatus,* pourquoi nous n'admettions pas les différences de sexes présumées par l'auteur.

Le Cyprinodon mentonnier.

(*Cyprinodon mento; Lebias mento,* Heckel. [2])

M. Heckel a encore signalé une nouvelle espèce de cyprinodon des eaux douces de la Syrie.

La longueur de la tête, égale à la hauteur du tronc, fait le quart de la longueur du corps. La bouche est fendue obliquement et la mâchoire inférieure, un peu arrondie, fait saillie à l'extrémité du museau; la mâchoire supérieure n'aurait que douze dents, tandis

---

1. Atl., *Reise in Nord-Afrika,* pl. 18, fig. 2.
2. *Apud* Jos. Russegger, *Reise in Europa, Asia und Afrika,* p. 99 (1839), tab. VI, fig. 4.

qu'il y en aurait dix-huit à l'inférieure, divisées comme à l'ordinaire en trois pointes. Les yeux sont gros.

La ventrale est au milieu du corps, la dorsale un peu reculée; l'anale ne lui correspond pas tout-à-fait; la caudale est coupée carrément. M. Heckel ne compte que trois rayons à la membrane branchiostège; mais je crois ce nombre erroné. Voici ceux des rayons des nageoires.

D. 12; A. 11; C. 26; P. 17; V. 6.

Le nombre des écailles, le long de la ligne latérale, est de vingt-sept.

Ce petit poisson a le dos brun et le ventre blanc à reflets jaunâtres. Le mâle a les nageoires noires avec des points blancs; elles sont pâles chez les femelles.

Ce poisson est venu de Mossul au Musée de Vienne, sans dénomination particulière. Il est figuré dans le Mémoire de M. Heckel, pl. VI, fig. 4.

Le même auteur indique en note, sous le nom de *lebias cypris,* un autre cyprinodon, qui aurait le dos plus élevé au milieu du corps et la tête plus pointue. Les nombres des rayons et des écailles sont peu différens,

D. 11 ou 12; A. 10; C. 26; P. 14; V. 5.

et on compte vingt écailles le long de la ligne latérale. Ce poisson n'est pas suffisamment décrit et me paraît peu différent du *cyprinodon mento.*

Le CYPRINODON VARIÉ.

(*Cyprinodon variegatus,* Lacép.)

On doit à M. de Lacépède la description de ce cyprinodon, tirée des notes manuscrites de M. Bosc.

J'ai fait mention de cette espèce, mais sous un autre nom, dans mon Mémoire sur les poissons d'eau douce

18.   17

de l'Amérique. Peu de temps après, M. Lesueur a donné une description et une figure de ce même poisson, en lui imposant une nouvelle dénomination. Il a ajouté depuis plusieurs renseignemens importans, et enfin le Cabinet du Roi en a reçu de nouveaux exemplaires en fort bon état. C'est avec ces matériaux et ceux que j'ai cités au commencement de ce paragraphe, que je vais donner l'histoire suivante de cette espèce. Commençons par sa description.

La forme du corps ressemble assez bien à celle de notre bouvière (*cypr. amarus*, Linn.). La courbure du ventre est plus soutenue que celle du dos. La plus grande hauteur du tronc fait deux fois et un tiers celle de la queue, et est contenue deux fois et deux tiers dans la longueur totale. L'épaisseur mesure la moitié de la hauteur. La longueur de la tête est à peu près le quart de celle du corps tout entier. L'œil est sur le haut de la joue, au milieu de la longueur de la tête. Le cercle de l'orbite touche, mais n'entame pas la ligne du profil. Les quatre pièces operculaires sont grandes et couvertes d'écailles assez fortes et lisses. Les deux mâchoires sont d'égale longueur; je leur compte vingt dents de cyprinodon.

L'os de l'épaule fait une large et grande écaille derrière l'ouïe. La pectorale est large et arrondie; la ventrale est petite. L'anale est plus reculée que la dorsale; elle n'atteint pas le quart de la longueur de la queue. La caudale est peu étendue et coupée carrément.

D. 10; A. 11; C. 21; P. 16; V. 6.

Il y a vingt-huit rangées d'écailles entre l'ouïe et la caudale, et quinze dans la plus grande hauteur. La ligne latérale est peu distincte. La couleur du corps est un vert rembruni par un sablé excessivement fin de points pigmentaires noirs, et formant des bandes verticales assez larges ou linéaires sur la queue. L'intervalle entre les bandes est argenté. La base de la caudale est brun pâle, et le bord vertical a un gros liséré noir foncé. La dorsale et les pectorales sont vertes assez foncées; les ventrales et l'anale sont plus pâles. Le dessous du corps est argenté.

Cependant M. Lesueur nous apprend dans ses notes, que le poisson frais a pour teinte générale une couleur plus ou moins orangée à reflets métalliques, et les bandes verticales d'un bleu grisâtre, beaucoup plus pâles dans le mâle que sur les femelles. Les nageoires, plus développées dans le mâle, sont jaunes, et la caudale a une bande noire sur le bord et brune sur sa base. Les femelles, dont le corps est plus ventru, ont de treize à quatorze bandes, sur un fond quelquefois jaune soufre.

L'intestin est fort long; il s'enroule neuf fois sur lui-même; son diamètre est assez fort. La vessie aérienne est grande. Je n'ai pas pu voir les organes génitaux; mais Lesueur dit que les femelles sont vivipares. Le péritoine est noir.

Nos plus grands individus sont longs de deux pouces et quelque chose. Ils viennent du lac Pontchartrain, d'où ils ont été envoyés en 1830 sous le nom de *petit casse burgo;* nom qui leur est donné à cause de la ressemblance de leur corps avec celui du grand sargue des États-Unis (*sargus ovis,* nob.) que les habitans appellent casse burgo. La forme et la grandeur de ses dents incisives comparées aux dents du mouton, l'ont fait de même nommer *sheep head.* On donne aussi quelquefois le nom de *gros ventre* aux femelles. Il paraît qu'il y a plus d'individus de ce sexe que de mâles.

Ce cyprinodon vit en troupes et en société avec la pœcilie à plusieurs raies : on le prend presque toujours avec elle. Il aime les endroits où il y a peu d'eau, dont le fond est sablonneux et où croissent les racines des vieux cyprès, des touffes de joncs, de sagittaria, afin de pouvoir s'y réfugier à la première alerte. C'est un des poissons les plus communs dans le lac Pontchartrain.

M. Lesueur ne les y a observés qu'en 1830; mais plusieurs années auparavant ce naturaliste avait publié cette

espèce sous le nom de *lebias ellipsoidea* dans le Journal
de l'Académie des sciences de Philadelphie[1] d'après des
exemplaires rapportés de l'est des Florides par MM. Machère,
Ord, Say et T. Péale.

La figure noire jointe à sa description, est fort exacte
pour le contour du corps, pour les détails de la dentition;
mais je lui trouve la caudale trop courte, et il faut croire
que les exemplaires confiés à cet habile artiste n'étaient
pas mieux conservés que les premiers dont je pouvais dis-
poser; car M. Lesueur ne parle pas dans sa description,
ni n'indique sur sa figure, soit la bande noire fort caractéristique du bord de la caudale, soit les bandes pâles,
mais fort visibles, qui entourent le corps.

L'ouvrage de zoologie dans lequel je publiai ces descriptions, paraissant par livraisons à des intervalles assez
éloignés, j'ai pu citer à la fin de mon travail les publications
de M. Lesueur, quoique le mien soit antérieur de quatre
ans, puisqu'il date de 1817. Les exemplaires conservés
alors dans le Cabinet du Roi étaient entièrement déco-
lorés, de sorte que la figure[2] de mon mémoire n'a d'exact
que le trait.

Le nom de *sheep head,* que ce poisson porte sur le
marché de New-York, a déterminé le docteur Mitchill
à donner à notre cyprinodon, placé dans le genre *Esox,*
l'épithète d'*ovinus;* il a induit les naturalistes en erreur
sur le nombre des rayons de la membrane branchiostège,
en les portant à six, et aussi en négligeant de décrire les
dents. Malgré cela, en comparant la figure de ce naturaliste

---

1. *Journ. of the acad. of nat. scienc. of Philad.*, t. II, p. 2, pl. II, fig. 1 et 2,
cah. de Janvier 1821.

2. Val. *apud* Humb., Rec. d'observ. d'anat. et de zool. comp., t. II, pl. LI, fig. 3.

avec le dessin de M. Bosc, on ne peut conserver de doutes sur l'identité de ces deux espèces nominales.

M. Dekay a bien reconnu à New-York cet *esox ovinus,* et il en a fait son *lebias ovinus*[1], soupçonnant que mon *lebias rhomboidalis* pouvait en être rapproché; mais il n'a pas cru que le *lebias ellipsoidea* de Lesueur fût synonyme.

Tous ces noms doivent d'ailleurs être effacés de nos catalogues ichthyologiques, qui ne doivent conserver que le nom générique de Cyprinodon, genre établi sur cette dernière espèce.

***

DES FUNDULES (Lacépède).

Les caractères de ce genre consistent dans la présence de dents en cardes fines sur des mâchoires formées à la partie supérieure par des intermaxillaires arqués, de manière à rendre l'ouverture de la bouche demi-circulaire. Le dessus de la tête est plat; mais les mâchoires ne sont pas déprimées comme dans les pœcilies. Le nombre des rayons branchiostèges est de cinq.

J'avais essayé de rétablir ce genre de Lacépède, d'abord méconnu par M. Cuvier; mais j'ai commis plusieurs erreurs dans ce premier travail. Je crois aujourd'hui, qu'après avoir bien déterminé le *cobitis heteroclita* de Linné, les caractères qui vont suivre sont ceux d'un genre naturel et bien circonscrit. Les fundules sont vivipares comme les autres espèces des genres voisins, auxquelles elles ressemblent aussi par les caractères anatomiques des viscères de la digestion et par la vessie natatoire. Elles sont moins nom-

---

1. *Faun. New-York*, part. III, p. 215.

breuses que celles du genre Cyprinodon. Elles viennent toutes de l'Amérique, et j'en ai trouvé des deux côtés de l'équateur : elles remontent vers le nord jusque dans l'État de Massachusets.

La Fundule cacao.

(*Fundulus cœnicolus*, nob.)

Les eaux saumâtres des États-Unis nourrissent en très-grande abondance ce curieux petit poisson. Nous en avons reçu des exemplaires nombreux et de toute taille par les soins de MM. Lesueur, Milbert, Harlan et de Castelnau. Le premier de ces naturalistes les a étudiés avec attention et en a publié une bonne description, mais sous un nom générique ou spécifique qui ne peut être conservé, ainsi que je vais le démontrer.

Linné reconnaît devoir la connaissance de notre poisson à Garden, qui lui aurait indiqué pour dénomination vulgaire le nom de *Mudfish*. Cependant je ne trouve, dans la correspondance entre Garden et Linné, publiée par Smith, et que nous avons déjà citée plusieurs fois, que l'*amia calva* ainsi nommée.

Quoi qu'il en soit, Linné eut la malheureuse idée de placer ce mudfish dans sa XII.ᵉ édition, à la fin des *cobitis*, bien qu'il aurait dû être éloigné de ce rapprochement par la grandeur des écailles, par les dents de la bouche, par le nombre des rayons branchiostèges, indiqués avec exactitude dans la description de Linné. Il dit bien à la fin de sa courte notice *Genus nondum certum,* mais pour se tirer en quelque sorte des difficultés qu'il éprouvait, Linné appelle l'espèce *cobitis heteroclita.*

Schœpf[1], ayant publié dans les écrits des naturalistes de Berlin une série d'observations sur les poissons de l'Amérique septentrionale, mentionna notre fundule et la reconnut pour le *cobitis heteroclita* de Linné.

Il dit que ce sont les *Mudfish* de la Caroline, décrits par Garden, et qu'il faut considérer comme voisins d'eux, si ce n'est peut-être du même genre, le *Jellow-belied cobler*, le *Killfish* et le *Mayfish*. Walbaum[2], profitant des observations de Schœpf, fit du premier son *cobitis macrolepidotus*, et comprit dans cette espèce le *Killfish* comme une simple variété, et le troisième devint[3] le *cobitis majalis*. Schœpf, travaillant d'après nature et observant avec soin, avait bien saisi les rapports des poissons. Walbaum, tirant parti de ces travaux avec intelgence, avait mis sur la voie de bien établir les espèces; il ne lui avait manqué qu'un peu plus de précision dans les caractères, lorsque ses successeurs, soit par défaut de critique, soit par l'absence de matériaux suffisans, mirent la confusion dans l'histoire de ces petits poissons.

Ainsi Bloch, qui ne connut aucune de ces fundules à l'époque de la publication de sa grande Ichthyologie, prit d'une part dans Linné et de l'autre dans Schœpf, pour ajouter dans son Système posthume, à la liste des espèces de son genre Pœcilia, le *cobitis heteroclita* de Linné. Il devint le *pœcilia cœnicola;* et du *Yellow-belied cobler,* que Schœpf ne distinguait pas avec raison de l'espèce linnéenne, Bloch en a fait une seconde espèce nominale, le *pœcilia fasciata.*

---

1. *Schriften der Gesellsch. naturf. Fr.*, 1788, t. 8, p. 171.
2. Édit. d'Artedi, 1792, p. 11, n.° 7.
3. *Ejusd., ibid.*, p. 12, n.° 8.

Lacépède, qui travaillait à la même époque sans avoir connaissance de l'ouvrage de Bloch édité par Schneider, retira des *cobitis* de Gmelin les deux espèces qui étaient indiquées avec des mâchoires dentées, et il en fit son genre FUNDULE, et, prenant la dénomination de Garden, il appela notre espèce *fundulus mudfish*.

En Amérique, le D.ʳ Mitchill publiait, dix ans après M. de Lacépède, son Mémoire sur les poissons de New-York, sans rechercher si Linné, Schœpf ou Lacépède avaient déjà signalé quelques-unes des espèces recueillies par lui. Il les décrit toutes sous des noms nouveaux, en les plaçant dans le genre des Brochets. Il les nomme *Killfish*, et il distingue un *Killfish* à ventre jaune et un autre à ventre blanc; puis un troisième *Killfish* à bandes. Je ne crois pas que son *esox pisciculus* soit autre chose que la femelle du *cobitis heteroclita*; quant à son *esox zonatus*, je le regarde aujourd'hui comme une espèce distincte.

Lorsque M. Cuvier publia, en 1817, la première édition du Règne animal, il ne fit aucune mention du genre de Lacépède. Il plaça dans sa note, à la suite de ses Pœcilies, le *cobitis heteroclita*, l'hydrargyre swampine de Lacépède, qui est d'un autre genre; il crut, à tort, que le *pœcilia fasciata* de Schneider devait en être fort voisin; et il y adjoignit aussi le *pœcilia majalis*, qui n'appartient ni aux pœcilies ni aux fundules, et qui est le même que l'hydrargyre swampine. Le travail de Mitchill sur ces poissons n'est pas encore mentionné dans le Règne animal.

Tel était l'état des choses, lorsque j'entrepris une revue de ces petites espèces, à l'occasion de la détermination des dessins de poissons rapportés de l'Amérique équinoxiale par M. de Humboldt.

J'ai dû beaucoup corriger ce travail, premier essai de ma jeunesse, parce que je n'avais pas encore sous les yeux la masse d'individus bien conservés que les différens naturalistes, cités plus haut, ont envoyé successivement au Cabinet du Roi.

D'abord je dois reconnaître que je me suis trompé en comptant les rayons de la membrane branchiostège de ces poissons. Ils sont au nombre de cinq.

J'ai cru à tort que le *pœcilia cœnicola* et le *pœcilia fasciata* étaient d'espèces distinctes, il faut au contraire les réunir. J'ai également compris mal à propos, dans les synonymies de cette espèce, l'*hydrargyra fasciata* de Lesueur, l'*esox zonatus* de Mitchill, et l'hydrargyre swampine de Lacépède, que je puis déterminer aujourd'hui avec certitude, depuis que j'ai eu les manuscrits de Bosc. J'ai revu les individus que j'ai fait figurer pl. LII, fig. 1, sous le nom de *fundulus fasciatus,* et je me suis assuré que ce sont des femelles à cinq rayons branchiaux, et semblables à celles que nous avons reçues en 1830.

Vers le même temps, M. Lesueur semblait se multiplier pour dessiner ou décrire les animaux des États-Unis qui lui paraissaient nouveaux. Il observa notre espèce, mais comme il ne put la faire rentrer dans le genre des Pœcilies, caractérisées dans le Règne animal par les trois rayons de la membrane branchiostège, il choisit alors, par une idée singulière, le genre *Hydrargyre* de Lacépède, et en reconnaissant que les caractères de ce genre, mal déterminés, il est vrai, ne concordent pas avec ceux de nos poissons, il proposa une réforme de ses diagnoses, et sous le nom donné par Lacépède à un poisson tout différent, d'après le dessin et la description de Bosc, M. Lesueur constitua un genre tout autre. D'ailleurs comme il ne chercha pas si Linné avait parlé de notre poisson, on peut s'expliquer par là comment il a laissé dans l'oubli le genre Fundule de Lacépède.

Il est évident que M. Lesueur a décrit l'espèce dont il s'agit ici, sous le nom d'*hydrargyra ornata*.

C'est sous le même nom que nous la voyons reparaître dans le rapport sur les poissons du Massachusets par M. Storer.

Je ne puis pas douter que ce ne soit aussi le même poisson que M. J. Dekay a décrit dans sa magnifique Faune de New-York, et qui est dans le cabinet du lycée de cette ville, sous le nom de *fundulus zebra*. Malheureusement M. Dekay n'en a pas donné de figures, mais la description s'accorde parfaitement.

C'est du mâle seulement dont cet infatigable zoologiste a parlé dans son article, et il a publié la femelle sous le nom de *fundulus viridescens*, fort bien représentée pl. XXXI, fig. 99 de la Faune de New-York. La figure et la description convenant parfaitement bien, je vois avec plaisir que M. Dekay croit, comme moi, qu'il faut rapporter à son poisson l'*esox pisciculus* de Mitchill ou le *Killfish* de Schœpf. S'il a d'ailleurs conservé quelques doutes sur cette synonymie, c'est parce que je supposais autrefois que cet *esox pisciculus* était le jeune du *fundulus fasciatus*, et en cela j'ai déjà dit que je m'étais trompé. Mais M. Dekay s'est mépris quand il a fait du *cobitis majalis* mon *fundulus fasciatus*. J'ai dit tout le contraire dans mon mémoire, et je suis toujours resté de cette opinion.

Le nom de *Killifish*, sous lequel tous ces poissons sont connus en Amérique, tire sa source du lieu de leurs habitations. Comme ils vivent tous dans les marais salés autant

que dans les eaux douces, les anciens Anglo-Américains
les ont nommés poissons d'eau saumâtre, d'après un vieux
mot peu usité, qui est d'origine hollandaise, *killi* signifie
précisément ce que les Anglais appellent *estuaries,* ou eaux
saumâtres des bords de la mer. Plusieurs autres ont quelques
noms vulgaires, que nous mentionnerons à leur article.

La forme générale du corps de la fundule cacao ressemble tout-
à-fait à celle d'une petite tanche (*cypr. tinca*). Dans un mâle, la
hauteur du tronc égale la longueur de la tête et mesure le quart
de celle du corps tout entier. Les joues sont assez renflées. Le
dessus de la tête, entre les yeux, est aplati; le préopercule, couvert d'écailles, est arrondi; les autres pièces operculaires sont aussi
écailleuses, et la fente de l'ouïe est un arc parallèle à celui du bord
du préopercule. Le sous-orbitaire est petit, son bord antérieur un
peu ondulé, et cache le maxillaire; l'intermaxillaire, un peu protractile comme dans les genres voisins, fait tout le contour de l'arc
dentaire supérieur. Les lèvres sont assez épaisses, les deux mâchoires
sont égales; cependant quand la mâchoire inférieure est abaissée,
elle paraît un peu plus longue que la supérieure; les dents sont
coniques et en crochets; celles du bord externe sont plus grosses
que les autres. L'œil n'est pas plus gros que celui d'une tanche de
même longueur. La membrane des ouïes est assez large; elle est
soutenue par cinq rayons branchiostèges. Les pharyngiens supérieurs portent des dents coniques, dont les antérieures sont plus
longues et plus grosses que les autres. Il y a deux pharyngiens
de chaque côté et, entre eux, une houppe de papilles assez longue.
Les pharyngiens inférieurs forment une plaque triangulaire avec
des dents coniques, mais plus courtes.

La dorsale est reculée sur la seconde moitié du dos; la longueur
de sa base égale sa hauteur; elle devient arrondie en arrière quand
elle est étalée. L'anale lui est tout-à-fait opposée. La caudale est
ronde, et l'on doit en dire autant des deux nageoires paires.

B. 5; D. 11; A. 11; C. 27; P. 18; V. 6.

Il y a quarante-quatre rangées d'écailles sur le côté du corps, et de grandes écailles sur le crâne et les tempes; celles de l'appareil operculaire sont semblables à celles du tronc. Une de ces dernières se montre avec quinze à dix-huit rayons à l'éventail, et avec des stries concentriques circulaires, qui passent même sur les rayons de l'éventail. Une écaille de la tête n'a que des stries concentriques, et elles sont assez fortes pour être visibles à l'œil nu. Un sablé pigmentaire très-fin recouvre toutes les écailles. Les couleurs du mâle sont vertes, assez rembrunies sur le dos, dorées sur les côtés et pâles sur le ventre. Le corps est couvert, et principalement vers l'arrière, de points blanchâtres irréguliers, et la queue est traversée par dix à douze lignes verticales pâles ou argentées. Les trois nageoires impaires portent des points bleuâtres; ils sont gros sur la dorsale et fins sur la caudale; la ventrale a aussi quelques points bleuâtres; les pectorales sont pâles.

Je retrouve ces points des nageoires et les lignes verticales du corps sur tous les nombreux individus réunis dans la collection, et j'en ai sous les yeux depuis la taille d'un pouce et demi jusqu'à celle de quatre pouces. On reconnaît le mâle à une petite papille conique, cachée dans une petite fossette creusée entre l'anus et le premier rayon de la nageoire. On distingue la femelle par le long canal oviducal fixé sur le premier rayon de la nageoire et qui, dans une femelle de cinq pouces, égale la moitié de la longueur de ce rayon. Je trouve d'ailleurs ce poisson semblable par les formes et la couleur du fond, mais il n'y a pas de points ou de lignes sur le corps ni sur les nageoires.

Cette femelle n'a qu'un seul ovaire, contenant des œufs très-gros, dont quelques-uns sont assez développés pour prouver que ce poisson est ovo-vivipare. Au-dessus de lui se trouve la vessie aérienne, et au-dessous les replis de l'intestin. Ils sont moins nombreux que dans les espèces précédentes, car le tube digestif ne fait guère que de larges ondulations. La portion gastro-duodénale est large et contenait des débris de poissons. Le foie est peu volumineux et réduit au seul lobe droit. Le péritoine, noir dans le haut, devient rougeâtre et argenté au-dessous, et dans cette partie il est couvert de points noirs de pigment.

J'ai trouvé trois longues filaires dans la cavité abdominale de ce poisson, et l'une d'elles m'a fait faire une observation assez curieuse en helmintologie. Cette filaire, enroulée sur elle-même, était retenue dans les feuillets mésentériques du rectum; sa tête avait perforé le péritoine, s'était avancée entre les muscles sacro-coccygiens inférieurs, avait percé la peau, de sorte que le ver sortait du corps du poisson dans une longueur de huit à dix millimètres. Pour le suivre dans l'abdomen, il m'a fallu disséquer entre ces muscles, après avoir enlevé les écailles. J'ai conservé cependant des brides qui retiennent l'entozoaire en place, afin de placer la préparation dans le Cabinet du Muséum, déjà fort riche en helminthes.

M. Storer dit qu'on peut en prendre des bandes nombreuses dans des filets à main; mais que ce poisson n'est d'aucun usage. Il a vu des canards domestiques se jeter dessus et le dévorer avec la même avidité que le grain. M. Dekay le regarde comme un bon appât pour la pêche.

Selon cet auteur les Indiens l'appellent *mummachog*. Si ma conjecture sur le *fundulus viridescens* de M. Dekay est vraie, la femelle serait désignée sous le nom de *Big-killifish* suivant ce dernier, et tout simplement sous le nom de *Killfish* selon Schœpf.

M. Lesueur a observé son *hydrargyra ornata*, et par conséquent notre espèce dans le lac Pontchartrain de la Nouvelle-Orléans. On lui donne en ce lieu pour dénomination vulgaire le nom de *cacao*. Je trouve dans les notes qu'il a bien voulu nous envoyer avec les poissons en nature, qu'un de ses amis, M. Victor Guillon, en prenait facilement un grand nombre d'individus à chaque coup d'épervier, parce que ce poisson vit en troupes. Il a

observé qu'il nage avec aisance par longs traits ou jets,
qu'il s'arrête souvent près de la surface de l'eau, mais qu'il
aime aussi à se tenir immobile au fond de l'eau sur le
sable ou la vase, qu'il quitte à la moindre peur en trou-
blant l'eau pour dérober la direction de sa fuite. Le même
naturaliste a encore rencontré cette espèce sur les plages
vaseuses de la Delaware, où elle recherche les endroits où
croissent le *nymphœa advena* et le *zizania aquatica*.
Suivant M. Ord, ces petits poissons ont pour ennemi les
bécasses de ce pays, *scolopax melanoleuca* et *scolopax
flavipes*; mais, quand ces oiseaux ont mangé trop de ces
fundules, leur chair prend un goût de poisson désagréable
qui gâte leur délicatesse généralement fort estimée.

La Fundule a ventre blanc.

(*Fundulus pisculentus*, n.; *Esox pisculentus*, Mitch.)

M. Milbert nous a envoyé des eaux douces de Pensyl-
vanie cinq de ces poissons, qui me paraissent d'une espèce
particulière :

Ils ont en effet le corps alongé, le museau plus étroit, la mâchoire inférieure plus avancée. La hauteur est cinq fois et demie
dans la longueur totale; la tête, plus longue, n'y est que quatre fois
et un quart; les yeux gros et saillants; les écailles de la nuque
petites et sans stries; la dorsale est coupée carrément, basse de
l'arrière; la caudale a le bord droit.

D. 14; A. 12; C. 25; P. 16; V. 6.

Le corps est olivâtre sur le dos, pâle sur les côtes et blanc sous
le ventre. Les flancs sont semés de petits points noirs.

Nos individus sont longs de trois pouces.
Je la regarde comme celle désignée par le D.ʳ Mitchill

sous le nom de *White bellied killifish* ou *esox pisculentus*[1], parce que ce naturaliste donne des nombres qui s'accordent assez bien avec le poisson que j'ai sous les yeux, et dont le ventre était entièrement blanc.

Cette espèce vit avec la précédente dans les eaux où le flux et le reflux de la mer se font sentir.

Si j'ai quelque incertitude sur la synonymie du Dr Mitchill à cause du vague de sa description, j'en ai moins sur les rapprochemens à établir entre notre poisson et l'*hydrargyra diaphana* de M. Lesueur, malgré que cet auteur ne donne que quatre rayons à la membrane branchiostège de son espèce.

Voici un extrait de sa description :

Le corps est fusiforme ou presque cylindrique; la tête cunéiforme; le museau alongé; la mâchoire inférieure étroite; les ventrales très-petites, insérées au milieu de l'intervalle entre l'anale et les pectorales; le dos, étroit, porte une dorsale du double plus grande que l'anale; cette nageoire, celle du dos et celles de la poitrine sont arrondies; la caudale est tronquée. M. Lesueur n'a compté que quatre rayons à la membrane branchiostège.

B. 5; D. 13; A. 12; C. 28; P. 18; V. 6.

Le dos est de couleur brune olivâtre, le ventre blanc; les côtes ont des teintes bleues délicates, qui laissent au tronc une sorte de transparence, sur laquelle se dessinent seize bandes brunes irrégulières, transversales, confluentes vers le dos. Les opercules ont de brillants reflets jaunes et bleus; les yeux sont argentés.

Ce poisson du lac Saratoga est un manger délicat; les pêcheurs de l'État de New-York l'emploient aussi comme appât pour les gros poissons : la taille est de cinq pouces.

---

1. Mitchill, *Fish of New-York*, p. 441, n. 4.

M. Lesueur en cite une variété du *Pipecreak* de Maryland, dont les nombres sont un peu différens.

D. 14; A. 12; C. 26; P. 18; V. 6.

Ces nombres et la couleur blanche du ventre s'accordent tout-à-fait avec notre espèce, et l'observation que je fais plus loin à l'article du *Fundulus nigrofasciatus*, à l'occasion de la variation dans le nombre des rayons de la membrane branchiostège, me paraît lever toute espèce d'incertitude.

Je trouve aussi dans les notes de M. Lesueur qu'il a observé ce poisson dans le lac Pontchartrain; mais qu'il y est beaucoup plus rare que le *cacao*. Les individus vivent isolés, quelquefois mêlés avec ceux de la précédente espèce.

M. Storer ne paraît pas avoir rencontré ce poisson dans l'État de Massachusets, du moins il ne le cite pas dans son ouvrage.

M. Dekay en fait mention dans son Ichthyologie de l'État de New-York; mais il me semble que c'est d'après M. Lesueur.

La FUNDULE RAYÉE DE NOIR.

(*Fundulus nigrofasciatus*, nob.)

Nous avons un grand nombre de petites fundules que M. Lesueur nous a envoyées, comme son *hydrargyra nigrofasciata*.

Elles ont en effet cinq rayons aux ouïes, douze rayons à la dorsale; le corps, vert olivâtre, est traversé par douze ou quatorze traits noirâtres, plus ou moins foncés selon les reflets de la lumière, et paraissant aussi quelquefois argentés sur les individus conservés depuis long-temps dans l'alcool. La tête fait le tiers de la longueur

du corps, la caudale non comprise; le diamètre de l'œil mesure le
tiers de la longueur de la tète; la caudale entre près de cinq fois
dans la longueur totale : elle est arrondie; la dorsale est basse; l'anale
est au contraire assez haute.

D. 12; A. 10, etc.

Il paraîtrait, d'après M. Lesueur, que ce poisson aurait des teintes
orangées, ou jaunes et lavées de rougeâtre, un peu rembrunies
sur le dos et plus pâles sous le ventre. M. Lesueur compte autant
de bandes que moi.

Parmi ce grand nombre d'individus conservés dans le
Cabinet du Roi, je n'en ai pas un qui passe deux pouces,
et je crois que M. Storer ne leur accorde que cette taille.

Ce naturaliste[1] a cité cette fundule, dans son travail sur
les poissons du Massachusets, sous le nom que M. Lesueur[2]
lui avait d'abord donné dans son Mémoire sur les hydrargyres.

Ce petit poisson vit dans les mares saumâtres des environs de New-Port, à Rhode-Island, et dans d'autres
parties des États-Unis. M. Milbert l'a envoyé de New-York.

Schœpf le confondait probablement avec son *yellow
bellied cobler*, et le Dr Mitchill avec son *esox pisciculus*.
Cependant, je crois que MM. Lesueur et Storer ont eu
raison d'établir cette espèce; car j'ai observé des mâles et
des femelles de ces petits poissons. Les premiers ne portent jamais de taches sur la dorsale; ils sont donc bien
distincts du *fundulus cœnicolus*. J'ai aussi eu tort de confondre dans mon travail de 1817 *l'hydrargyra nigrofasciata* de Lesueur avec mon *fundulus fasciatus*.

---

1. *Report on the fishes of Massachusets*, p. 94, 1839.
2. Lesueur, *Journ. acad. sc. nat. of Phil.*, vol. 1, part. 1, p. 133, 1817.

18.   19

Je dois encore faire remarquer que, parmi tous les nombreux exemplaires soumis à mon examen, j'en ai trouvé un qui a cinq rayons à la membrane branchiostège du côté droit, mais qui n'en a que quatre du côté opposé. Cette sorte d'anomalie individuelle n'est pas rare dans les poissons; nous en avons vu des exemples dans les percoïdes et dans les scombres, mais elle est importante à signaler; car elle explique les incertitudes que certains auteurs laissent dans les caractères de ces genres. Ainsi, M. Lesueur a fait deux divisions dans ses *hydrargyres,* l'une à quatre rayons branchiostèges, l'autre à cinq. M. Dekay dit également que le genre *Hydrargyre,* qu'il entend à la manière de M. Lesueur, a quatre ou cinq rayons à la membrane branchiostège.

Il est probable que ces auteurs ont rencontré la même anomalie que celle indiquée plus haut.

La Fundule a petites zones.

(*Fundulus zonatus*, nob.)

Le Cabinet du Roi a reçu de M. Harlan une petite fundule distincte de toutes les autres,

parce qu'elle n'a que sept rayons à sa dorsale. Elle a encore plusieurs autres caractères remarquables : ainsi l'œil est grand, car son diamètre n'est que deux fois et demie dans la longueur de la tête, qui est comprise quatre fois et demie dans celle du corps entier. Les dents sont fortes et crochues. La dorsale, reculée au-dessus de l'anale, touche presque à la caudale, qui est lancéolée et n'a que dix-huit rayons. Ainsi cette espèce a moins de rayons que les autres espèces congénères.

B. 5; D. 7; A. 10; C. 18; P. 13; V. 6.

Le corps, de couleur olivâtre, est traversé par douze demi-bandes inférieures noires, et tranchées sur le fond argenté du ventre; la dorsale et l'anale sont ponctuées de noir; les autres nageoires sont transparentes.

Notre individu, long de deux pouces, vient de l'intérieur de la Caroline du Sud.

Il me paraît très-probable que c'est là le poisson décrit par Mitchill[1] sous le nom d'*esox zonatus;* car il leur donne douze barres noirâtres, perpendiculaires et à égales distances les unes des autres sur les côtés. Le dos est brun et le ventre argenté. Je n'aurais aucun doute à cet égard, si ce naturaliste avait donné les nombres des rayons de la dorsale; mais comme il ne parle pas de points noirs sur les nageoires verticales, et qu'il se sert dans la diagnose de l'expression *a dozen or more transverse marks,* et dans le texte des mots *about twelve bars,* il ne serait pas impossible qu'il eût confondu cette espèce et la suivante. Dans tous les cas, l'une des deux sera le *banded killifish* de Mitchill. Je vois maintenant que j'ai eu tort de citer autrefois l'*esox zonatus* comme synonyme de mon *fundulus fasciatus.*

La FUNDULE A PETITES CEINTURES.

(*Fundulus cingulatus,* nob.)

Je trouve, dans le Cabinet du Roi, un autre individu, qui n'est peut-être pas d'une espèce distincte de la précédente, il n'en serait qu'une simple variété.

Cependant je lui compte un rayon de plus à la dorsale, et cette nageoire, ainsi que l'anale, n'offre aucune trace des points

---

1. *Fish of New-York,* p. 443, n.° 7.

noirs qui existent sur les nageoires de l'espèce précédente. Les
dents me paraissent aussi un peu plus longues, le museau plus
arrondi, le front plus large et plus plat. Je trouve aussi seize bandes
noires sur le corps, dont le fond est olive.

D. 8; A. 10; C. 19; P. 12; V. 6.

Nous avons reçu ce petit poisson, long de deux pouces
et demi, par M. de Castelnau, qui l'a rapporté des États-
Unis. Cette courte description va le signaler à l'attention
des ichthyologistes.

La FUNDULE DES SOURCES.

(*Fundulus fonticola*, nob.)

Les espèces de ce genre se trouvent aussi hors du continent des États-Unis.

M. Plée nous en a envoyé une de Portorico.

Elle a le ventre assez rond, la queue étroite et plus grêle que
celle des précédentes, la dorsale et la caudale petites et arrondies,
l'anale haute et pointue; les nageoires paires, surtout les inférieures,
sont également très-peu étendues.

B. 5; D. 11; A. 12; C. 28; P. 15; V. 6.

Les écailles sont petites et finement striées : j'en compte trente-
quatre rangées entre l'ouïe et la caudale. La couleur paraît avoir
été un vert uniforme sur tout le corps, et je ne vois aucune
tache sur les nageoires. Notre plus long individu a deux pouces de
longueur.

Je trouve, dans les catalogues de M. Plée, que ces petits
poissons vivent en abondance dans les petites sources
d'eau vive de Portorico, où on les confond avec d'autres
espèces sous la dénomination espagnole de *Guavina,* que
ce voyageur croit être une corruption de *Agua viva* (eau
vive). Il dit que leur chair est estimée, malgré leur petitesse.

Une note, ajoutée à la fin de cet article, fait penser que M. Plée croyait aussi que ce poisson habite la Martinique, car il dit : « ce sont les poissons qu'on appelle dormeurs dans nos ISLES ». Les a-t-il confondus avec de jeunes *Eleotris,* qui sont ainsi dénommés?

La FUNDULE DU BRÉSIL.

(*Fundulus Brasiliensis,* nob.)

Cette autre espèce, déjà décrite dans mon Mémoire sur les Fundules,

a, comme les autres, cinq rayons à la membrane branchiostège. La tête est large et plate en dessus, le museau arrondi, les dents assez fortes, la dorsale et la caudale oblongues, l'anale alongée et les premiers rayons bas, les ventrales étroites mais assez longues et touchant à l'anale.

B. 5; D. 8; A. 11; C. 21; P. 11; V. 5.

Les écailles sont lisses; il y en a trente et une rangées. La couleur est brune, avec des demi-bandes noires au nombre de neuf à dix depuis l'insertion de la ventrale jusqu'à la base de la caudale. Il y a des points noirs sur la nageoire du dos; les autres sont brunes comme le fond de la couleur du corps, sans aucunes taches ou rayures.

Le plus grand de nos individus a deux pouces cinq lignes de longueur.

L'espèce a été rapportée du Brésil par feu M. Delalande. J'en ai donné une figure exacte dans la pl. LII des Observations de zoologie et d'anatomie comparée de M. de Humboldt, et je n'aurais rien à regretter dans ce travail, si je n'avais pas commis la faute de mal compter les rayons très-petits et très-délicats de la membrane branchiostège.

La Fundule multifasciée.

(*Fundulus multifasciatus* ; *Hydrargyra multifasciata*, Lesueur.)

A la suite de ces espèces, décrites d'après nature, je dois encore parler de celle-ci quoique je ne l'ai pas vue.

M. Lesueur dit qu'elle n'aurait, comme son *hydrargyra diaphana*, que quatre rayons à la membrane branchiostège; on sait maintenant pourquoi j'élève quelques doutes sur ce nombre. Le corps serait aussi traversé par *cinquante* bandes (*fifty*), alternativement brunes et bleues; mais ce nombre me paraît bien considérable pour un poisson de trois pouces seulement de long, et je crois qu'il y a une faute d'impression, et qu'il faut lire (*fifteen*) quinze. La dorsale et l'anale sont presque égales; celle-ci est pointue. Le corps est plus élevé du milieu et moins transparent que celui de son *hydrargyra diaphana;* le museau est aussi plus court; les ventrales sont plus grandes.

D. 14; A. 12; C. 26; P. 18; V. 6.

Ce poisson, du lac Saratoga, sert d'appât comme les autres espèces. Il atteint à trois pouces de longueur.

M. Storer n'en fait pas mention dans sa Faune du Massachusets, mais M. Dekay le cite d'après M. Lesueur, en se demandant si ce n'est pas le jeune de l'*hydrargyra diaphana*. Je ne le pense pas, à cause des dimensions indiquées par notre célèbre compatriote.

* * *

DES HYDRARGYRES (Lacépède).

M. Bosc, en étudiant avec zèle les différentes productions des États-Unis, où ses fonctions de consul le faisaient séjourner, avait dessiné plusieurs espèces de pois-

sons, et avait remis ses notes et ses dessins à son collègue
M. de Lacépède, qui a fait connaître ces observations dans
son Ichthyologie.

Comme notre naturaliste voyageur n'avait donné, pour
la plus grande taille de son *atherina swampine*, que
deux pouces et demi au plus, je l'avais pris pour un jeune
des fundules, que je ne déterminais pas bien dans mon
premier mémoire. C'est la source des erreurs que j'ai commises relativement à ces poissons. Aujourd'hui que, par
les nombreux matériaux réunis au Muséum, j'ai reconnu
le poisson de M. Bosc, j'ai acquis une idée précise du
genre que Lacépède avait tellement éloigné de ses rapports naturels, que M. Cuvier n'en a fait aucune mention
dans son Règne animal. En rétablissant le genre Hydrargyre, je fais donc une correction utile de ma première
Monographie. Elle vient d'ailleurs ajouter à celle non
moins importante du rétablissement du genre Cyprinodon
de Lacépède.

Les hydrargyres ont les mêmes dents que les fundules
et un rayon de plus, de chaque côté, à la membrane branchiostège, c'est-à-dire, qu'il y en a six. Ce sont les mêmes
poissons auxquels j'avais à tort transporté le nom de Cyprinodons. Les espèces connues sont en petit nombre : les
plus grandes et les premières ont été observées dans les
eaux douces ou saumâtres de l'Amérique septentrionale,
mais nous venons récemment d'en découvrir une en Espagne. Les poissons de ce genre ont donc, comme les
cyprinodons, des représentans en Europe.

L'HYDRARGYRE SWAMPINE.

(*Hydrargyra swampina*, Lacép.)

J'ai long-temps méconnu ce que M. Lacépède avait
entendu, d'après Bosc, par Hydrargyre swampine; mais
depuis que j'ai eu les dessins originaux de ce savant, et
que j'ai pu les comparer avec les poissons envoyés de
New-Jersey par M. Milbert, je n'ai plus eu d'incertitude
dans la détermination de cette petite espèce. Les individus
que j'ai sous les yeux sont bien conservés.

Ils ont le corps plus alongé et plus svelte que nos fundules;
le dessus de la tête est tout-à-fait aplati; l'intervalle qui sépare
les yeux est à peine plus grand que le diamètre de l'œil, qui est
contenu trois fois et pas tout-à-fait et demie dans la longueur de la
tête; celle-ci est comprise quatre fois et demie dans la longueur
totale, et n'a qu'un septième de plus que la hauteur du tronc; la
joue est écailleuse, mais le sous-orbitaire, l'opercule et le sous-
opercule sont nus, ou du moins les écailles, s'il y en avait, étaient
minces et comme membraneuses. La mâchoire supérieure est protractile horizontalement, épaisse à l'extrémité du museau, et un peu
dépassée par la mâchoire inférieure. Les lèvres sont assez épaisses;
les dents sont en carde fine; le profil du dos monte un peu
obliquement vers la dorsale, qui est reculée sur la seconde moitié
du corps; l'anale lui correspond; la caudale est tronquée.

B. 6; D. 14; A. 12; C. 27; P. 16; V. 6.

Je compte quarante-trois rangées d'écailles entre l'ouïe et la
caudale; une d'elles, grossie, est ronde dans sa partie libre, et elle
a le bord radical court, coupé droit, avec huit rayons à l'éventail.
La couleur est verte ou olive sur le dos, blanche mat sous le
ventre, les côtés ont une bandelette argentée longitudinale, et sont
traversés par douze à quinze bandes noirâtres verticales. On voit des
points peu nombreux et épars sur le corps.

Tel est le poisson qui se rapporte convenablement au dessin que
M. Bosc a communiqué à M. de Lacépède, mais qui a été fort mal
gravé par Desenne dans cette histoire des poissons. La description
de M. Bosc lui convient encore mieux, et en la lisant il n'est pas
difficile de se convaincre que ce voyageur a eu sous les yeux plusieurs autres espèces et qu'il les a toutes confondues. M. de Lacépède, confiant dans les observations de son collègue, a fait entrer
dans une seule caractéristique les différens poissons réunis par Bosc,
et voilà comment il a parlé de lignes longitudinales noires sur le
corps, bien que le dessin n'en montre aucune. Les points sur les
nageoires ont été tellement exagérés dans la gravure, qu'on recon-
naîtrait à peine l'original.

Les exemplaires du Muséum sont longs de deux pouces
neuf lignes. C'est, à trois lignes près, la taille que Bosc
assigne aux grands individus de l'espèce.

Comme M. Bosc avait placé son poisson dans les Athérines, à cause de la bandelette argentée des flancs, quoique le genre auquel il le rapportait soit caractérisé par ses
deux nageoires dorsales, M. de Lacépède a cru devoir, tout
en l'en retirant, laisser le genre qu'il établissait dans le voisinage des athérines : c'est comme cela que l'on peut expliquer la place assignée par Lacépède aux Hydrargyres.

C'est bien certainement un de ces nombreux petits poissons qui ressemble le plus à l'*hydrargyra diaphana* de
M. Lesueur. Il faudrait, pour admettre l'identité spécifique, supposer que cet exact naturaliste se serait trompé
de deux sur le nombre des rayons, ce que je n'oserais
pas établir par une simple hypothèse.

Je ne vois pas ce poisson cité dans aucun des ouvrages
de MM. Dekay, Storer et autres naturalistes; peut-être
s'avance-t-il peu vers le Nord, mais dans les États plus
méridionaux il est très-commun; car M. Bosc l'a vu par

milliers dans les eaux douces de la Caroline, où il remplit les marais et les marécages. Il saute fréquemment hors de l'eau à plus d'un pied, et le naturaliste que je cite l'a vu parcourir, par des sauts répétés, des espaces souvent assez longs. La chair en est mauvaise; ils deviennent la proie des oiseaux d'eau et des reptiles.

Le nom assez barbare que Bosc, qui savait mal l'anglais, a donné à cette espèce, vient très-probablement de ce que les gens du pays lui auront dit que c'était un poisson des marais, *swampy,* M. Bosc en a fait l'épithète du nom générique, et a dit *Atherina swampina,* que Lacépède a francisé en hydrargyre swampine.

L'Hydrargyre printannière.

(*Hydrargyra vernalis*, nob.)

Je crois pouvoir donner à une jolie petite espèce, voisine de la précédente, un nom qui rappelle sa dénomination vulgaire de *Mayfish* dans les États-Unis.

Celle-ci a le dos moins élevé, le corps plus alongé. La tête est plus pointue; sa longueur est contenue trois fois dans celle du corps, la caudale exclue, ou trois fois et demie en y comprenant la caudale; la hauteur du tronc est cinq fois et demie dans la longueur totale. Le bord postérieur de l'orbite marque la moitié de la longueur de la tête, et le diamètre de l'œil fait à peu près le cinquième de la tête. Le dessus du crâne est plat et écailleux; il y a aussi des écailles sur les tempes, les joues, et j'en vois également sur le sous-orbitaire, caractère que je n'observe pas sur l'espèce précédente; l'opercule et le sous-opercule, très-brillants, sont nus. Les intermaxillaires ont quelque largeur à l'extrémité du museau, et c'est là ce qui contribue à le rendre pointu. La mâchoire inférieure est plus longue, les dents sont en carde très-fine. Il y a six rayons aux ouïes. La dorsale est reculée sur la seconde moitié du corps; l'anale lui correspond; la caudale est coupée carrément; les ventrales sont petites.

B. 6; D. 13; A. 12; C. 29; P. 20; V. 6.

Je compte trente-six rangées d'écailles entre l'ouïe et la caudale; une d'elles se montre avec le bord radical coupé carrément, et neuf rayons pointus à l'éventail; la surface libre a ses stries concentriques et son bord un peu en ogive. Le dos est vert olivâtre; le ventre est argenté; un fin sablé de points pigmentaires très-petits forme un réseau brunâtre sur le bord des écailles du dos; les flancs sont d'ailleurs traversés par douze bandelettes verticales ou larges traits noirs inégaux. Les nageoires sont transparentes.

Ce petit poisson, long de deux pouces neuf lignes, a été donné au Muséum d'histoire naturelle par M. Leconte.

L'Hydrargyre de Mai.

(*Hydrargyra Majalis*, nob.)

Il existe encore aux États-Unis une troisième espèce de ce genre, celle qui a été la première connue par le mémoire de Schœpf, et qui a été ensuite décrite sous autant de noms qu'il y a eu d'auteurs qui en aient fait mention.

Suivant tous les auteurs américains, ce poisson a reçu le nom de *Mayfish*, que les Anglais appliquent à l'alose d'Europe, et que les Américains paraissent avoir transporté à plusieurs espèces de clupés différentes de notre poisson de passage dans nos rivières.

Cette Hydrargyre a le corps gros, assez rond et trapu; elle ressemble assez bien, autant par sa forme que par la position et les relations de la dorsale et de l'anale, à un brochet. La hauteur est près de six fois ou cinq fois et quatre cinquièmes dans la longueur

totale; le dos est rond et épais; son diamètre fait plus des deux tiers
de la hauteur. La tête mesure un peu plus du quart de la longueur
totale; le dessus est aplati; l'espace entre les yeux est égal à deux
fois le diamètre de l'orbite, lequel est contenu près de six fois dans
la longueur de la tête, l'œil est donc petit; la mâchoire supérieure est courte, quoique formant le bout du museau; l'inférieure,
plus avancée, se redresse vers le haut quand la bouche est fermée;
les lèvres sont peu épaisses et les dents en carde fine. La dorsale
est reculée sur la seconde moitié du corps et, comme dans ces
petits poissons, son premier rayon répond au milieu de l'intervalle
entre le bord postérieur de l'orbite et l'extrémité de la caudale.
L'anale est au-dessous de cette nageoire, qui est arrondie, tandis
que la dorsale et la caudale sont coupées carrément. La ventrale est
petite et la pectorale ovalaire.

B. 6; D. 13 ou 16; A. 11; C. 29; P. 17; V. 6.

On voit que, dans cette espèce, les nombres de la dorsale peuvent
varier assez notablement d'un individu à un autre.

Il y a trente-cinq rangées d'écailles entre l'ouïe et la dorsale;
une écaille, vue isolément, montre qu'elle est irrégulièrement pen-
tagonale, c'est-à-dire que le bord radical est un arc concave extérieurement, ou dont la convexité regarde le centre de l'écaille;
que les deux côtés supérieur et inférieur sont droits, et que les
deux bords libres sont rectilignes et vont converger à l'angle postérieur de l'écaille. Il y a peu de rayons à l'éventail, cinq à six;
le reste de la surface n'a que des stries concentriques. La couleur
est verte, plus ou moins foncée sur le dos, jaune sous le ventre et
argentée le long des flancs; le centre des écailles paraît un peu plus
clair. Trois lignes longitudinales plus ou moins interrompues et
plus ou moins onduleuses ornent les flancs, et trois lignes verticales coupent la queue près de la caudale.

Nos plus longs exemplaires ont cinq pouces et quart. Ils
ont été envoyés au Cabinet du Roi par M. Milbert et par
M. J. E. Dekay, de l'État de New-York; M. Leconte en

a offert de plus petits. Schœpf[1] a donné une description fort reconnaissable de notre espèce sous le nom de *May-fisch,* mais en le laissant sous celui de *cobitis heteroclita,* et en commettant la faute de ne compter que cinq rayons à la membrane branchiostège; faute qui a été naturellement copiée et reproduite par ceux qui ont travaillé sur ces maté-riaux.

Walbaum, dans son édition d'Artedi, profita du travail du voyageur allemand, et établit dans sa note[2] le *cobitis majalis,* que Bloch introduisit dans son Système posthume comme *Pœcilia majalis.*

Ni Bonnaterre ni Lacépède ne firent attention au travail de Schœpf et de Walbaum, de sorte que l'espèce ne parut pas dans les ouvrages d'ichthyologie française.

Lorsque j'ai fait mon premier travail sur les poissons de ce groupe, je trouvai que Mitchill venait de nous donner, sous le nom d'*esox ovinus,* une espèce qui devait être très-voisine, si elle n'était la même, que celle du cy-prinodon varié de Lacépède. D'un autre côté M. Cuvier, qui n'avait pas reconnu les espèces des deux auteurs cités ici, donnait quatre rayons aux ouïes des cyprinodons, tandis que Lacépède n'en indiquait que trois; je crus donc qu'il y avait de nombreuses erreurs dans ces diagnoses; en cela j'ai eu raison, mais j'ai eu le tort de ne pas les corriger convenablement. Le Cabinet du Roi venait de recevoir un exemplaire de l'*esox flavulus* de Mitchill, qui a certai-nement six rayons à la membrane branchiostège, quoique l'auteur américain n'indique que cinq rayons. Je l'ai réunie

---

1. *Schriften der Gesellsch. naturf. Fr.,* t. VIII, p. 173.
2. Art., Walb., p. 12, n.° 8.

à l'*esox ovinus* de Mitchill, auquel cet auteur attribue à
tort six rayons à cette membrane, et j'ai placé ces deux
espèces dans le genre Cyprinodon, à cause de l'affinité
de l'*esox ovinus* et du cyprinodon varié. Comme d'un
autre côté je m'étais mépris sur l'hydrargyre swampine,
j'ai donné, sous le nom de cyprinodon, les caractères qui
conviennent au genre Hydrargyre. Mais si j'ai commis ces
erreurs, je n'ai pas fait celle de donner une description
inexacte, quoique courte, du poisson que j'avais sous les
yeux, et la figure qui a été publiée par la libéralité de
M. de Humboldt[1] est une représentation très-fidèle dans
son ensemble et dans les détails de l'espèce, qui doit
prendre et conserver le nom d'*hydrargyra majalis*.

Mitchill[2], peu de temps auparavant, dans les Mémoires
de transactions philosophiques de New-York, avait donné
une description et une figure assez exacte de cette espèce.
Il l'appelle en anglais *New-York Gudgeon,* et, à cause de
légers changemens dans la disposition des lignes ou des
points, il en cite trois variétés. Voilà donc que cette hydrargyre a reçu déjà trois noms, lorsque M. Storer lui
en donne un quatrième; car on ne peut méconnaître que
ce ne soit son *hydrargyra trifasciata*[3]. C'est ce que ce
savant zoologiste a admis lui-même dans son rapport sur
les poissons du Massachusets[4]; mais cet auteur se trompe
quand il affirme que ce poisson n'a que cinq rayons à la
membrane branchiostège; je les ai comptés sur plusieurs
individus de grandeur différente, et je puis assurer que les

---

1. *Cyprinodon flavulus*, Val. *apud* Humb., Observ. zool., t. II, pl. LII, fig. 1.
2. Mitchill, *Fish. of New-York*, p. 439.
3. Journ. d'hist. nat. de la soc. de Boston, t. I, 1837, p. 417.
4. *Fish. of Massach.*, p. 95.

rayons sont toujours au nombre de six. Les pêcheurs de l'État de Massachusets nomment cette petite espèce *Bass-fry,* à cause de la ressemblance que les lignes longitudinales du corps lui donnent avec le *striped Bass* (*Labrax lineatus,* nob.).

M. Dekay[1] en a publié aussi une très-bonne figure dans sa belle Faune de New-York. On y voit des traces de bandes verticales pâles et effacées, indépendantes de celles tout-à-fait noires qui persistent sur les côtés de la queue. Comme cet auteur fait aussi mention de cette particularité dans son texte, je m'explique comment il a cru devoir rapporter cette espèce à mon *fundulus fasciatus* ou *pœcilia fasciata* de Schneider. Les trois autres synonymes, placés avec celui-ci, sont exacts. M. Dekay n'a pas d'ailleurs compté fidèlement les rayons de la membrane branchiostège.

Le *mayfish* abonde dans toutes les mares d'eau saumâtre des États-Unis, et malgré sa taille, ne paraît servir aussi que d'amorce pour la pêche des grosses truites.

Le naturaliste de New-York que je viens de citer, a terminé ses hydrargyres par la description d'un *hydrargyra atricauda,* dont il n'a pas donné de figure.

C'est un poisson ressemblant à son *fundulus viridescens,* qui a le dos étroit et aplati au devant de la dorsale; le museau peu pointu; de nombreux pores muqueux sur la tête; trente-six écailles le long de la ligne latérale; le dos d'un brun olivâtre, traversé par des bandes noires; une ligne longitudinale suit la longueur des flancs, et près de la queue une bande verticale noire et foncée traverse la base de la nageoire.

---

1. Dekay, *Faun. New-York fish.*, part. III, p. 216, pl. 31, fig. 98.

Ces caractères conviennent parfaitement à notre *hy-drargyra majalis,* et comme les nombres des rayons sont les mêmes, je ne doute pas que M. Dekay n'ait fait en cet article un double emploi du *mayfish.*

L'HYDRARGYRE D'ESPAGNE.

(*Hydrargyra Hispanica,* nob.)

Pour écrire la monographie des hydrargyres, j'ai commencé par faire connaître l'espèce d'après laquelle Lacépède a établi cette coupe générique; puis j'ai donné la description de deux autres, également américaines, et voisines du poisson de Bosc. Il me reste à parler maintenant d'une autre espèce de ce genre, tout-à-fait inconnue des zoologistes, par conséquent nouvelle, quoiqu'elle soit européenne, car elle vit dans les eaux douces de l'Espagne.

C'est un petit poisson à corps assez court, presque aussi haut de l'arrière que de l'avant; cependant la nuque est un peu soutenue. La hauteur est le cinquième de la longueur totale, et la longueur de la tête n'en est que le quart. L'œil est assez grand; son diamètre est trois fois et demie dans la distance du bout du museau au bord postérieur de l'opercule. Le dessus du crâne est plat; toute la tête est écailleuse; la mâchoire supérieure termine par un méplat l'extrémité antérieure de la tête; la mâchoire inférieure est un peu plus longue; les dents de la rangée externe sont assez longues et espacées; les autres sont en carde très-fine. Le palais et la langue sont lisses. Je fais cette remarque pour qu'on ne confonde pas cette espèce avec l'*umbra Crameri.* La dorsale est reculée sur l'arrière du dos, l'anale paraît un peu plus en arrière; la caudale est un peu arrondie.

B. 6; D. 10; A. 13; C. 25; P. 14; V. 6.

Il y a trente-trois rangées d'écailles entre l'ouïe et la caudale

Tout ce poisson paraît brun, avec de petites taches ou marbrures plus foncées; la dorsale et l'anale paraissent rembrunies; les autres nageoires ne sont pas plus colorées que le corps lui-même.

Le Muséum est redevable de cette curieuse espèce à M. le D.ʳ Tellieux, qui l'a recueillie avec le *cyprinodon iberus* dans les eaux douces de la Catalogne.

Nos individus ont deux pouces et quatre lignes de longueur.

Des GRUNDULES.

(*Grundulus*, nob.)

J'emprunte à Gesner un nom donné par ce savant auteur du 16.ᵉ siècle, comme un synonyme de celui de *fundulus*, sous lequel Lacépède a désigné le genre des cyprinoïdes dont nous venons de faire l'histoire.

Je n'ai pas encore pu voir et examiner le poisson, type du nouveau genre, objet de ce chapitre. C'est un de ceux que je désirerais le plus de connaître, à cause de son séjour et des particularités de son organisation, ainsi que la discussion placée à la suite de sa courte description va le faire sentir.

Le GUAPUCHA.

(*Grundulus Bogotensis*, nob.; *Pœcilia Bogotensis*, Humb.[1])

M. de Humboldt a publié, dans le second volume de son Recueil d'observations de zoologie et d'anatomie comparée, faites pendant son voyage aux régions équinoxiales du nouveau continent, la description d'un petit poisson de la rivière de Santa-Fé de Bogota.

---

1. Rec. d'observat. de zool. et d'anat. comp., II, p. 154, et p. 159, pl. **XIV**, fig. 1.

C'est, dit-il, un poisson à corps comprimé, ovale, alongé, à mâchoire supérieure plus courte que l'inférieure et aplatie; celle-ci est saillante et arrondie. Des dents nombreuses existent aux mâchoires. La caudale est fourchue; la dorsale reculée et presque opposée à l'anale.

B. 5; D. 9; A. 14; C. 24; P. 8; V. 6.

La couleur est d'un jaune verdâtre avec une bande argentée longitudinale.

Tels sont les caractères extérieurs du guapucha. Il habite, et peut-être exclusivement, à 1360 toises de hauteur au-dessus du niveau de la mer, dans la petite rivière de Bogota, qui parcourt le plateau de Santa-Fé et se précipite par le fameux Salto de Tequendama, pour mêler ses eaux, sous le nom de *Rio Tocayma,* à celles du *Rio del Magdalena.*

Ce petit grundule a un caractère anatomique important, qui n'a pas échappé à la sagacité du célèbre voyageur. Physiologiste aussi habile que savant dans toutes les autres branches scientifiques ou littéraires dont la culture honore l'esprit humain, M. de Humboldt n'a pas négligé d'étudier, en Europe comme en Amérique, la vessie aérienne des poissons, cet organe dont les fonctions sont encore si peu connues. Il a trouvé double celle du guapucha : le lobe de devant est oviforme et comme tronqué à l'une des extrémités; celui de derrière, deux ou trois fois plus grand, est marqué longitudinalement de quatre stries blanchâtres. En soumettant à l'analyse chimique l'air recueilli dans un grand nombre de vessies, l'illustre physicien y a trouvé 0,04 d'acide carbonique, 0,03 d'oxigène, et 0,93 d'azote; composition qui se rapporte assez bien par sa grande quantité d'azote à celle des carpes de nos rivières.

Il ne me paraît pas probable que ce poisson soit vivipare comme les espèces des genres voisins. M. de Humboldt, qui en a ouvert un très-grand nombre d'individus
pour faire l'analyse de l'air de la vessie aérienne, aurait
été frappé de cette particularité: elle ne lui aurait pas
échappé si elle existait. Mais d'ailleurs il a fait ses observations dans la maison de Mutis, en Juillet 1801, et cet
habile et zélé observateur de la nature n'aurait pas manqué
de savoir ce fait et de le dire au savant naturaliste qu'il
accueillait.

Comme M. de Humboldt n'avait entre les mains, pour
éclairer ses observations ichthyologiques, que le *Systema
naturæ* de Gmelin ou l'Ichthyologie de Gouan, on conçoit très-facilement que cet illustre savant ait eu, comme
il le dit lui-même, l'idée de ranger le Guapucha parmi
les athérines. De retour en Europe, aidé des ressources
qu'il trouvait dans sa liaison avec M. Cuvier, on crut,
à l'époque de la publication des notes recueillies sur cette
espèce, reconnaître de l'affinité entre le guapucha et les
pœcilies ou les fundules? aujourd'hui je ne puis le croire :
je présume que ce poisson doit constituer certainement
un genre nouveau, voisin de ceux-ci.

La forme du museau, la saillie de la mâchoire inférieure, la couleur de la bande argentée des flancs, pourraient faire supposer que le guapucha aurait derrière la
dorsale une petite adipeuse qui aurait échappé aux observations du naturaliste. Cependant je ne le crois pas, parce
que ce poisson doit avoir communément de quatre pouces
à quatre pouces et demi de longueur; un salmonoïde
de cette taille aurait été reconnu par un observateur qui
se guidait précisément par les préceptes ichthyologiques

d'Artedi ou du *Systema naturæ.* On sait d'ailleurs que M. de Humboldt n'a pas oublié d'observer l'adipeuse dans le Boguichico de l'Amazone, et dans le *caribe* de l'Orénoque, où elle est assez petite.

Cependant on ne peut nier que le nombre des rayons des ouïes et la division de la vessie en deux lobes ne soient des caractères qui ne conviennent parfaitement à la subdivision des characins, de la famille des salmones.

La forme de la bouche peut aussi faire croire que les maxillaires concourent avec les intermaxillaires à border le haut de l'ouverture orale. En admettant qu'il n'y ait pas d'adipeuse, on pourrait se demander si le guapucha n'appartient pas aux genres des *erithrinus,* dont les espèces sont nombreuses et variées en Amérique. Les espèces de clupéoïdes n'ont pas cependant, du moins dans ceux que j'ai examinés jusqu'à présent, la vessie aérienne double.

Je ne puis douter que ce poisson, qui a la vessie ainsi conformée, ne nous offre à l'extérieur des caractères génériques distincts. Il n'est d'ailleurs pas probable que le séjour du poisson dans les eaux froides du plateau de Santa-Fé, n'ait aussi une influence marquée par des formes génériques particulières.

Quoi qu'il en soit dans l'état actuel de nos connaissances et avec les seules observations de M. de Humboldt, je crois convenable aujourd'hui de séparer le guapucha des pœcilies, et de le considérer comme d'un genre distinct.

CHAPITRE XXII.

Des Orestias.

Le rapprochement que je vais faire dans ce chapitre
n'est plus nouveau en ichthyologie. Il n'est pas plus étonnant de voir des cyprinoïdes sans ventrales que d'avoir
compris les rapports intimes qui lient les Trichiures aux
Lépidopes, aux Cybiums, et par conséquent aux scombéroïdes. Dans cette famille nous avons aussi placé les
Espadons, que les méthodistes, préoccupés de la valeur
caractéristique des nageoires ventrales, plaçaient dans le
même ordre que l'anguille et la murène. Nous avons aussi
trouvé des percoïdes jugulaires ou abdominales. Cette
manière de voir prouve que nous n'attachons qu'une importance fort secondaire à la présence ou à l'absence, ou
même encore à la position de ces nageoires.

Mais, pour établir des rapprochemens fondés sur les
principes de la méthode naturelle, il nous importe de bien
démontrer que nous plaçons le nouveau genre, dont nous
allons décrire les espèces, près de ceux avec lesquels ils
ont des affinités. Je trouve les rapports de plus grande
ressemblance entre les fundules, les hydrargyres et nos
nouveaux poissons. En effet, ceux-ci ont une bouche
petite et fendue à l'extrémité d'un museau arrondi et
renflé par la saillie de la mâchoire inférieure; les dents
fines et en crochets; les pharyngiennes en cardes; le dessus
du crâne aplati; cinq rayons à la membrane branchiostège;
la dorsale reculée au-dessus de l'anale; un canal intestinal

simple, replié plusieurs fois sur lui-même, point de cœcum; un seul ovaire, rempli d'œufs assez gros pour faire supposer qu'ils sont vivipares. Ils se distinguent de tous les genres de la famille dans laquelle je les place, par l'absence de ventrales. Les écailles présentent aussi des caractères exceptionnels remarquables. Celles du dessus de la tête, des joues et de la partie antérieure ou de la région pectorale du tronc, sont de grands boucliers cornés, très-durs, granuleux, quelquefois imbriqués avec irrégularité, quelquefois placés près l'un de l'autre sans se recouvrir ni même se toucher. C'est sur l'arrière de l'abdomen et surtout vers la queue que se trouvent des écailles imbriquées et à stries concentriques, semblables en tous points à celles des autres cyprinoïdes. Les boucliers du tronc sont assez souvent réunis, de manière à laisser de grands et longs espaces nus sur les côtés du dos, sur les flancs; mais ces espaces nus varient dans les différentes espèces et même selon les individus. Toutes ces espèces ont la portion inférieure de l'abdomen constamment nue et sans écailles. La peau du ventre est lisse, luisante et couverte d'un pigment argenté, semblable à du mat métallique. Ce sont les particularités les plus saillantes de ces poissons, qui vivent dans le grand lac Titicaca et autres lacs de la Cordillère des Andes, du Pérou et de la Bolivie, entre le 14.e et 19.e degré de latitude australe, par 3900 à 4200 mètres au-dessus du niveau de la mer.

Dès que M. Pentland, alors Consul Général d'Angleterre dans la Bolivie, et qui savait toute l'importance de faire connaître aux zoologistes les poissons de ces eaux douces, les eut rapportés, je me hâtai de donner à l'Académie des sciences une courte notice sur ces précieux poissons, et je les indiquai sous le nom d'Orestias[1], voulant rappeler par cette dénomination que ces poissons habitent les hautes montagnes de l'Amérique. Ces notes furent recueillies par les journaux scientifiques d'alors.[2] Je pensais que ces Orestias étaient tout-à-fait inconnus aux naturalistes d'Europe.

Il est vrai qu'aucun auteur n'en a fait encore mention dans un ouvrage sur l'ichthyologie, ou dans un mémoire écrit pour en faire connaître l'histoire. Mais j'ai retrouvé dans les dessins de poissons que M. Adrien de Jussieu a eu la bonté de me communiquer, la figure de deux de nos espèces; l'une, celle du *Boguilla*, et l'autre, celle du *Carache*. Ils ont été faits par son grand-oncle, Joseph de Jussieu, qui avait également connu le *Capitan* de Santa-Fé de Bogota, publié en 1805 par M. de Humboldt sous le nom d'*Eremophilus*.

Ce siluroïde, quoique dans des régions moins élevées, vit aussi dans les rivières alpines de la Cordillère de l'Amérique du sud. Il est dans la famille des siluroïdes un représentant des Orestias parmi nos cyprinoïdes; car tous deux sont apodes.

Les dessins de M. Joseph de Jussieu ne sont accompagnés d'aucune note; ils sont les seuls documens que j'ai pu me procurer sur des poissons remarquables par leurs caractères zoologiques et par les lieux qu'ils habitent. La taille qu'ils atteignent est au-dessus de la dernière petitesse, sans être cependant considérable.

Nous devons de grands remercîmens à M. Pentland d'avoir enrichi notre ouvrage d'espèces aussi rares, aussi

---

1. Ορεστίας, nymphe des montagnes.
2. Voyez Institut, t. VII, 1839, p. 118.

nombreuses et aussi intéressantes. Pour lui donner un témoignage de ma gratitude, j'ai cru devoir lui en dédier une. J'ai aussi renouvelé à M. de Humboldt, par la dédicace de l'une d'elles, la preuve de mon amitié et du souvenir que j'ai gardé de ses conversations aussi bienveillantes qu'instructives. Je ne pouvais me dispenser de placer à côté de ce grand nom celui de mon illustre maître, qui avait tant regretté une occasion par laquelle il avait espéré de connaître les poissons du lac de Titicaca. J'ai voulu aussi faire reparaître en ichthyologie le nom célèbre des Jussieu, afin de rappeler le travail de Joseph. J'ai cru enfin devoir consacrer aux savans qui ont fait faire tant de progrès à la science, les espèces qui me restaient à nommer, et les noms d'Agassiz, d'Owen, de Müller, que je cite avec plaisir depuis si long-temps, sont venus se tracer d'eux-mêmes.

L'ORESTIAS DE CUVIER.

(*Orestias* Cuvieri.)

La première espèce de ce genre sera pour nous celle dont les individus paraissent atteindre à la plus grande taille, et qui ont dans leur dentition, dans le développement de leurs bouchers granuleux et de leurs écailles, un ensemble de caractères dont les autres espèces n'offriront que des modifications.

C'est elle que je dédierai à M. Cuvier; je la crois tout-à-fait nouvelle. Je ne trouve aucune preuve que Joseph de Jussieu ou M. de Humboldt en aient eu connaissance.

La tête de ce poisson a une ressemblance éloignée, mais cependant facile à saisir, avec quelques-unes de nos synancées.

La ligne du profil du dos suit une courbe peu soutenue; celle du ventre est plus ou moins arquée, suivant le gonflement de l'abdomen, par suite du développement des œufs. Il en résulte que la hauteur du tronc varie de même, et qu'elle est comprise entre quatre fois et demie ou quatre fois, et même un peu moins dans la longueur totale. Le corps est donc aussi plus ou moins ramassé, et cela dépend encore des différences que l'on observe dans les proportions de la hauteur du tronc ou de la queue; elle est plus haute dans les femelles que dans les mâles.

La longueur de la tête fait, à peu de choses près, le tiers de la longueur totale; le dessus du crâne est plat; la nuque est ronde et se continue d'une manière insensible avec la courbure du dos; le museau est arrondi; la lèvre épaisse qui borde l'intermaxillaire forme un arc charnu, qui est précédé par celui non moins épais de la mâchoire inférieure : elle dépasse de beaucoup la supérieure, et l'on voit l'extrémité libre, grosse et arrondie, de la langue.

Les deux mâchoires sont armées de dents semblables : elles sont coniques, un peu courbées et disposées en corde assez forte sur une bande étroite. Les pharyngiennes sont aussi en carde; le palais et la langue sont lisses; les ouïes sont très-largement fendues; la membrane branchiostège, peu large, a cinq rayons, dont les internes sont grêles, et les trois externes ou operculaires sont larges, courbés et comprimés en lame de sabre.

Il est facile de trouver, par la dissection, les quatre pièces de l'appareil operculaire; mais le sous-opercule est assez intimement uni à l'opercule, à cause des fortes écailles qui les revêtent. L'interopercule dépasse le bord du préopercule, dont l'angle est arrondi.

Les nageoires sont en général peu développées; la dorsale est reculée sur le dernier tiers du corps, la caudale non comprise. Celle-ci ne fait guère que le septième de la longueur totale; elle a deux lobes arrondis, peu profondément divisés. L'anale répond à la dorsale, mais paraît cependant un peu plus reculée. Son premier rayon n'a pas de conduit oviducal, comme les fundules;

mais entre lui et l'anus, qui est très-grand, il y a une papille assez grosse qui recouvre l'ouverture de l'ovaire, et que l'on prendrait pour le signe du sexe mâle.

Les pectorales sont arrondies, petites; car la longueur de la nageoire n'est guère que le huitième de la longueur du corps entier. Il n'y a pas de ventrales, ni par conséquent d'os pelviens.

B. 5; D. 14; A. 18; C. 31; P. 18; V. 0.

Le corps est couvert d'écailles assez fortes, et remarquables par leur forme et par leur distribution sur le corps. Il n'y en a pas sur les deux os du nez, sur les sous-orbitaires, sur le limbe inférieur du préopercule, sur l'interopercule, sur les branches de la mâchoire inférieure, sur toute la peau du ventre, depuis la gorge et l'insertion des pectorales jusques autour de l'anale. Sur le pourtour de cette grande région, quelques écailles éparses semblent lier cette région nue avec la partie écailleuse du tronc. Tout le reste du corps, c'est-à-dire le dessus du crâne, l'opercule, le préopercule et le tronc sont écailleux. Il y a cependant sur le vertex et sur le dos de petites îles nues. Sur les diverses parties de la tête elles se recouvrent si peu qu'elles ont l'air plutôt de compartimens ou de petits boucliers osseux que de véritables pièces imbriquées. Sur la ligne médiane, le long de l'arète du dos, au-devant comme en arrière de la dorsale, les écailles, plus larges, forment une suite de pièces différentes de celles du reste du corps. La structure des écailles est elle-même fort curieuse; car à l'œil nu ou au faible grossissement d'une bonne loupe, on voit que sur les parties antérieures du tronc et sur la tête elles sont hérissées de gros tubercules coniques. Quand on les examine au microscope, on ne voit que des points pigmentaires jaunâtres éloignés sur une lame relevée d'éminences coniques; mais la structure de la lame de la base ne montre aucunes stries concentriques, et il n'y a pas d'éventail radical. Sur celles du corps on découvre bien la structure à stries concentriques, mais la partie radicale est confuse. On ne reconnaît les rayons que par l'interruption des stries d'accroissement. On conçoit qu'il devient difficile de compter les écailles qui couvrent les flancs, à cause de l'irrégularité de leur distribution. Les nageoires ne sont pas écailleuses.

En général, les parties nues de la face et tout le ventre sont d'un beau blanc mat; la couleur du dos est un jaune verdâtre plus ou moins doré.

Les viscères sont assez semblables à ceux de nos pœcilies ou de nos fundules. Aucun renflement ne marque l'estomac. L'intestin se porte d'abord dans le côté gauche, en faisant une ou deux sinuosités; arrivé au bas de l'abdomen il remonte par une large courbure pour venir jusque sous le diaphragme où, par une grande anse, il passe à droite, se courbe en faisant plusieurs sinuosités, mais en restant dans le premier tiers de la cavité abdominale; puis alors il se maintient dans la ligne médiane et se porte vers l'anus. Le plus gros lobe du foie est aussi dans l'hypocondre gauche. D'ailleurs, la plus grande partie de l'abdomen était remplie par un ovaire unique, contenant un nombre considérable d'œufs, ayant au moins deux millimètres de diamètre. Le sac ovarien est d'un brun noirâtre foncé, quoique le repli du péritoine soit blanc. Une grande vessie aérienne simple, à parois très-minces, occupe le haut de l'abdomen.

Un mâle n'avait aussi qu'un seul testicule. Il y a lieu de croire, par analogie avec les poissons des genres précédens, que ces espèces sont vivipares.

L'individu femelle que j'ai décrit a huit pouces et un quart.

J'ai un autre exemplaire de la même espèce qui a la joue entièrement nue; toute la peau du sous-opercule entier n'a ni écailles ni boucliers. Dans cet individu il y a moins de nu sur le crâne; de chaque côté, sur le haut du dos, il y a deux grands espaces également sans écailles, et celles des côtés de la queue sont plus petites.

Nous retrouverons la même variation dans l'implantation des écailles chez plusieurs autres espèces.

M. Pentland nous a remis ce poisson sous le nom de *Umantos.* C'est le poisson le plus estimé du lac de Titicaca, celui dont la chair est la plus délicate; il ne se rencontre que dans certaines saisons.

La Boga *ou* Boguilla.

(*Orestias Pentlandii,* nob.)

Lorsque j'ai donné à la *Boguilla* le nom du voyageur et savant naturaliste auquel nous sommes redevables de ces vertébrés, je croyais que ce poisson des lacs du haut Pérou était une acquisition ichthyologique toute nouvelle. Je ne connaissais pas alors les dessins faits au Pérou par Joseph de Jussieu, l'un des compagnons de La Condamine; mais, depuis la bienveillante communication de mon collègue, M. Adrien de Jussieu, j'ai retrouvé une figure au trait fort reconnaissable de notre poisson, sous le même nom de *Boguilla,* encore employé de nos jours par les riverains du lac de Titicaca. Malheureusement ce dessin est resté inédit avec plusieurs autres. Je n'en conserve pas moins à notre espèce le nom déjà imprimé sous lequel je l'ai désignée.

Elle se distingue

par son corps plus arrondi, plus alongé, et plus régulier dans ses formes. L'épaisseur fait les trois quarts de la hauteur, qui est comprise six fois dans la longueur totale. La tête y est quatre fois et demie; elle est donc plus courte que dans la précédente espèce. L'œil est beaucoup plus près du bout du museau et plus grand; car le diamètre fait le quart de la longueur de la tête, et entre l'extrémité et le bord antérieur de l'orbite il n'y a qu'une seule fois le diamètre. Le sous-orbitaire forme un trapèze au-devant de l'œil.

Le bord inférieur de l'orbite est nu. Le dessus de la tête est plat,
entièrement écailleux. L'os du nez forme une petite palette couchée,
dans le plan même du dessus du crâne. Les deux ouvertures de la
narine sont écartées l'une de l'autre; l'antérieure, sur le bord
même du maxillaire, est très-petite, comme un pore; la seconde,
près de l'œil, est plus grande. La joue, l'opercule, le sous-opercule
sont écailleux; mais l'interopercule est nu, comme les mâchoires,
l'inférieure dépasse la supérieure, et rend la fente de la bouche
oblique. Les dents sont très-fines et sur deux rangs. La dorsale
est un peu plus reculée que la première moitié du corps; elle est
aussi longue que haute et un peu arrondie. L'anale lui répond et
lui ressemble. La caudale est coupée carrément. Les pectorales sont
ovalaires :

D. 15; A. 17; C. 31; P. 20; V. 0.

Les écailles sont plus petites que celles de la précédente. Elles
paraissent plus régulièrement disposées. Cependant il y a encore
beaucoup de places nues sous la dorsale et sur le tronçon de la
queue. D'ailleurs toute la peau du ventre, depuis la ceinture humérale jusque sur le bord de l'anale, est tout-à-fait sans écailles.
Une d'elles a le bord radical droit, avec six à sept rayons peu
marqués à l'éventail, et des stries concentriques nombreuses. Il y
en a deux rangées sur le dos, plus larges que les autres. Celles de
la tête et des joues sont très-finement granuleuses. La couleur est
verte, mêlée de gris sur le dos, et d'un blanc pur sous le ventre. Les
nageoires sont verdâtres.

Nos individus sont longs de sept pouces.

M. Pentland nous apprend que la *Boguilla* est un des
poissons les plus communs dans le lac de Titicaca. La
chair, quoique d'un goût inférieur à celle des *Umantos*
(*Orestias Cuvieri*) et à celle des Peje Rey (*Orestias
Humboldti*), est assez bonne. On pêche ce poisson dans
toutes les saisons de l'année, dans les baies où l'eau est
peu profonde.

Le Peje Rey.

(*Orestias Humboldti,* nob.)

L'on connaît et l'on vante beaucoup à Lima, sous le nom de Poisson royal (Peje Rey), une espèce de percoïdes différente de celle dont il va être question dans cet article. Mais il ne faut pas oublier que dans les colonies espagnoles on donne le nom de Peje Rey au meilleur poisson de la localité.

M. de Humboldt m'avait souvent entretenu du poisson royal des lacs de Titicaca, qu'il regrettait de n'avoir pas mieux connu, à cause des particularités qu'il avait entendu rapporter sur ce singulier poisson. Son examen dans les curieuses collections dues à M. Pentland, justifiera tout l'intérêt attaché à cette espèce par l'illustre savant auquel je me fais un devoir et un plaisir de dédier cette nouvelle et précieuse richesse ichthyologique.

Le Peje Rey du lac du haut Pérou ne me paraît pas devenir aussi grand que les deux précédens Orestias; le corps est aussi plus grêle et plus alongé; la ligne du profil du dos est droite, c'est à peine si l'insertion de la dorsale fait une légère saillie. Le profil du ventre est aussi presque droit, ou du moins très-peu concave. L'insertion oblique de l'anale le fait remonter presque sous le bord de la queue, dont la hauteur est à peu près de la moitié de celle du tronc, qui est contenue six fois dans la longueur totale. La tête est alongée, et mesure le quart de la longueur du corps entier. L'œil est assez grand; son diamètre est compris quatre fois dans la tête. La distance entre les deux yeux égale une fois leur diamètre. Le dessus du crâne est plan et lisse jusqu'à l'insertion des muscles de la nuque; il est couvert de grandes écailles. La bouche est bien fendue; la mâchoire inférieure s'abaisse de manière à devenir horizontale. Les dents sont

petites et en crochets sur le devant. La dorsale et l'anale sont opposées, et elles sont reculées sur la seconde moitié du dos. La
caudale est coupée carrément : les autres nageoires sont arrondies.

D. 14; A. 17; C. 34; P. 19; V. 0.

Les boucliers du dos et des parties antérieures de la poitrine sont
plus petits, plus lisses que ceux des précédentes espèces; ils sont
plus semblables aux écailles à stries concentriques, et plus également
répartis sur la peau, de sorte qu'il y a moins de partie nue. Tout le
ventre cependant est lisse et argenté. Un très-fin sablé pigmentaire,
verdâtre, forme de petites taches éparses sur le dos, les flancs, la
queue, et même les nageoires. Le fond du corps est un jaune assez
clair, un peu argenté, et moins brillant que le ventre.

Telle est la description de ce poisson célèbre, dont
les plus grands individus n'ont guère que quatre pouces.
M. Pentland a rapporté plus d'individus de cette espèce
que de toutes les autres, et cependant il dit que c'est
une des espèces les plus rares du lac, parce qu'elle ne
se trouve que dans des localités très-circonscrites. Ces Peje
Rey ressemblent beaucoup à la Boguilla; cependant l'ouverture de la bouche me paraît plus grande, les taches plus
nombreuses et plus étendues sur les nageoires. Comme
les pêcheurs paraissent distinguer les deux espèces, je suis
toujours d'avis d'admettre les distinctions spécifiques reconnues par l'usage de ces hommes pratiques.

Je trouve, dans les notes de M. Pentland, que ce poisson dépasse rarement cinq pouces. On le pêche par des
profondeurs de trente brasses, sur fond de roches. C'est
surtout pendant les temps froids, vers la fête de la Tous-
saint, qu'on le prend. Comme il s'altère promptement
pendant le transport, on le mange dans les districts où
on le pêche, dans les environs de Guaichu, d'Ancoraymès
et près du village de Desaguadero.

*L'*Orestias de Jussieu.

(*Orestias Jussiei*, nob.)

Si j'avais connu les dessins de la Boguilla ou du Carache
faits par Joseph de Jussieu, j'aurais appelé l'une de ces
deux espèces de ce nom illustre en histoire naturelle, et
qui a su se transmettre de génération en génération dans
cette honorable famille sans perdre de son éclat. M. de
Lacépède a déjà dédié à son confrère, M. Antoine-Laurent
de Jussieu, plusieurs espèces nouvelles; c'était une preuve
des sentiments de bienveillance que ces savants avaient
l'un pour l'autre. Mais en traitant des poissons décrits dans
ce chapitre, j'ai un devoir plus impérieux à remplir : je
dois essayer de faire reprendre à Joseph de Jussieu l'an-
tériorité de ses travaux; aussi je dédierai à sa mémoire
une des plus intéressantes espèces de ce genre, quoique
ce célèbre voyageur n'ait connu que deux congénères de
celle qui va recevoir son nom.

Le profil de l'Orestias de Jussieu suit une courbe soutenue au-
dessus de la nuque; il descend ensuite en ligne droite jusqu'à la
queue, où la hauteur n'est pas même la moitié de celle prise à la fin
de la tête. A cet endroit du tronc la hauteur mesure le tiers de la
longueur du corps, la caudale non comprise. Celle-ci est contenue
cinq fois et un tiers dans la longueur totale : la tête y entre pour
quatre fois et un quart. Le dessus du crâne est méplat en avant, un
peu convexe sur le front, ce qui place l'œil un peu plus bas. La
bouche est fendue en dessus, et ressemble beaucoup, par sa direction et par la saillie de la mandibule, à celle d'un uranoscope. Les
deux ouvertures de chaque narine sont sur le dessus du crâne et
près du bord externe. Les yeux sont latéraux sur le haut de la
joue, sans que cependant le cercle de l'orbite entame la ligne du

profil. L'angle postérieur de l'œil est au milieu de la longueur de la tête, de sorte qu'il y a deux fois le diamètre de l'œil entre le bout du museau et le bord antérieur de l'orbite, et trois fois ce même diamètre entre cet organe et l'angle postérieur de l'opercule. Le sous-orbitaire est une pièce unique trapézoïdale au-devant de l'œil, le maxillaire se retire en partie sous son bord. Les intermaxillaires ont des branches montantes assez longues, et sont protractiles. La mâchoire inférieure peut s'abaisser jusqu'à prendre une direction horizontale. La fente de la bouche est presque verticale, tant cette mâchoire inférieure est redressée. Les dents sont petites et crochues. Entre le sous-orbitaire et le nasal, placés l'un sur le dessus du museau, et l'autre sur le côté, et qui se touchent par un de leurs angles : on trouve l'ouverture antérieure de la narine, et en arrière est la postérieure. Tout le sous-orbitaire, la joue et l'opercule entier sont couverts de grandes et grosses écailles semblables à celles du corps. Il y a des compartimens sur le dessus du crâne; mais aucune de ces écailles n'est granuleuse : c'est un des caractères remarquables de cette espèce. Les nageoires sont petites.

D. 14; A. 13; C. 28; P. 14; V. 0.

Les écailles sont très-épaisses; elles me paraissent plus nombreuses et couvrent tout le corps. Il y en a cependant d'un peu plus petites et d'éparses sur le commencement du dos; une ligne impaire est tracée le long de la ligne médiane, et de chaque côté une bande longitudinale de plus grandes s'étend jusque vers la dorsale. Il faut avoir soin de remarquer que les premières écailles, lisses et sans granulations, n'offrent aucune strie concentrique ni rayon sur la partie radicale. Elles ont cependant le bord festonné. C'est vers la septième ou la huitième rangée que l'on commence à trouver des écailles minces à stries concentriques avec six ou sept rayons à l'éventail. Ils sont bien nets, et leur pointe dépasse le bord radical. Le dessous du ventre est nu. La couleur est un vert doré assez vif; les nageoires sont pâles.

Nos individus ont quatre pouces.

18. 23

Ce poisson, appelé *Ispis* par les Indiens, est assez commun dans les rivières qui se rendent dans le lac de Titicaca. Les échantillons rapportés par M. Pentland viennent de ce lac, de la rivière de Guasacona et du lac Chinchero près Cusco.

L'ORESTIAS D'AGASSIZ.

(*Orestias Agassii,* nob.)

La forme de cette espèce est plus régulière que celle des précédentes. A cause de la voûte de la tête, ce poisson ressemble assez bien à un petit meunier (*cyprinus dobula*).

La ligne du profil du dos s'élève, par une courbe régulière, depuis le bout du museau jusqu'à la dorsale, et s'infléchit très-peu vers la queue. La ligne du profil inférieur est peu différente de celle du dos, quoiqu'en sens inverse. La hauteur est le quart de la longueur totale, elle est un peu moindre que le double de l'épaisseur. La longueur de la tête est comprise quatre fois et demie dans la longueur totale; le diamètre de l'œil est trois fois et demie dans la tête. Comme cette partie est bombée entre les yeux, le profil du dessus du crâne dépasse le bord de l'orbite. La lèvre supérieure avance un peu plus que dans les précédens, ce qui rend la fente de la bouche moins verticale. Le dessus du crâne et l'abdomen sont nus. Les boucliers antérieurs ou écailles sans stries d'accroissement, sont moins nombreux. D'ailleurs, les véritables écailles imbriquées sont disposées plus régulièrement.

D. 15; A. 15; C. 29; P. 17; V. 0.

Le corps est vert, plus ou moins doré, couvert d'un fin sablé de points pigmentaires; les nageoires sont pâles; la caudale seule a des taches rousses.

Nos individus ont près de quatre pouces : ils viennent du ruisseau de Corocoro. M. Pentland a entendu appeler cette espèce du nom de *Purus*.

Je regarde comme une variété de la même espèce les individus rapportés du lac Chinchero, et ceux du lac Antonio à l'est de Cusco, par quatorze mille cinq cents pieds au-dessus du niveau de la mer.

L'ORESTIAS DE MULLER.

(*Orestias Mulleri*, nob.)

Un de ces poissons se fait remarquer par la largeur de son crâne aplati, et offre dans l'intérieur de sa bouche un caractère des plus remarquables par la longueur des papilles élevées sur la muqueuse du palais ou de la langue.

L'œil est grand, et le cercle de l'orbite entame fortement la ligne du profil. L'extrémité du museau est arrondie. La mâchoire inférieure fait saillie au-devant de la supérieure : elles sont toutes deux garnies de dents pointues et serrées en carde. Il n'y a pas de dents au palais et sur la langue, comme c'est l'ordinaire des poissons de cette famille; mais dans cette espèce la muqueuse de la langue et de tout le palais est hérissée de papilles charnues rigides, qui ressemblent tout-à-fait à de petites dents. La longueur de la tête est contenue trois fois dans celle du tronc, en n'y comprenant pas la caudale, qui mesure le sixième du corps entier. Elle est coupée carrément. L'anale et la dorsale, opposées l'une à l'autre, sont portées sur une faible saillie de la ligne du profil, ce qui les fait paraître comme pédonculées.

D. 12; A. 13; C. 31; P. 17; V. 0.

Le ventre est nu; le corps est plus régulièrement écailleux ; la couleur est vert doré; la caudale a des taches roussâtres.

La longueur est de trois pouces trois lignes.

M. Pentland donne ceux-ci comme propres au lac seul de Titicaca. Ils se rencontrent dans les endroits les plus profonds, sur les côtes rocheuses de ses bords orientaux,

près du village indien de Guaichu. Lat. 15° 32′ S.; long.
71, 37 Ouest.

L'Orestias d'Owen.

(*Orestias Owenii*, nob.)

Enfin, j'ai encore une petite espèce que l'on prendrait
pour un jeune cyprin voisin de nos ables ou de nos gardons.

La hauteur de leur tronc égale la longueur de la tête, et le quart
de celle du corps tout entier. Le museau est assez gros et arrondi.
Les nageoires ressemblent à celles des précédens Orestias.

D. 13; A. 13; C. 31; P. 17; V. 0.

Dans celui-ci on voit une bandelette étroite ou un gros trait le
long du corps. Sur les plus grands individus le trait noir est pâle,
mais tracé sur une bande argentée.

Ces poissons paraissent toujours petits; je les trouve
indiqués par treize mille pieds au-dessus du niveau de la
mer, dans le lac Urcos au sud de Cusco.

Je me fais un vrai plaisir de dédier cette espèce à mon
célèbre ami M. R. Owen, compatriote de M. Pentland.

L'Orestias blanc.

(*Orestias albus*, nob.)

Un de ces Orestias, le plus éloigné en apparence des
autres espèces, est le Carache, dont les riverains du lac
Titicaca distinguent deux espèces, en ajoutant à leur nom
les épithètes de blanc et de jaune.

Joseph de Jussieu a laissé le dessin d'un Carache, mais
il est difficile de dire laquelle des deux variétés a été
représentée.

Celle qui porte particulièrement le nom de blanc, a le corps court, ramassé, trapu, assez gros; sa plus grande hauteur est égale à la longueur de la tête, et comprise trois fois dans la longueur du tronc, la caudale exceptée : cette nageoire a la moitié de la hauteur. L'aplatissement et la largeur du crâne, le redressement de la mâchoire inférieure, la brièveté du museau rappellent les formes des synancées. C'est à peine si l'on aperçoit quelques dents à la bouche. Le diamètre de l'œil est du cinquième de la tête, et il y a deux fois ce diamètre entre l'extrémité du museau et le bord de l'orbite.

Des plaques grenues couvrent la tête, les joues, et sont éparses sur les parties nues du crâne ou de la face. La ligne du profil est très-bombée près de la nuque : elle passe près de la dorsale, se relève sous la nageoire, et s'infléchit ensuite beaucoup sur le dos de la queue. La ligne du ventre est très-courbée. Une rangée de boucliers impairs non imbriqués, est inégalement espacée et fixée sur le dos. Au-dessous de chaque côté est un large espace nu, noir. Des boucliers grenus reparaissent sur la poitrine, puis viennent les écailles ordinaires du corps. Le ventre est nu.

Les nageoires sont peu grandes et arrondies.

D. 14 ; A. 13 ; C. 35 ; P. 20 ; V. 0.

La couleur du poisson, conservé dans l'alcool, est verte dorée, et les nageoires d'un vert grisâtre rembruni sur la dorsale. Il y a lieu de croire que pendant la vie ils paraissent plus blancs.

Nos individus sont longs de six à sept pouces.

L'Orestias jaune.

(*Orestias luteus*, nob.)

La seconde espèce de Carache, ou le jaune,

a le corps encore plus court que le précédent; la tête plus courte, plus large d'un opercule à l'autre, renflée à la région operculaire, plus étroite entre les yeux. Le dessus du crâne est moins plat, la bouche est plus petite. Il n'y a pas de nu sur les côtés du dos, mais le dessous du ventre n'a pas d'écailles. La hauteur du tronc est contenue trois fois et un cinquième dans la longueur totale, la caudale comprise. La tête égale la hauteur du tronc; l'épaisseur transversale d'une bosse opereulaire à l'autre, mesure moins des trois quarts, mais un peu plus des deux tiers de la longueur de la tête. Le diamètre de l'œil est le quart de la tête, et il y a un diamètre entre le bout du museau et le bord antérieur de l'orbite. Il y a quelques petites dents sur les mâchoires. Des boucliers grenus couvrent le dessus de la tête, le préopercule, l'opercule, le sous-orbitaire. Les boucliers s'imbriquent comme les écailles sur la ligne moyenne du dos et sur la région de la poitrine, mais les vraies écailles à stries d'accroissement concentriques ne commencent que vers la sixième rangée. C'est derrière la nuque que la ligne du profil s'élève le plus fortement.

D. 16; A. 15; C. 38; P. 22; V. 0.

La coloration de ce poisson est plus uniforme et plus pâle par la macération dans l'alcool que celle du précédent. Toutefois il y a évidemment un fond jaunâtre qui démontre que le poisson frais a dû être plus jaune que l'autre carache.

M. Pentland nous a donné cette espèce sous le nom de *Carache jaune,* et il l'a vu prendre avec les précédens dans le lac Titicaca.

Ce savant voyageur dit en général des Caraches que ce sont les poissons les plus abondans et les moins estimés du grand lac de Titicaca; qu'ils abondent dans les endroits peu profonds et couverts de plantes aquatiques.

CHAPITRE XXIII.

Des Anableps.

Tous les auteurs, depuis Artedi jusqu'à M. Cuvier, ont parlé de l'Anableps, et cependant ce poisson et le genre dont il est le type, sont encore fort mal décrits et nullement caractérisés.

C'est dans le cabinet de Seba qu'Artedi le vit pour la première fois. Selon sa coutume, comme dit l'éditeur du *Thesaurus rerum naturalium* [1], cet ichthyologiste lui donna le nom que le poisson a conservé depuis, malgré l'autorité de Linné, et le genre Anableps prit rang dans le *genera* ou le *species piscium* [2], mais à une place où on est étonné de le voir. Il fut placé après les *muræna* ou les anguilles, entre le genre OPHIDION et celui des GYMNOTUS.

Artedi écrit qu'il en a fait donner une figure soignée dans le grand ouvrage de Seba. Cependant cette gravure est si peu correcte, qu'il me paraît impossible de dire si le n.° 7 de cette planche 34 représente notre première ou notre seconde espèce. J'incline pour la première, à cause des lignes tracées le long du corps. La tête, vue de face *F*, me paraît aussi avoir été faite d'après l'espèce à yeux écartés; mais alors, dans le n.° 7, la saillie du museau est trop grande, les orbites sont trop hauts et trop près : on voit donc que la détermination spécifique de cette figure est difficile, incertaine; et cependant elle a été choisie pour

---

1. *Thes. rerum nat.*, 111, pl. 34, fig. 7.
2. *Syn.*, p. 43, n.° 1.

être copiée dans l'Encyclopédie[1] afin de représenter l'Anableps.

Quant à la description, il est aisé de reconnaître qu'elle n'est pas du nombre de celles rédigées par Artedi; on y remarque beaucoup d'inexactitudes; et ce qu'il y a d'exact, est présenté sans méthode et d'une manière obscure. L'auteur dit que les lèvres peuvent se retirer sous la partie antérieure du palais : il désigne ainsi la saillie des branches horizontales des maxillaires; les narines antérieures et tubuleuses sont appelées des petits filamens pendans, qui, examinés de près, ne sont autre chose que les plis relâchés de la membrane réunissant les deux lèvres entre elles. On ne compte que trois rayons à l'anale; les viscères étaient en mauvais état, et l'auteur n'a pu déterminer si l'appendice anale est le caractère du sexe mâle ou femelle. La description anatomique de cette verge, où l'on a trouvé des bulles remplies de matière jaune et gluante, semblable à celle qui entoure l'aiguillon des guêpes et des bourdons, est aussi vague et aussi mauvaise que celle de l'œil.

Gronovius, dans son Muséum et dans le *Zoophylacium*[2], a donné une figure beaucoup meilleure et tout-à-fait caractérisée de notre première espèce, celle qui a les yeux le plus écartés : son individu était une femelle.

Il n'y aurait aucune observation à faire sur le texte descriptif, s'il n'avait pas compté un rayon de trop à la membrane branchiostège; erreur que Walbaum a reproduite dans son édition d'Artedi, et que Linné a aussi copiée

---

1. Pag. 12, n.° 32, pl. I, fig. 1, 2, 3.
2. Pag. 117, n.° 360, tab. I, fig. 1, 2, 3.

dans la X.ᵉ édition du *Systema naturæ*. C'est d'après l'autorité de Gronovius et d'Artedi, que Linné a introduit ce poisson dans ses œuvres. Mais soit que le prétendu barbillon de la bouche l'ait induit en erreur, soit plutôt parce qu'il est évident que ce grand zoologiste ne s'était pas fait une idée arrêtée du genre Cobitis, il introduisit notre Anableps comme la première espèce des Cobitis, prenant le nom générique d'Artedi pour en faire la dénomination spécifique du poisson.

On doit remarquer que Linné ajoute, dans sa XII.ᵉ édition : *cirrus utrinque ad sinus oris, quasi tentaculum.* Toutes ces petites erreurs résultent de ce que Linné n'avait pas étudié ce poisson d'après nature.

Bloch[1] et Lacépède[2], à la même époque, reprirent l'examen de notre poisson; mais il faut avouer qu'aucun de ces ichthyologistes ne fit un travail achevé. Le premier des deux reprend bien le genre Anableps d'Artedi; mais dès les premières lignes de son article on voit qu'il ne l'a pas compris. En effet, il dit que ce genre ne contient que deux espèces, celle figurée dans le *Thesaurus* de Seba, et le *cobitis heteroclita.* Nous avons vu, il est vrai, que dans son édition posthume il a placé celui-ci parmi ses pœcilies; mais il n'en résulte pas moins que l'association des deux espèces a gâté le genre fort bien senti par Artedi.

Bloch, qui possédait un assez bon nombre d'individus de ce poisson, sans doute à cause de ses rapports avec Amsterdam, a représenté un mâle et une femelle de ces poissons; mais le trait est aussi lourd que l'enluminure est

---

1. Bl., XI.ᵉ part., p. 3, pl. 361.
2. Hist. des poissons, 5 vol. in-4.º, 1798 à 1803.

de fantaisie. Il me paraît probable qu'il a fait dessiner notre *Anableps Gronovii;* mais le museau est représenté beaucoup trop long; la fente de la bouche est mal placée; le tube de la narine n'est pas bien inséré, et l'on ne sent pas du tout la voûte osseuse et relevée de l'orbite; l'œil lui-même est mal indiqué; et quant aux détails anatomiques de l'organe mâle de ce poisson, on verra, en les comparant avec nos figures, combien celles de Bloch sont loin d'une suffisante exactitude.

La description des Anableps fourmille de fautes. Il dit que le palais et la langue sont hérissés de dents; ce qui est tout-à-fait erroné : la muqueuse de ces parties est garnie de petites papilles; mais ni le palatin ni le vomer ne portent aucune dent. Il ne reconnaît pas la nature du tube de la narine, de sorte qu'en en faisant un barbillon, il dit que les narines sont solitaires de chaque côté de la bouche. Sa description de l'œil est vague, obscure; mais on ne peut nier qu'il n'ait mieux vu les parties internes de l'œil que M. de Lacépède. Ce savant en a fait cependant le sujet d'un mémoire, lu devant l'Académie des sciences et inséré dans le t. II des Mém. de l'Institut. Plus préoccupé de donner une explication des phénomènes physiques de la marche des rayons de lumière dans l'œil du poisson, que d'une véritable description anatomique, M. de Lacépède en caractérise fort mal la double ouverture pupillaire, le prolongement de la conjonctive qui passe sur le raphé des deux cornées, etc.

Ce qui m'étonne, c'est que M. Cuvier n'ait pas pris le temps d'examiner lui-même avec plus de détails qu'il ne l'a fait, un poisson aussi remarquable, de sorte qu'il parle de bandes transverses pour séparer les cornées et la pupille, d'après le travail de son collègue; ce n'est pas certainement contraire à la vérité, mais ce n'est pas assez précis. D'ailleurs, M. Cuvier a laissé passer, dans sa courte description, une inexactitude assez grande, quand il a dit que les os du nez forment le bord antérieur du museau et recouvrent ainsi les intermaxillaires. Je démontrerai que les os du nez ne sont pas à la place que M. Cuvier leur assigne, et qu'il a méconnu les maxillaires.

J. F. Meckel[1] a donné, en 1818, une anatomie plus précise de l'œil des Anableps, mais il n'a pas distingué suffisamment l'espèce dont il a parlé; j'ai lieu de croire qu'il a disséqué l'*Anableps Gronovii*.

L'analyse qui précède, montre à quel point en étaient nos connaissances sur les Anableps, lorsque je vins à mon tour traiter cette question. Je crois que les Anableps doivent être classés à la suite des pœcilies et des cyprinodons dans la grande famille des cyprinoïde, parce que les maxillaires ne portent pas de dents, et qu'ils ne concourent pas à former le bord du cercle oral : ce sont les intermaxillaires seuls qui y contribuent. Les dents de la rangée extérieure sont mobiles comme celles des pœcilies. Ce genre est caractérisé en outre par la forme particulière et remarquable du museau, par la saillie des yeux, par la disposition remarquable et unique parmi les vertébrés de leurs yeux. La dorsale, reculée sur l'arrière de la queue, bien au-delà de l'anale, montre que nous marchons de plus en plus vers la famille des Brochets : le rôle même que la nature fait jouer aux maxillaires des Anableps, me semble aussi une preuve de cette affinité; cependant elle n'emploie

---

1. *Deutsch. Arch. für Physiologie*, vol. IV, p. 124.

pas encore ces os de la bouche comme elle le fera dans la famille suivante.

Tous mes prédécesseurs ont cru à une seule espèce d'Anableps : M. Muller, cependant, a déjà reconnu, d'après les individus de la collection de Berlin, qu'il existe dans les eaux douces de l'Amérique une seconde espèce de ce genre. Je ne crois pas qu'il l'ait encore décrite; c'est d'ailleurs une de celles que je possède. Mais les collections du Muséum en renferme encore une autre. Toutes trois ont été confondues jusqu'à présent sous le nom d'*A. tetrophthalmus*. Cette dénomination doit être réformée, par la raison que je viens de donner, et parce que l'épithète caractérise le genre, mais non une espèce en particulier.

Tous les naturalistes s'accordent à désigner les Anableps sous le nom de *Gros-yeux*. M. Leschenault a observé que ces poissons nagent, la moitié de l'œil hors de l'eau; qu'ils sortent souvent de cet élément; qu'ils cheminent en rampant sur la vase; qu'ils s'y enfoncent pendant le temps des sécheresses; qu'ils préfèrent les savanes inondées aux grands cours d'eau.

Ce voyageur, qui a mangé de ces *Gros-yeux*, ne les estime pas.

L'ANABLEPS DE GRONOVIUS.

(*Anableps Gronovii*, nob.)

Puisqu'il faut maintenant donner des dénominations particulières aux différentes espèces d'Anableps, j'appellerai du nom de Gronovius, celle figurée avec assez d'exactitude par cet auteur pour que l'on ne puisse douter de la détermination.

Elle se distingue au premier coup d'œil des autres par l'écartement des yeux; elle a aussi le museau plus court, le corps plus large et plus trapu, et les écailles plus larges. En voici, d'ailleurs, la description détaillée:

Dans ce poisson la surface du crâne est lisse et plane; elle ne paraît creusée en gouttière que par le redressement de la voûte des orbites. La dépression de la tête s'étend sur le dos, jusque vers le milieu de la longueur totale, où le corps commence à être comprimé; et en dessous, elle se fait sentir jusqu'à l'anus. Cette forme générale donne à l'Anableps des proportions différentes de celles de tous les autres cyprinoïdes. La hauteur du tronc, prise à la région des pectorales, n'est pas moitié de la largeur au même endroit; la hauteur aux ventrales mesure les trois cinquièmes de la largeur; et sous la dorsale, la hauteur devient plus que double. L'intervalle entre les deux pectorales est le sixième de la longueur totale; la hauteur du tronçon de la queue sous la dorsale est à peu près le dixième de cette même longueur. La tête, plate en dessus et en dessous, a les côtés mi-plats, et le plan de ces deux surfaces est oblique et incliné de dehors en dedans sous le crâne, de sorte que la région inférieure de la tête est plus étroite que la supérieure. Le museau est comprimé en coin; le bord est formé par les maxillaires et non par les os du nez, qui n'y concourent pas. L'os de la mâchoire est coudé à angle presque droit; la portion supérieure est élargie, plate, à bord arqué sur le devant, sans branche montante; car on ne saurait raisonnablement prendre pour cette partie de l'os la portion horizontale dont je parle, et qui cache entièrement tout l'intermaxillaire. La branche externe du maxillaire se place derrière l'angle de la bouche; elle est aplatie, triangulaire; l'extrémité est dirigée un peu en avant. Quand la bouche est fermée, le bord terminal du museau est formé par les deux pièces osseuses décrites tout à l'heure. Il faut tirer de dessous les intermaxillaires, qui s'abaissent un peu, pour ouvrir la bouche. Ces deux os labiaux sont petits, arqués, simples. Leur branche montante est réduite à un petit tubercule : ils portent des lèvres assez épaisses; elles reçoivent, comme des espèces de gencives, la rangée externe de dents, dont on voit les trous alvéolaires sur le bord supérieur de l'os. Les dents de cette première rangée sont mobiles. L'os en a d'ailleurs d'autres serrées sur une bande en velours, d'où l'on voit que la dentition de l'Anableps ressemble beaucoup à celle des pœcilies. Le palais est lisse et sans dents. La langue est réduite à un très-petit tubercule. Les dents pharyngiennes sont sur deux plaques, en haut et en bas. Le pharyngien supérieur est un disque plus large que l'inférieur. Les dents sont coniques, pointues, serrées en velours; mais on ne peut pas dire qu'elles soient grenues.

Les singuliers yeux, et l'orbite non moins remarquable de l'Anableps, sont sur les côtés et sur le dessus du crâne, à la fin de la première moitié de la longueur de la tête. Les yeux sont écartés dans cette espèce; car la largeur prise d'un bord supérieur et externe d'un orbite à celui du côté opposé est égale à deux fois et un tiers la hauteur de l'orbite; l'espace du front entre la base des deux orbites égale leur hauteur.

Cet orbite est formé par le bord externe du frontal, dont la suture est facile à trouver sur le devant, et pour la plus grande partie par le surcillier, os déjà grand dans la carpe, et qui prend un développement proportionnel plus considérable dans la pœcilie. Si l'orbite est ainsi protégé en dessus, il ne l'est plus du tout en dessous que par les parties molles; car le sous-orbitaire est porté en avant, et touche à peine à la circonférence orbitaire. Les deux diamètres de l'œil sont égaux; mais la bride de la conjonctive, qui passe sur la cornée, ne la divise pas en deux parties égales : la supérieure est plus grande que l'inférieure, et comme la bride est formée d'une lame étroite, dont les deux bords sont arqués et à courbures opposées, on peut dire que les deux cornées de l'œil sphérique de l'Anableps sont elliptiques, et que la supérieure est plus large que l'inférieure.

J'ai disséqué avec beaucoup de soin, pour reconnaître les os de la face qui sont autour de l'œil. Je puis affirmer qu'il n'y a qu'un seul sous-orbitaire, osselet à peu près circulaire, à surface caverneuse,

et articulé avec le nasal; celui-ci s'étend en une palette caverneuse
sur le dessus du museau, derrière le maxillaire, de sorte qu'il
ne touche pas même le bord antérieur de cet os, et que, par conséquent, il ne contribue en rien, comme je viens de le dire, à former le bord antérieur du museau. De son angle interne et postérieur
l'os du nez donne une languette apophysaire, pliée elle-même
en gouttière, parce qu'elle est caverneuse, qui s'étend sur le dessus
du crâne, le long du frontal. Dans l'espace entre l'œil, le sous-
orbitaire et le nasal, on trouve la cavité de la narine, et son
ouverture postérieure qui est une fente étroite, assez longue et
oblique de dedans en dehors, et d'arrière en avant. L'ouverture
antérieure est à l'extrémité d'un tube papillaire, que l'on prendrait
pour un rudiment de barbillon, et qui est attaché au bord externe
du nasal et dirigé vers le bas. La peau, étendue sur les tubérosités
qui séparent le sous-orbitaire du nasal, est percée de plusieurs
pores, parmi lesquels je cherchais d'abord, et inutilement, le trou
antérieur de la narine. L'opercule et le sous-opercule, cachés sous
les écailles, forment une grande plaque bombée, au-devant de
laquelle on voit le bord caverneux du préopercule; l'interopercule
est caché sous le bord horizontal de l'os précédent. Les ouïes sont
largement fendues; il y a cinq rayons à la membrane branchiostège.

La ceinture humérale est très-large; mais on ne peut s'en faire
une juste idée que sur le squelette. On distingue difficilement sur le
poisson frais le surscapulaire, os grêle, élargi en petite palette et
courbé en arc, pour embrasser le tronc depuis la base du crâne, près
de la ligne médiane, jusque vers l'angle postérieur de l'opercule,
et s'articuler avec l'huméral. Le bord de cet os, ainsi que celui du
cubital, sont entièrement cachés sous l'opercule et la membrane
branchiostège. Le radial et le cubital font une large fosse remplie
par les muscles du bras et cachés par les écailles, qui s'étendent
même sur la base de la pectorale. Cette nageoire est large, elliptique
quand elle est étalée; sa longueur égale celle de la tête. La ventrale
est de moitié plus courte; elle est insérée un peu en avant de la
moitié de la longueur totale. La caudale est arrondie; la moitié de
sa surface est écailleuse. La dorsale est petite, rejetée sur l'arrière

du tronçon de la queue, bien plus loin que l'anale. Dans la femelle, cette nageoire est arrondie et semblable à la dorsale; mais, dans le mâle, elle a une autre forme, à cause de l'appendice attaché le long du premier rayon, et des écailles qui le recouvrent; les rayons sont insérés derrière cette sorte de verge.

B. 5; D. 9; A. 9; C. 28; P. 22; V. 6.

On peut compter cinquante à cinquante-cinq rangées d'écailles entre l'ouïe et la caudale, selon que l'on avance plus ou moins sur les petites écailles qui garnissent la nageoire de l'extrémité du corps. Une écaille est irrégulièrement circulaire; elle a dix à douze rayons à l'éventail, et toute la surface marquée de fines stries concentriques, de sorte que l'on ne distingue la portion radicale de la partie libre que par les rayons de l'éventail.

La couleur est un vert doré rembruni, à peu près semblable à celle de nos perches de rivière sur le dos. Elle s'affaiblit insensiblement pour devenir blanche ou légèrement argentée sous le ventre. Les flancs portent trois ou quatre raies longitudinales brunes.

Quand on ouvre l'abdomen de la femelle on est frappé de la grandeur et de la grosseur de l'ovaire : il occupe, en effet, plus des trois quarts de la cavité de l'abdomen; il cache presque tout le canal digestif, car on ne voit que l'extrémité du rectum qui passe dans la fourche des deux sacs. En avant de l'organe de la reproduction est le foie : ce viscère n'a qu'un seul lobe, dont la plus grosse partie est située sous l'œsophage; il se prolonge ensuite dans le côté gauche en une pointe trièdre assez longue; car elle se porte au-delà de l'ovaire du même côté, et dépasse la moitié de la longueur de la cavité abdominale. En soulevant le viscère, on trouve, à droite, une vésicule du fiel fort grosse, à parois fortes, que l'on prendrait pour un appendice cœcal du canal digestif. Je vois sur le foie l'œsophage et l'estomac, qui ont le même diamètre, et ne sont pas distincts. Près de la pointe du foie le canal digestif fait un premier pli, en revenant le long du bord tranchant de l'organe hépatique. Arrivé sous la partie élargie de ce viscère, l'intestin se recourbe, descend en faisant plusieurs sinuosités, se replie de nouveau à peu de distance de l'anus, remonte vers le bord du foie en suivant aussi les ondulations de l'anse précédente, se recourbe alors dans le second pli de l'intestin, et se rend à peu près droit à l'anus en s'engageant entre les deux ovaires, le rectum restant libre dessous. Le péritoine est d'un brun chocolat foncé, presque noir dans la femelle, et gris sablé de points pigmentaires chez le mâle. En le fendant, on trouve une assez grande vessie aérienne, dont les parois sont très-minces et, comme de coutume, argentées : elle ne communique pas dans l'adulte avec le canal digestif. Les reins, qui sont au-dessus, forment deux cordons assez minces le long de la colonne vertébrale; ils sont découpés en autant de petits lobes qu'il y a de côtes, et chacun de ces lobules est composé de petites granulations. Les uretères sont deux longs tubes grêles, attachés aux reins dans presque toute la longueur du viscère. Ils se terminent dans ce poisson tout autrement que dans les autres. Dans le mâle, les uretères donnent dans la vessie fibreuse, dans laquelle les laitances versent la liqueur séminale; dans la femelle, c'est à l'extrémité de l'oviducte. On doit se rappeler que, dans tous les autres poissons, l'urine sort par un orifice distinct de celui de l'ovaire ou des laitances.

La différence d'organisation que je signale ici entre les sexes porte cependant sur des caractères encore plus saillans.

Le mâle se reconnaît à l'extérieur à un gros appendice conique, redressé derrière l'ouverture arrondie et plissée de l'anus. On sent même à l'extérieur que cette sorte de verge est soutenue par un os; c'est l'interépineux de l'anale. Ce corps porte, en arrière, la nageoire entière, qui se trouve ainsi cachée entre l'organe mâle et le dessous de la queue, quand l'os n'est pas redressé. La peau qui recouvre la verge est couverte d'écailles, semblables à celles du corps, dirigées dans le même sens; des palettes écailleuses couronnent l'extrémité : la présence, la nature et la disposition de ces tégumens prouvent qu'il ne peut y avoir intromission de la verge du mâle dans l'utérus de la femelle, et par conséquent, s'il y a un accouplement nécessaire à la fécondation des œufs dans l'intérieur de la femelle, il ne peut se faire que par une simple juxtaposition de l'extrémité de la verge du mâle dans la fente alongée et vulviforme

18.   25

des sacs ovariens de la femelle. Si l'on ouvre ce cône pour en découvrir l'organisation, on est frappé de sa structure complexe; mais il faut, avant de le décrire, dire un mot des testicules ou laitances : ces deux corps sont irrégulièrement trièdres, lobés, pointus vers l'anus et élargis vers le milieu de l'abdomen. La laitance gauche est plus grosse et plus longue que la droite; celle-ci est plus contournée, et elle se replie sur elle-même près de l'extrémité postérieure. Chaque testicule débouche par un canal court et large à la face inférieure de la vessie, qui reçoit les uretères par sa face dorsale. Cette vessie a des parois blanches, fibreuses, très-solides; elle est boursouflée; elle est contenue dans la base du gros cône qui simule la verge; elle se prolonge en un long canal à parois blanches et fibreuses dans le cône, et s'ouvre à son extrémité entre les palettes écailleuses mentionnées plus haut, en se terminant par un tube capillaire. La communication entre la vessie et les sacs de la laitance est des plus manifeste par la simple insufflation. Cet organe est renforcé et maintenu par des brides aponévrotiques très-fortes, croisées en sens divers, et qui donnent attache aux aponévroses ou aux fibres tendineuses des muscles coniques longitudinaux, qui font l'office d'ischio-caverneux, et qui doivent manifestement dans leurs contractions exercer une pression très-forte sur cette vessie. On peut donc la considérer comme une vessie urinaire, parce qu'elle reçoit les uretères, et en même temps comme une sorte de vésicule séminale, où le canal déférent des testicules verse la laitance. Ce fluide séminal sera donc lancé et projeté avec force par une éjaculation rapide lors de la fécondation : c'est un des appareils les plus curieux que j'aie encore disséqué dans les poissons.

Quant à la femelle, ses ovaires sont doubles; mais le gauche est beaucoup plus gros que le droit; celui-là ne dépasse pas cependant la portion élargie du foie. Il n'y a guère que sept à huit œufs fécondés et développés dans l'utérus de chaque femelle. L'œuf, dans cette incubation utérine, s'enveloppe de membranes qui constituent de grandes mailles d'un tissu cellulaire divisant l'intérieur du sac ovarien. La cellule qui contient un œuf fécondé s'aggrandit et finit par former une sorte de chorion. On peut tirer de l'intérieur de l'ovaire un fœtus tout formé, en le laissant enveloppé dans une membrane extérieure, tout-à-fait indépendante du fœtus et de sa membrane vitelline.

C'est de tous les poissons qui me sont jusqu'à présent connus, celui dont les petits naissent les plus grands; car ceux que j'ai tirés de l'ovaire d'une femelle longue de huit pouces, avaient déjà deux pouces trois lignes; ils avaient donc plus du quart de la longueur de la mère. A cette taille ils ont le corps complétement formé, tel qu'il le sera dans le reste de leur vie : il est tout couvert d'écailles; cependant, une ligne tracée le long de la ligne médiane, naissant un peu au-delà des ventrales et continuée jusqu'à l'anus, n'est pas encore recouverte par les tégumens cornés et imbriqués du reste du corps : c'est la marque du raphé par où la vésicule vitelline est rentrée dans l'abdomen. On pourrait dire de cette ligne qu'elle est une sorte de nombril linéaire. On ne trouve plus aucun vestige de la vésicule ombilicale dans l'intérieur du corps du poisson, où tous les viscères digestifs sont déjà complétement formés : le foie, le tube intestinal, avec ses circonvolutions, n'offrent aucune différence, si on les compare avec les mêmes viscères de l'adulte. Il n'y a encore aucun vestige des organes sexuels. La vessie aérienne est développée et pleine d'air; elle a son canal de communication de l'état fœtal; ce canal s'obstrue ensuite dans l'adulte : c'est d'ailleurs ce que l'on observe dans un très-grand nombre de poissons. J'ai examiné des fœtus plus petits, qui n'avaient encore atteint qu'un pouce deux lignes. La vésicule ombilicale est d'une grosseur remarquable, puisqu'elle a cinq lignes de diamètre. A cet âge le poisson est déjà si bien formé que l'on peut reconnaître les caractères distinctifs des espèces.

La colonne épinière a vingt-cinq vertèbres abdominales portant des côtes, et vingt-six caudales. Il faut remarquer aussi dans ce poisson que les os pelviens sur lesquels s'articulent les ventrales, sont écartés l'un de l'autre, sans la suture de réunion qui existe dans les autres poissons. On conçoit que cela devait être ainsi à cause de la grosseur et du nombre des fœtus.

J'ai examiné avec beaucoup d'attention l'œil extraordinaire de l'Anableps : il y a deux cornées, séparées par une bandelette à peu près horizontale, formée par la conjonctive. On peut la reconnaître facilement par sa couleur roussâtre, due à une quantité considérable de points pigmentaires. Cette bandelette, plus colorée sur les bords que vers ses extrémités, cerne chaque cornée. La supérieure est plus grande que l'inférieure; elle est moins convexe, et le plan qui fait la section de cet arc de sphère est oblique de dehors en dedans, et dans une direction qui regarde la face supérieure du crâne, tandis que le plan de section de la seconde est oblique en dessous et de dehors en dedans, par rapport au même plan du crâne. Ces deux cornées montrent bien aussi leur séparation à la face interne ou dans la chambre antérieure de l'œil. Une arête longitudinale, dans la même direction que la bride externe de la conjonctive, fait une saillie facile à reconnaître dans l'œil, et les parois de la cornée deviennent plus épaisses le long de cette arête. Ces deux cornées, réunies en une seule lame à deux courbures, par leurs parties moyennes, sont enchâssées dans le grand trou rond de la sclérotique, comme c'est l'ordinaire pour une cornée simple de tout autre œil. Cette sclérotique est solide, cartilagineuse, uniformément ronde, et tapissée en dedans de ses membranes. J'y ai vu la grosse glande de Ruysch, de sorte qu'il n'y a dans le fond de l'œil aucune particularité remarquable. Un vitré, qui m'a paru simple, remplit la cavité du globe, et en avant il est creusé d'une petite fossette, où repose enfermé dans sa capsule le cristallin. Mais cet organe présente une conformation différente de celle du cristallin des autres poissons. Il en est de même de la membrane de l'iris et de l'ouverture de la pupille. En effet, cette membrane est attachée par son bord circulaire autour du grand trou de la sclérotique, qui enchâsse le cercle de la cornée. Son ouverture pupillaire, très-grande, se trouve rétrécie et divisée en deux trous par deux languettes, qui partent, l'une du bord antérieur, l'autre du bord postérieur du cercle de la pupille, convergent l'une vers l'autre en se dirigeant vers le centre, et finissent par se toucher et même par s'imbriquer; l'antérieure passant sur le bord libre de la postérieure.

Comme ces deux palettes ont le bord arrondi, il en résulte, qu'en s'enchevêtrant ainsi, elles laissent au-dessus et au-dessous d'elles deux ouvertures, deux sortes de pupilles, dont les bords désunis ne sont plus ronds; la supérieure a pour limite un arc concave supérieurement, et deux arcs convexes appartenant aux bords de chaque palette, et le trou pupillaire est cerné de la même manière. Les deux palettes ne se divisent pas en deux parties égales à l'ouverture de la pupille; aussi le trou supérieur est-il plus grand que l'inférieur. Le cristallin, placé derrière ce singulier appareil de l'iris n'est pas parfaitement rond; il a en dessous une petite saillie convexe, qui répond à l'ouverture inférieure de la pupille. Ceux qui se sont occupés de l'anatomie des poissons ne pourront se lasser d'admirer les ressources infinies que la nature tire dans une même classe de matériaux semblables, et comment elle trouve la variété infinie dans l'uniformité. Quand elle a dû modifier l'ouverture de la pupille des yeux des raies, de la plupart des pleuronectes, des uranoscopes, elle a fait sortir du bord de l'ouverture de la pupille une languette de la même nature que la membrane de l'iris, et qui s'avance vers le centre du trou. Souvent les bords de cette membrane sont découpés en laciniures plus ou moins profondes. Le physiologiste explique facilement la fonction de cette membrane additionnelle. La nature voulant modifier pour d'autres besoins commandés par le genre de vie des Anableps, l'ouverture de la pupille, va employer les mêmes membranes, mais elle en fait naître deux au lieu d'une. L'étude des fœtus de nos Anableps montre le développement successif de la formation de ces cloisons. Ainsi, dans les petits, longs d'un pouce, la cornée, très-transparente, est à peine divisée par la bandelette longitudinale de la conjonctive. On commence à voir le trou ayant une apparence de 8 de chiffre mal fermé. La pupille est à peine modifiée par l'alongement des bords du cercle de l'iris. Dans ceux de deux pouces, les deux membranes se sont alongées et se touchent. Le trou de la pupille a la figure d'un 8 de chiffre complet : c'est dans le poisson adulte que les deux trous sont plus séparés, et deviennent distincts l'un de l'autre, parce que les deux membranes se recouvrent.

Nous avons fait cette description sur des individus venus de Cayenne. Nous avons reçu un mâle par les soins de M. Poiteau : l'individu est long de neuf pouces. Des femelles, longues de huit pouces et venues du même lieu, ont été données au Muséum par M. le professeur Lacordaire.

L'ANABLEPS AUX YEUX RAPPROCHÉS.

(*Anableps coarctatus*, nob.)

On a cru jusqu'à nous, qu'il n'y avait qu'une seule espèce d'Anableps : en voici cependant une seconde, bien caractérisée.

Celle-ci a le corps plus grêle et plus alongé que celui de la précédente. L'épaisseur est le septième de la longueur totale. La hauteur de la queue mesure la moitié de la largeur du tronc. L'intervalle entre les deux yeux est de moitié plus court que dans l'espèce précédente. Les yeux paraissent un peu plus saillans ; le museau, alongé en ogive, est plus avancé, parce que le bord des maxillaires recouvre davantage la bouche. Les dents paraissent plus fortes ; il y a de même une narine tubuleuse. La pectorale est plus longue, car elle approche davantage de la ventrale.

D. 10 ; A. 9 ; C. 26 ; P. 22 ; V. 6.

Les écailles sont beaucoup plus petites ; il y en a quatre-vingt-huit rangées. Une écaille a neuf rayons à l'éventail ; deux rangées d'épines sur deux plans au bord libre, et le reste de la surface est couvert de stries concentriques. La couleur est verte foncée sur le dessus du corps, et blanche dessous. Je ne vois pas de rayures.

Dans cet Anableps, les deux cornées sont très-inégales : la supérieure est de beaucoup plus grande que l'autre ; les deux palmettes de l'iris sont petites, se touchent à peine, naissent en bas du cercle de la pupille ; de sorte que l'ouverture supérieure est aussi beaucoup plus grande que l'inférieure. Le cristallin est gros et aplati sur le devant.

Nos individus ont sept pouces et demi : ils viennent de Cayenne, et sont dus aux recherches de M. Le Prieur.

L'ANABLEPS GRÊLE.

(*Anableps elongatus*, nob.)

Le même M. Le Prieur`a envoyé de Cayenne, et sous le nom de *Gros-yeux*, une troisième espèce de ce genre.

Elle a le dos plat et large; le tronc beaucoup plus long, la queue est aussi plus grêle; l'ogive du museau plus pointue; la saillie des maxillaires plus grande; les yeux rapprochés comme dans la seconde espèce; mais l'orbite me paraît plus haut, et son bord plus droit.

Les nombres des rayons sont les mêmes.

D. 10; A. 9, etc.

Les dents sont un peu plus fines et sur une bande plus large. Les écailles sont plus grandes que celles de l'espèce précédente; car sur un corps beaucoup plus alongé je ne compte guère que le même nombre de rangées : une d'elles est plus ovale, a le même nombre de rayons à l'éventail et des stries concentriques dessus; mais les épines du bord libre sont beaucoup moins prononcées.

La couleur est semblable à celle du précédent.

Les deux cornées de cet Anableps sont plus égales; cependant l'inférieure est encore la plus petite. Les deux palmettes de l'iris ne se touchent pas; le trou supérieur est ovale et oblong; l'inférieur est presque rond.

M. Le Prieur a vu ce poisson ramper sur la vase.

L'individu décrit a dix pouces et demi de longueur.

LIVRE DIX-NEUVIÈME.

DES ÉSOCES.

La famille des Brochets, ou, comme a dit M. Cuvier, des Ésoces, correspond maintenant au genre de ce nom, tel qu'il avait été conçu par Artedi. Ce père de l'ichthyologie avait réuni à son *Esox rostro plagioplateo* deux autres espèces qui sont de la même famille, si elles ne sont pas du même genre. Il faut d'ailleurs observer que le genre *Esox* était vaguement caractérisé. Le nombre des rayons de la membrane branchiostège varie d'une espèce à l'autre. La seconde phrase du caractère générique ne présente rien d'arrêté, puisqu'elle signale seulement un corps oblong, avec une nageoire peu grande à l'extrémité du dos, près de la queue. Linné modifia cette diagnose, sans la rendre beaucoup plus sûre. Il partit d'une tête aplatie en dessus, avec une mâchoire supérieure déprimée et un peu plus courte : il n'y a que trois des neuf espèces inscrites sous ce nom générique qui répondent à ce dernier caractère; dans les autres c'est tout le contraire, aussi dès la seconde espèce, Linné dit : *maxilla superiore longiore.* Mais ce n'est pas là le moindre défaut d'un genre que Linné n'a pas du tout compris. Il y a associé, déjà dans sa dixième édition, et sans y rien changer dans la douzième, les espèces les plus disparates. Ainsi, l'*Esox sphyrena* est un percoïde, du genre Sphyrène; l'*Esox osseus,* un lépisostée; l'*Esox vulpes,* un butirin; l'*Esox synodus,* un poisson mutilé probablement du genre

Saurus; l'*Esox hepsetus* est un composé de deux poissons différens, l'un un anchois et l'autre un clupéoïde, voisin de nos melettes; enfin, l'*Esox gymnocephalus* est assez difficile à déterminer; mais il y a tout lieu de croire que Linné notait quelque *erythrinus.* Le travail de Gmelin n'était pas de nature à débrouiller cette confusion d'espèces; le genre y est adopté tel qu'il se trouvait dans la douzième édition, en y ajoutant, d'après Forster, mais sous la dénomination erronée d'*Esox argenteus,* une Galaxie; l'*Esox marginatus,* hémiramphe tiré de Forskal; mais l'*Esox viridis,* emprunté à Catesby, est un lépisostée; l'*Esox chilensis* m'est tout-à-fait inconnu, et je le crois indéterminable. Bloch essaya de refondre ce genre, en prenant pour caractère la position de la nageoire du dos : il caractérisa son *Ésox* par une dorsale opposée à l'anale, et fit un genre *Synodus,* pour y réunir les espèces portant une dorsale sur le milieu du dos, en avant de l'insertion de l'anale. Il fut alors conséquent avec lui-même, en plaçant dans le genre Ésox les trois lépisostées, les deux de Linné, et un troisième pris dans Parra. Il eut le tort d'y faire figurer l'*Esox hepsetus,* l'*Esox gymnocephalus,* et de placer à la fin, comme une espèce douteuse, l'espèce de Forster, et de la confondre avec un autre poisson de ce même savant; erreur un peu débrouillée par Schneider, qui cite la seconde espèce à la fin de son nouveau genre *Synodus.* Celui-ci aurait été du moins bien composé, s'il n'avait pas commencé par les deux espèces d'*Esox synodus* et *Esox vulpes;* car toutes les autres sont du même genre, des Érythrinus de Gronovius. Le nom seul eût été l'objet d'une faible critique.

M. de Lacépède apporta aussi un sentiment scientifique,

analogue à celui de Bloch, dans la réforme du genre Linnéen. Il distingua, avec raison, le brochet américain de celui d'Europe, et il aurait bien composé son genre, s'il n'y eût ajouté, sous le nom d'*Ésoce chirocentre,* pris dans Commerson, un poisson de la famille des clupés, et s'il n'y eût pas laissé l'*Esox viridis;* ce qui est assez étonnant, puisqu'il est l'auteur du genre Lépisostée, dans lequel se range le poisson de Catesby à côté de l'*Esox osseus.*

Lacépède a d'ailleurs accepté le genre Synode, en ne le composant pas tout-à-fait comme Bloch, mais en y mêlant avec les érythrins plusieurs espèces disparates.

Tel était l'état des connaissances des auteurs méthodistes, lorsque M. Cuvier vint réformer la classification de cette famille des vertébrés.

Ce grand zoologiste a porté son attention sur la constitution de la mâchoire supérieure de ces malacoptérygiens abdominaux, sur l'absence de l'adipeuse et sur celle des cœcums au canal intestinal. Il a établi comme genre de la famille des Ésoces, ceux qui joignent à la présence des deux derniers caractères, celui d'avoir encore le bord de la mâchoire supérieure formé par l'intermaxillaire, ou du moins quand il ne le forme pas tout entier, le maxillaire est sans dents et caché dans l'épaisseur des lèvres; enfin, ajoute-t-il, tous ceux que nous connaissons, les microstomes exceptés, ont la dorsale opposée à l'anale. Partant de ces caractères, il a réservé le nom de Brochet (*Esox*) aux espèces voisines de l'espèce d'Europe, et dont on va lire les caractères dans le chapitre premier. Il a séparé les Orphies (*Esox Belone*) et les Hémiramphes (*Esox Brasiliensis*) des autres ésoces de Bloch ou de Lacépède, il a adopté le genre Scombresoce de ce dernier naturaliste,

il a créé les genres GALAXIES, STOMIAS *et* MICROSTOMES.
Tous sont voisins les uns des autres, de la même famille,
et, dans cette classification, j'ai suivi les rapports saisis
par l'auteur du Règne animal. Presque tous ces poissons ont
le maxillaire sans dents : il faut même insister sur ce caractère.

Je retire de la famille des ésoces le genre Salanx de M.
Cuvier, attendu que j'ai vu la nageoire adipeuse qui avait
échappé à l'observation de cet illustre zoologiste. M. Muller,
à qui j'avais communiqué notre exemplaire, n'a pas trouvé
cette petite nageoire. Je crois que cela tient à ce que ce
célèbre naturaliste, cherchant à partir de diagnoses basées
sur d'autres principes que les miens, n'a pas assez de con-
fiance dans la seule puissance des caractères tirés de la
forme, de la position et de l'armature des maxillaires des
malacoptérygiens abdominaux. Les Salanx ont le maxillaire
armé de dents assez longues. C'est après les avoir vues
que j'ai pensé à chercher l'adipeuse, petite et difficile à
trouver sur un individu un peu desséché par l'action d'un
alcool trop concentré. Néanmoins je me suis assuré de son
existence : ainsi, les salanx sont de la famille des salmones;
je ne conserve aucune incertitude à leur égard.

Je crois qu'il en est de même des chauliodes, voisins
des Scopèles, et non pas des Stomias.

M. Cuvier a aussi placé dans les Ésoces le genre ALÉPO-
CÉPHALE de M. Risso. La présence de cœcums assez nombreux autour du pylore fait que ce poisson, malgré la
position de sa dorsale, appartient à une autre famille.
M. Risso avait déjà exprimé cette opinion, que M. Cuvier
n'a pas suivie.

Je viens de citer le mémoire du savant physiologiste

de Berlin sur la classification des poissons. On y trouve que la famille des Ésoces ne se compose plus pour lui que des genres *Esox* et *Umbra*. Je ne partage pas son opinion à l'égard de ce dernier genre. Je crois pouvoir démontrer que le petit et curieux poisson du lac Neusiedle est le représentant en Europe des Érythrins de l'Amérique méridionale: c'est auprès d'eux que je le placerai.

Le même savant a retiré les Galaxies de la famille des Ésoces. Si les Microstomes, sur lesquels M. Muller ne paraît pas avoir des idées fort arrêtées, se rapprochent des brochets, il faut bien laisser avec eux les Galaxies.

L'étude des genres et des espèces de la famille des ésoces est des plus intéressantes et des plus instructives pour bien connaître le groupe des malacoptérygiens abdominaux. Un examen approfondi des Brochets montre comment se lient les grandes familles de cet ordre, comment ses subdivisions se fondent les unes dans les autres; comment en quelque sorte elles ne sont que des modifications d'un seul type. En effet, le caractère tiré de la position de la dorsale, opposée à l'anale, existe déjà dans les Fundules, les Hydrargyres. On peut même dire qu'il est exagéré dans les Anableps, dont la nageoire du dos est plus reculée que celle de l'anus. Mais tous ces poissons ont une bouche entièrement bordée par les intermaxillaires, sans que le maxillaire y concoure aucunement. Les Lépisostées ont une bouche faite sur le plan de celle des Orphies. Le maxillaire est sans dents; la dorsale est opposée à l'anale; ce seraient des Ésoces s'ils n'avaient pas les cœcums nombreux qui constituent un canal alimentaire de Clupéoïdes. Il en est de même des Alépocéphales. Les stomias lient les ésoces aux salmones par les scopèles, et les genres de ceux-ci, pourvus d'une adipeuse, se réuniront aux cyprinoïdes par les saurus et les aulopes, qui, avec cette seconde nageoire, ont le bord de la mâchoire supérieure formé par des intermaxillaires, sans le concours des maxillaires. Enfin, les siluroïdes et les cyprinoïdes se tiennent de près par l'intermédiaire des cobitis.

Ces nouvelles observations viennent s'ajouter à celles que j'ai déjà présentées dans les discussions sur l'établissement de ces nombreuses familles ou sous-familles, qui n'ont vraiment plus qu'une valeur générique dans un grand ordre naturel.

CHAPITRE PREMIER.

Des Brochets.

Le genre auquel nous réservons avec M. Cuvier le nom spécial d'*Esox* se reconnaît à l'aplatissement et à la largeur d'un museau arrondi en ellipse, dont la mâchoire inférieure, plus longue, forme la pointe; la supérieure est bordée par des petits intermaxillaires dentés entre lesquels s'avance le chevron élargi du vomer, et par de longs maxillaires sans dents. La gueule est d'ailleurs une des plus armées que l'on puisse étudier dans les poissons. Il y a dents sur les palatins, sur le vomer, sur les os de la langue, sur les pharyngiens supérieurs et inférieurs. Tous ces os deviennent des herses à pointes longues et acérées, destinées à saisir la proie pour assouvir les appétits carnassiers des espèces de ce genre.

La dorsale est unique, reculée vers l'extrémité du corps et opposée à l'anale. La caudale est peu fourchue. On conçoit que ces trois nageoires verticales, ainsi rapprochées à la partie postérieure d'un corps cylindrique assez long, donnent à ce poisson de grands et puissants moyens de propulsion; ce qui était aussi nécessaire à un être vorace et chasseur que les dents dont sa gueule est hérissée.

Ces poissons ont un pharynx et un œsophage très-large, un estomac très-grand, continué avec la première portion du tube digestif; ses parois sont un peu épaisses. L'intestin est de longueur moyenne et sans cœcums; il se replie deux fois. La laitance et l'ovaire sont très-développés; aussi les brochets multiplient-ils beaucoup. La vessie natatoire est très-grande. Elle communique dans le haut de l'œsophage avec le tube digestif, par un canal aérien large et court.

Je ne vois, pour caractériser les brochets d'une manière précise, que la forme de leur museau et la largeur des os palatins ou vomériens hérissés de dents en cardes plus ou moins longues. La position de la nageoire dorsale au-dessus de l'anale devient un caractère plus général.

On a cru pendant long-temps qu'il n'existait qu'une seule espèce de ce genre, celle d'Europe : elle est répandue en abondance vers les contrées du nord et du nord-est de ce continent, et on la voit s'avancer presque vers les frontières de l'Asie; elle passe aussi dans les lacs septentrionaux de l'Amérique du Nord. On sait aujourd'hui que les eaux douces de ces continens nourrissent un assez grand nombre d'espèces différentes; mais on n'en a pas encore observé dans les eaux de l'Amérique équinoxiale ou australe. Le brochet, qui ne se trouve déjà plus en Espagne, n'existe pas non plus dans les eaux de l'Afrique, soit au nord soit au sud de l'Atlas. Il est aussi très-digne de remarque, que les eaux si abondantes en cyprinoïdes de la péninsule de l'Inde, ne nourrissent aucun brochet.

J'ai lieu de croire que ce genre a ses représentans dans les eaux douces de la Nouvelle-Hollande; car Peron et Lesueur ont rapporté de leur voyage aux Terres australes, une espèce particulière de brochet.

Du BROCHET COMMUN.
(*Esox Lucius*, Linn.)

On doit s'étonner que les anciens ne nous aient laissé,

pour ainsi dire, aucun document sur un poisson aussi abondant en Europe que le brochet. Cependant si le catalogue
des espèces de l'Asie mineure, qui avait été communiqué
à Forskal par un savant médecin, est exact, on doit en
conclure l'existence, dans ce pays, d'un poisson que les
Grecs auraient pu connaître. Le nom d'*esox*, qu'Artedi
et Linné ont pris pour sa dénomination générique, est
une seule fois cité dans Pline comme exemple d'un grand
poisson, comparable au thon par sa taille[1]. Malgré l'autorité du père Hardouin, je ne vois pas sur quoi l'on se
fonde pour regarder l'*esox* du Rhin comme le brochet,
ou pour croire, avec Ducange, que ce soit le saumon.

Les noms italiens de *lucio* ou de *luzzo*, par lesquels on
désigne encore dans cette contrée notre brochet, donnent
de la force à la supposition que les Latins du temps
d'Ausone le nommaient *lucius*, et que c'est bien à lui
qu'il faut rapporter ces vers du poëme de la Moselle:[2]

> *Lucius, obscuras ulva cœnoque lacunas*
> *Obsidet. Hic nullos mensarum lectus ad usus,*
> *Fervet fumosis olido nidore popinis.*

Mais pourquoi le poète dit-il que le *lucius* était méprisé?
cela ne se rapporte pas avec nos goûts d'aujourd'hui. Je sais
bien que Rondelet n'a pas manqué de distinguer la chair
du brochet des lacs de celle des fleuves, et de donner de la
supériorité au goût de celui-ci; mais je crois qu'il a un
peu exagéré cette différence.

Ce savant[3], ainsi que Belon[4], Salviani[5], Aldrovande,[6]

---

1. Pl., liv. IX, ch. XV, p. 5o5, *edit. ad usum Delphini.*
2. Aus., *Mos.*, vers 123, p. 378.
3. Rondelet, *De pisc. fluv.*, ch. XIII, p. 188. — 4. Belon, *De aquat.*, p. 296.
5. Salv., *Aquat.*, p. 94 et 95. — 6. Aldrov., *De pisc.*, p. 63o.

ont laissé chacun une figure du brochet. Les premiers l'ont
rapporté au *lucius* d'Ausone. Aldrovande est le seul qui ait
pensé à l'*esox* de Pline, et c'est de lui que le père Hardouin a tiré son interprétation.

Gesner[1] a reproduit la figure d'Aldrovande, et Willughby[2] celle de Salviani. D'ailleurs, la description du
second porte un caractère d'exactitude remarquable, et
est remplie de détails anatomiques qui rendent son ouvrage si utile.

Ces auteurs avaient tous pensé que l'on pouvait supposer que l'ὀξύῤῥυγχος, cité dans Athénée[3] parmi d'autres
poissons du Nil, était notre brochet. Cette détermination
ne peut être exacte, car le brochet ne vit pas dans le
Nil. M. Geoffroy Saint-Hilaire a cru que l'on était plus
près de la vérité en cherchant l'ὀξύῤῥυγχος dans une espèce
de Mormyre.

Tel était l'état de la science, lorsque Artedi fonda le
genre *Esox*, et fit de notre poisson sa première espèce,
nommée par Linné *Esox lucius*.

Depuis ce temps presque tous les auteurs qui se sont
occupés de l'ichthyologie européenne, ont parlé de ce
poisson aussi remarquable par sa taille que par sa voracité.

En voici la description détaillée, d'après la méthode
que nous nous sommes tracée.

Le brochet a le corps alongé, cylindrique, à profil droit; le
dos est un peu aplati.

La plus grande hauteur du corps est environ le septième de la
longueur totale. L'épaisseur, prise au même endroit, fait les deux

---

1. Gesner, *De pisc.*, p. 5oo.
2. Willughby, p. 236.
3. *Deipn.*, liv. VII, ch. XVII, p. 312.

tiers de la hauteur. La hauteur de la queue mesure les deux cinquièmes de celle du corps au point le plus élevé.

La tête est alongée : sa longueur est comprise à peu près quatre fois dans celle du corps.

Le front et le museau sont aplatis; en arrière des yeux, près de la nuque, le dessus de la tête est légèrement creusé; il y a quatre gros pores en cet endroit.

L'œil est au milieu de la longueur de la tête, tout-à-fait sur la ligne du profil du front : il n'est pas grand; son diamètre est le onzième de la longueur de la tête. Le sous-orbitaire se compose de quatre pièces. L'antérieure est très-alongée; elle est presque aussi longue que le tiers de la longueur de la tête; elle forme en arrière le quart du bord de l'orbite, et de là elle se prolonge en une pointe qui s'avance vers le bout du museau, entre les os du nez et les intermaxillaires. La seconde et la troisième pièce sont étroitement réunies en une pièce quadrilatère, qui complète le bord inférieur de l'orbite. Au-dessus de celle-là il y en a une quatrième, fort petite, à peine visible sous la peau. Au-dessus de l'œil il y a un petit repli de la peau qui forme comme une sorte de paupière, et qui est soutenu par un os sourcilier, comme dans les carpes. Le long du bord il y a dix pores, dont les antérieurs sont assez petits. Le préopercule est assez grand, il descend assez bas sur la joue. Son bord inférieur est droit; le postérieur est ondulé. Le limbe est assez large, et il a six gros pores disposés le long de son bord.

L'opercule est presque aussi grand que le préopercule : il est carré. Le bord supérieur est percé de trois gros pores; l'inférieur est droit et articulé avec le subopercule, qui est alongé. L'interopercule est étroit, alongé, un peu courbé, il se porte de l'angle antérieur et inférieur de l'opercule jusqu'à l'angle postérieur de la mâchoire inférieure.

Les deux ouvertures de la narine sont grandes, arrondies, placées au-devant de l'œil, aux trois quarts de la distance du bout du museau à l'œil. Les os du nez sont étroits et alongés, et placés sur le front, entre les frontaux antérieurs et la pièce antérieure du sous-orbitaire.

La mâchoire supérieure est un peu plus courte que l'inférieure.

La fente de la bouche se prolonge en arrière jusqu'à la moitié de la longueur de la tête.

Le maxillaire est fort long et double; il ne porte pas de dents, ni même de repli de la peau, que l'on puisse comparer aux lèvres.

Les intermaxillaires sont très-courts; ils n'occupent que le quart antérieur de la longueur de la fente de la bouche. Ces os portent des dents médiocres, pointues, disposées irrégulièrement sur un seul rang; ils sont séparés l'un de l'autre par la saillie de la pointe du vomer, qui forme à l'extrémité du museau une pointe triangulaire. Il résulte de cette articulation que les intermaxillaires n'ont pas de branches montantes; que, par conséquent, la mâchoire n'est point protractile; mais quand l'animal ouvre sa large gueule, l'amplitude de l'ouverture est augmentée, parce que le maxillaire est attaché à une peau très-lâche, qui permet à l'os de s'abaisser et de se porter même un peu en avant.

Les palatins sont deux larges plaques alongées, mobiles et hérissées de dents fortes et très-acérées; celles de la rangée interne sont les plus grosses : il y en a aussi sur tout le vomer; celles du chevron sont longues et pointues; les autres sont plus fines, et la bande qu'elles occupent sur le corps de l'os est à peu près égale dans toute son étendue.

La mâchoire inférieure est très-forte; ses branches sont larges et hautes; ses lèvres sont très-épaisses; elle est armée en avant de dents très-longues, pointues, comprimées et tranchantes des deux côtés, qui sont des armes vraiment terribles; il y a aussi quelques dents en cardes très-fortes, mais elles sont de beaucoup plus petites que les dents latérales. Il y a sous la mâchoire inférieure cinq pores de chaque côté, et un impair sous la symphyse.

La langue est libre, large, échancrée à sa pointe; elle porte quatre écussons alongés, couverts de dents en carde, assez fines sur le devant.

La fente des ouïes est très-grande. La membrane branchiostège est large et soutenue par quatorze rayons forts. Le bord de la membrane remonte le long de l'opercule, et en forme le bord membraneux; lequel est assez épais. Les arceaux des branchies sont très-grands, et ils s'attachent de chaque côté de la langue, à d'assez grands intervalles l'un de l'autre.

Il n'y a pas de branchie operculaire. Le bord antérieur des pharyngiens est couvert d'âpretés assez grosses.

Les pharyngiens, inférieurs et supérieurs, sont aussi hérissés d'assez fortes dents en grosse carde.

Le surscapulaire est grand, large, articulé tout-à-fait sur le dessus du crâne, le long du bord de l'opercule.

Le scapulaire est attaché sur le côté du corps, le long du bord postérieur de l'opercule, qui bat un peu sur lui : c'est un os d'une forme styloïde.

L'huméral est très-grand, arqué; sa pointe supérieure remonte presque aussi haut que le haut du scapulaire, de sorte que ces deux os s'articulent latéralement.

La pectorale s'insère presque sous la gorge; elle est arrondie, peu longue, car elle n'a que le dixième de la longueur du corps.

Ce qui donne un caractère particulier au brochet, c'est la position si reculée de sa dorsale, qui est presque au-dessus de l'anale : ces deux nageoires sont fort courtes; elles commencent à s'élever sur le dernier tiers de la longueur totale.

La dorsale est plus longue que haute. Son bord libre est arrondi. Les rayons croissent jusqu'au septième, et ils diminuent vers le dix-huitième. L'anale a la même forme que la dorsale; c'est le huitième rayon qui est le plus long. Elle est un peu plus reculée.

La caudale est fourchue : ses deux lobes sont égaux et arrondis.

Les ventrales sont attachées au milieu du corps; elles sont égales aux pectorales.

Les nombres des rayons sont :

B. 14; D. 20; A. 18; C. 19; P. 15; V. 11.

Les écailles qui recouvrent le corps du brochet sont petites, et elles paraissent l'être encore beaucoup plus qu'elles ne le sont en effet, parce qu'elles sont presque entièrement cachées sous la peau, qui est assez épaisse. Les écailles ne se voient que comme des points enfoncés sur la peau; il y en a cent trente-cinq dans la longueur, et environ quarante dans la hauteur. Chaque écaille est très-mince, à bord libre, entier, arrondi, et elle a trois festons sur le bord radical. Il n'y en a pas de particulière dans l'aisselle des nageoires paires. Le dessus de la tête, la face, la mâchoire inférieure et la membrane branchiale en sont dépourvus.

Le préopercule en est tout couvert, et l'opercule n'en a que sur la moitié supérieure; mais le bas de l'os, le subopercule, l'interopercule et le limbe du préopercule sont nus.

Le dos du brochet est vert-foncé; les flancs sont verts, à reflets dorés et marbrés de grandes taches ovales-alongées, vert pâle, un peu dorées. Tout le dessous est blanc. Les nageoires sont rougeâtres, les impaires sont tachetées de vert foncé. D'ailleurs les couleurs varient beaucoup, selon les fonds, les cours d'eau; car il y en a qui sont presque noirs sur le dos.

L'œsophage du brochet forme une sorte de jabot alongé, qui descend jusque vers le tiers de la longueur de l'abdomen. Ses parois sont minces et peu plissées : au-delà, le tube digestif prend des parois plus épaisses, musculeuses, ridées, et qui ressemblent beaucoup au ventricule succenturié des oiseaux. Il se prolonge en se rétrécissant jusque vers les quatre cinquièmes de l'abdomen, où le canal digestif devient très-étroit, en conservant ses plis et son épaisseur. Une augmentation de dureté marque la valvule du pylore. L'intestin se courbe alors, remonte vers le diaphragme, et arrivé sous la partie antérieure et renflée du foie, il se recourbe de nouveau pour se rendre droit à l'anus. La longueur du tube digestif est une fois et un quart celle du corps. Le foie est de couleur jaune-pâle : il n'y a qu'un seul lobe. La vésicule du fiel est attachée sur sa partie antérieure. Le canal cholédoque est assez long, et donne dans le second repli de l'intestin. La râte est grosse, trièdre, noire, et attachée près du pylore. Les épiploons sont très-gros. Les ovaires sont deux grands sacs oblongs. En les insufflant, on voit que ses œufs sont attachés sur la partie inférieure du sac. La vessie aérienne occupe de même presque toute l'étendue

de la portion supérieure de la cavité abdominale. Un canal gros
et court s'ouvre dans le haut de l'œsophage par un assez large
trou, sans aucunes papilles, de sorte que l'air de la vessie doit
s'échapper très-aisément de l'intérieur de cet organe. Les reins sont
minces en avant; ils se réunissent en arrière en un fort lobe, qui se
porte au-delà de l'anus. La vessie urinaire est petite et réduite à un
seul tube.

Je compte quarante-trois vertèbres abdominales et vingt caudales. Les dix premières vertèbres ont l'apophyse épineuse plus
forte que celles des vertèbres suivantes. La première et la seconde
sont larges, comprimées et se touchent; la troisième, un peu
moins haute de l'avant, donne un stylet en arrière, qui s'alonge
peu à peu, se confond successivement avec la base de l'apophyse,
et finit par devenir la seule apophyse longue et grêle des vertèbres suivantes. Les cinq premières vertèbres ont de plus à la base
de l'apophyse épineuse une apophyse transverse de chaque côté,
saillante au-dessus de la petite apophyse transverse ordinaire qui
porte la côte. Je ne compte que quarante côtes à partir de la troisième vertèbre. Les huit premières vertèbres caudales ont sur le
milieu du côté un petit tubercule saillant, apophyse qui augmente
la puissance des muscles coccygiens. Je n'en vois aucune trace
sur les onze dernières vertèbres; mais on commence à les voir se prononcer sur les sept ou huit dernières vertèbres abdominales. Les
trois ou quatre dernières vertèbres caudales ont les apophyses épineuses, supérieures et inférieures, élargies, soudées ensemble, et
font par leur réunion la grande vertèbre flabelliforme, qui termine
l'épine de la plupart des poissons, et supporte les rayons épineux
de la caudale.

Les interépineux de la dorsale et de l'anale sont pour la plupart
contigus.

Pour compléter maintenant la description du squelette, il faut
décrire la tête avec détail.

Le crâne est aplati, sans crêtes saillantes en dessus; celle que nous
appelons externe, forme ici réellement le bord externe du crâne;
les autres ne se montrent qu'à l'occiput. La partie du crâne, der-

rière les orbites, est large et quadrangulaire ; entre les orbites elle
se rétrécit un peu ; au-devant d'eux il se rétrécit encore davantage,
et s'alonge en un museau étroit, à bords parallèles, et qui s'élargit
un peu au bout.

Les frontaux principaux occupent presque toute sa longueur,
couvrant la plus grande partie du museau par leurs prolonge-
mens, et ne laissant en arrière d'eux, jusqu'à la crête occipitale,
que des pariétaux et un interpariétal peu considérables.

Les frontaux antérieurs et postérieurs sont placés sous les bords
du frontal principal, avant et en arrière de l'orbite ; mais à la
suite du postérieur, le mastoïdien déborde ce frontal principal,
occupe tout le bord extérieur du crâne, et dépasse même par
son apophyse la crête occipitale.

Les occipitaux externes sont entièrement à la face occipitale,
qui est peu élevée. L'interpariétal y descend entre eux. Leur saillie
est peu considérable, et la crête de l'interpariétal, qui est toute à
la face occipitale, est fort peu de chose.

Il y a de chaque côté, en arrière, une fosse profonde, ayant en
dessus le pariétal, en dehors et en dessous, le mastoïdien, et en
dedans et en arrière, l'occipital externe. Cette fosse, très-différente
de celle qu'on voit en dessous dans la carpe, n'a pas son fond
ossifié ; il n'est rempli que par un cartilage. Au reste, plusieurs
poissons, nommément les sciènes, ont un trou à cet endroit-là.
Il n'y a pas de rocher. En dessous, l'occipital latéral et la grande
aile occupent les côtés du crâne immédiatement sous le mastoïdien et le frontal postérieur. L'aile orbitaire est médiocre. Le sphénoïde règne en arrière jusque sous le basilaire, et en avant il
se porte aussi loin que les frontaux.

La plus grande partie de l'ethmoïde est représentée par une
lame cartilagineuse, qui unit dans cette partie rétrécie, que j'ai
appelée museau, les avances étroites des frontaux avec le sphénoïde,
et qui porte de chaque côté de son extrémité antérieure un petit
point ossifié, situé entre les parties correspondantes du nasal et
du vomer. Le vomer est très-considérable : c'est une lame élargie
en avant et toute hérissée de dents. Les nerfs olfactifs passent par

deux trous de la masse cartilagineuse, qui représente l'ethmoïde,
et percés tout près du frontal antérieur. Les naseaux sont couchés
sur chaque bord du museau, formé par les avances des frontaux;
ils s'élargissent en avant, ainsi que le museau lui-même. Le sphénoïde
antérieur, très-petit os à trois branches, est suspendu dans la membrane antécérébrale et interorbitaire, sans s'articuler fixément, ni
avec le sphénoïde ni avec les ailes orbitaires. La cavité pituitaire est
très-considérable. Il y a de chaque côté un espace cartilagineux,
assez étendu, borné en avant par le frontal postérieur, en dessous
par la grande aile, en dessus et en arrière par le mastoïdien.

L'espace membraneux interorbitaire est plus long que haut, et
s'abaisse en avant.

L'oreille du brochet a été l'objet de l'étude des anatomistes, à
cause de la particularité remarquable qu'elle offre dans l'appendice
du sinus médian des canaux semi-circulaires verticaux, et dans
lequel ils ont reconnu de l'analogie avec des parties différentes de
l'oreille des autres vertébrés, selon les vues des auteurs, et suivant
aussi qu'ils en avaient fait une anatomie plus ou moins exacte. L'oreille
du brochet est située, comme celle des autres poissons osseux, dans
la cavité du crâne, à droite et à gauche du cerveau, et entre la cinquième et la huitième paire; elle est cependant séparée et distincte
de cet organe par les membranes qui, d'une part enveloppent le
cerveau et la matière graisseuse et albumineuse de l'encéphale, et
de l'autre, par la membrane propre à l'oreille, et qui forme sa
capsule interne, de sorte qu'il n'est pas exact de dire, ainsi que
l'a écrit M. Breschet, que le liquide contenu dans les sacs des
canaux semi-circulaires ou le liquide de Cotugno soit mêlé et confondu, je ne dirai pas avec le liquide céphalo-rachidien, car ce
liquide n'existe pas dans le poisson, mais avec celui dans lequel
baigne le système cérébro-spinal de ces vertèbres. D'ailleurs, M. Breschet a très-bien reconnu la disposition des canaux semi-circulaires
de leurs ampoules et du sinus médian qui réunit les deux verticaux.
Ce sinus médian se prolonge en avant en un tube renflé antérieu-
rement, dans lequel on trouve un petit *lapillus*. Au-dessus du sinus
est le sac ordinaire de l'oreille, de forme ovale, pointu en avant,

et qui contient deux *lapilli*; un premier, assez grand pour le remplir presque en entier, et un second, petit, situé derrière et un peu au-dessous de l'autre. En arrière et sur le côté interne on trouve, dans une petite fosse du mastoïdien et vers le canal vertébral, un second sac oblong, terminé par un col ou canal très-mince, assez long, qui adhère au grand sac assez fortement, pour que l'on puisse les tirer ensemble de la cavité auditive du crâne, mais qui ne communique point avec l'intérieur de cet analogue du vestibule. La cavité de cette petite poche supplémentaire est remplie d'un liquide albumineux, contenant des molécules de carbonate de chaux. On les aperçoit plus facilement quand on a fait coaguler, par l'immersion dans l'alcool, le liquide du petit sac. Le canal du col de ce petit appendice communique avec le sinus médian. Je m'en suis assuré en y faisant passer des petites bulles d'air. Scarpa, d'ailleurs, l'avait vu au moyen du mercure. Je puis donc, d'après mes recherches, affirmer que Comparetti et Huschke ont très-bien vu cet organe, que Scarpa a eu raison de dire qu'il était un appendice des canaux semi-circulaires, c'est-à-dire, une sorte de prolongement, si l'on veut, du sinus médian; que Casserio avait avancé avec raison qu'il communiquait avec le sinus médian; qu'il adhérait au grand utricule auriculaire; mais qu'il a eu tort de croire à la communication de ces deux sacs entre eux; que M. Breschet a eu tort de le représenter dans son Mémoire, pl. XIII, fig. 4, comme étant distinct du sac auditif. Je puis affirmer que ce sac est tout-à-fait libre en arrière; je n'ai pu trouver les adhérences indiquées d'abord par Camper, puis par M. Cuvier, et je ne partage pas l'avis de ces grands anatomistes, qui considèrent cet organe comme un ligament que Camper a nommé *Tensor bursæ*. On voit même dans les différens passages des ouvrages de M. Cuvier, qui se rapportent à cette partie de l'oreille du brochet, que ce grand homme n'avait pas une idée très-arrêtée sur cet organe. Les anatomistes qui ont adopté les idées émises dans les leçons de l'anatomie comparée, et qui, d'après elles, ont répété que cet organe était propre et spécial au brochet, se sont trompés; car les recherches anatomiques de M.

18.   28

Breschet ont fait reconnaître un organe semblable dans plusieurs autres poissons.

La fonction de cet organe accessoire a été le sujet des conjectures de la plupart des savans que je viens de citer. M. Breschet a discuté avec beaucoup de savoir et de sagacité les opinions émises avant lui, et je ne puis mieux faire que de renvoyer mes lecteurs au mémoire de ce savant académicien; mais, si je suis de son avis, en ne considérant pas ce petit sac comme un rudiment de limaçon ou de quatrième canal semi-circulaire, je ne puis admettre avec cet habile professeur qu'il soit un vestige de la communication entre le labyrinthe membraneux des poissons et la vessie aérienne. Je démontrerai dans le livre suivant que, malgré les assertions les plus positives à ce sujet, et malgré les figures qui en ont été données par M. Breschet lui-même, cette communication n'existe pas.

J'ai injecté la vessie aérienne de l'alose, par exemple; cet organe, loin de se bifurquer en deux canaux, se termine en avant en une pointe unique. Je n'essaie donc ici que de présenter des observations anatomiques plus exactes que celles de mes devanciers; mais je ne hasarde aucune explication sur la fonction de cet organe, parce qu'elle m'est complétement inconnue.

A la suite du mémoire anatomique de notre savant confrère de l'Académie des sciences sur l'oreille du Brochet, on peut d'ailleurs consulter, pour connaître les autres parties de l'anatomie de ce poisson, la figure fort bonne du squelette, donnée par Spix dans son *Cephalogenesis*,[1] celle de la coupe du crâne[2] et des pièces détachées.[3]

---

1. Pl. I, fig. IX. — 2. Pl. II, fig. IX. — 3. Pl. V, fig. 10.

M. Bojanus en a publié une autre dans l'Isis[1]; M. Rosen-
thal en a aussi représenté plusieurs parties dans ses planches
ichthyotomiques[2]; mais ce sont sans contredit les plus né-
gligées de cet estimable ouvrage. M. Van der Howen a
aussi décrit avec détails l'ostéologie de ce poisson. M. Gilt
a aussi fait, en 1832, une très-bonne dissertation sur la
névrologie du brochet : cet ouvrage, orné d'une planche,
a été couronné par l'Académie de Bruxelles.

Outre nos brochets des rivières de France, nous en
avons reçu de l'Elbe par M. Nitsch; du lac de Zug par M.
Major; de ceux de Genève, par M. Decandolle; de Como,
par M. Pentland; de Trasimène, par M. Canali. M. Savigny
nous l'avait procuré de Bologne : nous en possédons de
beaux exemplaires des eaux douces de la Russie par la
gracieuse obligeance de S. A. I. Mme la grande-duchesse
Hélène; M. de Humboldt l'a rapporté de son voyage vers
la Sibérie orientale.

Le brochet fraie au mois de Février dans la Seine. J'ai
observé qu'il y croît très-vite : au bout de trois mois, il a
sept à huit pouces de long; à un an, plus d'un pied; à
deux ans, deux pieds et demi; il croît ensuite plus lente-
ment : il n'est pas rare d'en prendre de trois pieds; on en
pêche quelquefois de cinq pieds et davantage. Des notes
semblables avaient déjà été recueillies dans la basse Seine
par M. Noël de la Morinière, qui les avait communiquées
à M. de Lacépède. On en trouve aussi d'analogues dans
l'Ichthyologie de M. Reisinger, et en général dans les ouvrages de la plupart des naturalistes qui ont étudié l'histoire naturelle du brochet.

---

1. III.ᵉ Cahier de 1818, pl. VII, fig. 6. — 2. II.ᵉ Cahier, pl. V.

De même que les cyprins, le brochet ne se porte pas vers les latitudes septentrionales aussi haut que les saumons. Ainsi, ni Fabricius, ni Mohr, ni Faber ne le citent pas dans leur Faunes du Groenland ou de l'Islande. Il n'est pas non plus mentionné par Low, dans sa Faune des Orcades; mais déjà Linné l'a compté dans le *Fauna suecica*[1], et il le donne comme un des poissons abondans des lacs ou des fleuves de la Laponie. M. Nilsson[2] fait observer que ce poisson n'habite pas les eaux alpines de la Scandinavie; qu'il est plus abondant sur les côtes orientales que sur les rives occidentales de la péninsule; qu'on le voit de même dans quelques golfes de la Baltique; mais que jamais il n'entre dans la mer qui baigne les côtes occidentales. M. Ekström[3] a décrit également le brochet comme un des poissons du Mörkö, et il ne fait que reproduire les observations de ses prédécesseurs. Le même zoologiste en a publié une bonne et élégante figure dans l'Histoire des Poissons scandinaves[4] faite avec M. Fries. Muller a aussi mentionné le brochet dans le *Fauna danica*.[5] Dans le catalogue que S. M. le Roi de Danemarck avait envoyé à M. Cuvier, et qui est déjà cité si souvent dans cet ouvrage, je vois reproduire l'observation que le brochet a été rencontré, mais rarement, dans les eaux marines. Il ne faut pas oublier, à côté de cette citation, de répéter que les eaux de la mer Baltique sont moins salées que celles de l'Océan. On dit aussi qu'on a remarqué dans

---

1. *Faun. suec.*, p. 114, n.° 304.
2. *Ichth. Scand.*, p. 36.
3. *Fisch. von Mörk.*, p. 78.
4. *Scand. fiskor*, liv. II, p. 49, pl. 10.
5. *Prod. faun. Dan.*, p. 49, n.° 419.

le nord de l'Écosse que le Brochet existe dans tous les
lacs qui communiquent avec la mer orientale. Ils y sont
en moins grande quantité que dans ceux de la côte occi-
dentale qui regarde les Hébrides. Les différens naturalistes
de l'Allemagne septentrionale citent aussi notre poisson.
Wulff[1] et Siemsen[2] l'ont signalé dans leurs Opuscules sur
les poissons de la Prusse et du Mecklenbourg; mais avec
moins de détails que Bloch.

Les auteurs qui ont écrit en Suisse, tels que MM. Hartmann[3], pour les poissons de toute l'Helvétie; Jurine,[4]
pour ceux du lac de Genève, et Nenning[5] pour ceux du
lac de Constance, mentionnent le brochet et ses habitudes
voraces. Il est aussi inscrit dans l'Ichthyologie hongroise
de M. Reisinger[6] : l'espèce est donc aussi connue vers les
parties orientales de cette grande contrée de l'Europe.

Bien que nous ayons reçu ce poisson de différens lacs
de l'Italie, je ne le trouve pas indiqué dans les ouvrages
publiés récemment dans ce pays. Les auteurs du 15.ᵉ siècle
ont dit, d'après Amatus Lusitanicus, que le brochet n'habite pas les eaux douces de l'Espagne, et Cornide semble confirmer par son silence cette remarquable absence
du brochet au-delà des Pyrénées.

Il est également digne de remarque que le brochet, aujourd'hui si commun dans tous les lacs ou rivières d'Angleterre, ne paraît y être devenu très-abondant que vers

---

1. *Icht. Boruss.*, p. 38, n.º 49.
2. *Fische Meckl.*, p. 62, n.º 1.
3. Ichth. helvétique, p. 162.
4. Mém. sur les poiss. du lac Leman, p. 231, n.º 21, pl. 15.
5. *Fische des Bodensees*, p. 14, n.º 7.
6. Reisinger, *Prod. ichth. Hung.*, p. 47 et 48.

la fin du XIII.ᵉ siècle. C'est ce que l'on doit conclure des judicieuses critiques de M. Yarell et de M. Noël de la Morinière sur les assertions de plusieurs auteurs qui les ont précédés.

Après l'époque de Willughby, on trouve une assez bonne figure du brochet dans l'Histoire des poissons de table par Éléazar Albin[1] : on ne peut lui reprocher que l'exagération des taches rondes parsemées sur le corps. Cet auteur affirme que le brochet a été introduit en Angleterre sous le règne de Henri VIII, en 1537. A cette époque un brochet coûtait le double d'un agneau élevé dans la maison jusqu'en Février. C'est probablement d'après cet ouvrage que Flemming[2] et Donovan[3] placent à cette date l'introduction de notre poisson dans les eaux de leur pays. Pennant et Turton cependant n'en parlent pas. M. Jennyns[4], contraire à ces opinions, le regarde comme indigène, quoiqu'on suppose ordinairement, dit-il, que l'introduction de l'espèce ait eu lieu sous le règne de Henri VIII. M. Yarell[5], sans se prononcer sur l'introduction du brochet en Angleterre, fait du moins remarquer la rareté du poisson à cette époque, par la citation des faits suivans : Sous le règne d'Édouard I.ᵉʳ, à la fin du XIII.ᵉ siècle, ce prince fixa, dans l'ordonnance de 1283, le prix du brochet plus haut que celui du saumon frais, et dix fois plus élevé que celui du turbot ou de la morue. Ce poisson était alors l'objet d'une pêche réglée dans la rivière de Thetford ; il n'était

---

1. Él. Albin, *Hist. of the escul. fish.*, p. 24.
2. Flem. *Brit. an.*, p. 184, n.° 55.
3. *Brit. fish.*, vol. V, pl. CIX.
4. *An. Kingd.*, p. 417.
5. *Brit. fish.*, p. 383.

permis qu'aux seuls habitans du bourg de l'acheter pour
leur consommation. Il trouve encore des preuves semblables de la grande valeur du brochet sous le règne d'Édouard
III, de Richard II dans les différens actes rendus pour
régler la vente ou l'accaparement du poisson.

Je puis cependant ajouter qu'en 1356, Bailleul, prison-
nier d'Édouard III, pêcha dans l'étang de Haitfield, en
Yorkshire, quarante cinq brochets, dont cinq avaient
trois pieds de longueur[1]; que l'on servit le brochet dans
les festins splendides donnés par George Nevil, archevêque
de Cantorbéry; que M. Yarell a trouvé notre poisson mentionné dans le fameux livre de Saint-Albans sur l'art de la
pêche.

Enfin, M. Noël de la Morinière[2] rapporte un passage
de Léland (*de rebus britannicis collectanea*, I, p. 580),
où il est parlé d'un brochet de très-grande taille pêché
dans le lac de Ramsey, sous Edgar, roi d'Angleterre, par
conséquent dans le x.[e] siècle.

Il ne faut pas oublier toutefois que, sous Henri VIII,
un brocheton se vendait encore plus cher qu'un chapon
gras. Aussi existe-t-il un statut de la fille de Henri VIII,
de 1558, qui défend de détruire le frai du brochet, dont
on faisait une pêche abusive, puisque les brochetons ser-
vaient alors à la nourriture des chiens et des porcs.

Ainsi on peut suivre l'existence et l'importance du brochet en Angleterre plus de deux cents ans avant l'époque
où plusieurs auteurs ont cru devoir fixer l'importation du
poisson dans la Grande-Bretagne. Le rapprochement de

---

1. Dalrymple, *Annals of Scotland*, II, p. 276.
2. Noël Morin., Pêch. I, p. 365.

ces différens passages prouve que le poisson dont nous faisons l'histoire n'est devenu abondant que par suite des sages ordonnances rendues, sous les règnes de Henri VIII et d'Élisabeth, pour assurer la conservation d'un produit aussi important.

Pallas[1] constate l'existence du brochet dans tous les fleuves, les rivières ou les lacs de l'empire russe, et dans ceux de l'Asie orientale, l'Indigirka, le Chatanga et l'Amur. Il le fait vivre aussi dans la mer Glaciale et dans la Caspienne; mais il dit qu'il manque à la Crimée et au Kamtschatka. Je le vois cependant indiqué dans la Faune pontique de M. Nordmann, qui remarque, d'après M. Krinycki, que les brochets de la mer d'Azof paraissent un peu différens des nôtres.

Je lis aussi le nom de l'*esox Lucius* inséré parmi les poissons de Milet[2], mais sous le nom de *Trigle*. Ce nom me laisse quelques doutes sur l'exactitude de la détermination du poisson pris pour un brochet, et c'est ce qui m'a fait présenter cette assertion avec incertitude au commencement de ce chapitre.

Gmelin avait dit, en citant Schœpf, que notre brochet vivait dans l'Amérique septentrionale. Déjà M. de Lacépède avait cru devoir distinguer ce poisson d'Amérique de celui des eaux douces de l'Europe, à cause de la différence assez grande qui existe dans le nombre des rayons.

S'il ne faut pas confondre, en effet, le poisson des eaux de New-York vu par Schœpf, avec l'espèce d'Europe, il n'est pas moins vrai que celle-ci a été observée par le

---

1. *Zool. Ross. asiat.*, p. 336, n.° 242.
2. Forsk., *Catalog. pisc. Milet, apud Faun. arab.*, p. XVIII et XIX.

docteur Richardson dans son voyage à travers le nord de l'Amérique septentrionale. Il en a rapporté un du lac Huron, que j'ai examiné avec M. Cuvier : on ne pouvait douter que cet individu ne fût de la même espèce que le brochet d'Europe.

Tous les auteurs s'accordent sur sa grande voracité; aussi M. de Lacépède le nomme-t-il le requin des eaux douces : non-seulement il dévore un grand nombre de poissons de son espèce ou des autres fluviatiles; mais les petits mammifères, les oiseaux aquatiques, les reptiles ne sont pas à l'abri de ses attaques. On peut dire qu'il se jette sur tout ce qui remue; aussi a-t-on noté plusieurs exemples de blessures graves faites aux mains ou aux jambes de personnes occupées à laver ou à marcher dans l'eau. Pennant cite déjà ce trait remarquable de voracité : un brochet a englouti la tête d'un cygne au moment où ce palmipède plongeait son long cou sous l'eau, et les deux animaux y trouvèrent la mort. Une autre fois on a vu un brochet disputer à une loutre une grosse carpe déjà prise par ce mammifère redoutable aux poissons.

Quelques auteurs prétendent que les perches, particulièrement celles des lacs d'Écosse, auraient été détruites par les brochets. On peut cependant remarquer que les deux espèces existent simultanément dans beaucoup de lacs ou d'étangs d'étendue peu considérable. D'autres économistes croient que la perche nuit au brochet parce qu'elle en mange les œufs ou le frai.

On se rend aisément compte de la grande puissance destructive de cet abdominal, quand on examine les armes redoutables que nous avons décrites avec détail en faisant connaître les différentes parties de sa tête. La grandeur de l'animal contribue aussi à augmenter sa force. Ainsi il n'est pas rare de voir des brochets de cinq pieds et du poids de vingt à trente livres. Les grandes pièces d'eau du comté de Norfolk, à quelques milles au nord de Yarmouth, Horsea Mere et Heigham Sounds, sont célèbres par le grand nombre de brochets d'excellente qualité et de taille assez forte. M. Yarell a relevé plusieurs pêches faites dans ces grands lacs, d'où il résulte qu'en quatre jours on a pu prendre deux cent cinquante-six brochets, pesant ensemble onze cent trente-cinq livres, et qui donnaient, dans les différens jours, une moyenne de vingt-huit à trente-quatre livres par brochet.

Pallas porte aussi à la même taille et au même poids les brochets des grands lacs dans lesquels se rassemblent les eaux des steppes de Baraba, dans le gouvernement de Tobolsk, entre l'Irtisch et l'Oby. Pendant l'hiver on en prend une telle quantité sous la glace, qu'on ne peut les vendre qu'à très-bas prix, et on les porte au loin après qu'ils sont gelés.

M. Yarell répète que les lacs d'Écosse ont produit des brochets de cinquante-cinq livres de poids, et ceux d'Irlande en ont fourni de soixante et dix livres. Cet observateur si exact ne dit pas cependant en avoir vu de ce poids, ce qui n'induirait pas à admettre que ces poissons eussent eu plus de huit à neuf pieds.

Ces rapports sont fort éloignés de celui que tous les naturalistes ont pris plaisir à copier dans Gesner, au sujet du brochet de dix-neuf pieds, pêché, assure-t-on, en 1497 à Kaiserslautern, et dont le squelette aurait été conservé à Mannheim avec l'anneau de cuivre doré que l'empereur Frédéric II avait attaché à l'ouïe du poisson.

Déjà Noël de la Morinière avait écrit dans ses notes que la grandeur du brochet de l'empereur Fréderic était une de ces exagérations que l'on se plaît à répéter sans en faire d'abord l'objet d'une saine critique.

Or, en comparant les versions des différens auteurs ou annalistes les plus rapprochés de l'époque assignée à cette pêche, on voit quels doutes peuvent rester encore sur cette expérience.

Fréderic II était un prince instruit, aimant et protégeant les lettres et les sciences. Les manuscrits qu'il apporta de l'Orient, les traductions des œuvres d'Aristote, de Ptolémée, des traités de Galien, faites par son influence, son livre *de Arte venandi cum avibus,* qui a occupé les loisirs du célèbre J. Got. Schneider, suffisent pour prouver la culture littéraire de cet empereur et son amour pour l'histoire naturelle.

On raconte donc qu'il fit mettre dans un étang de son château de plaisance, construit à Kaiserslautern, un brochet, après avoir fait attacher à l'opercule un anneau de cuivre doré, portant un second anneau plus grand, avec une inscription grecque qui devait faire connaître combien d'années aurait vécu le poisson, quand il serait pêché.

Si l'expérience, attribuée généralement à Fréderic II, était bien prouvée, elle aurait une importance réelle en donnant un fait positif dont le naturaliste devrait tenir compte dans la question si curieuse de la longévité des animaux, et en particulier de celle des poissons.

La pêche du poisson aurait eu lieu, suivant les annalistes, en 1497. Gesner, qui vivait dans un temps assez peu éloigné pour qu'il ait pu en connaître encore des témoins oculaires, nous a transmis l'inscription grecque gravée autour du grand anneau :

Εἰμὶ ἐκεῖνος ἰχθὺς ταύτη λίμνη παντοπρῶτος ἐπιτεθεὶς διὰ τοῦ κοσμήτου Φεδερικοῦ β΄ τὰς χεῖρας ἐν τῇ ε΄ ἡμέρα τοῦ Ὀκτωβρίου ͵α σ΄ λ΄.

Il y ajoute la traduction qui en a été faite par Jean Dalbourg, évêque de Worms : *Ego sum ille piscis huic stagno omnium primus impositus per mundi rectoris Federici secundi manus, die quinto octobris MCCXXX.*[1]

Ainsi, d'après l'inscription de l'anneau, le poisson aurait été tenu par l'empereur Fréderic II. Mais Gesner fait sortir le poisson d'une pêche d'un étang voisin de la ville impériale d'Heilbronn, en Souabe.

Lehmann[2] place aussi la pêche près d'Heilbronn, et il rapporte que la figure de ce poisson, peint de grandeur naturelle, se voyait de son temps, ainsi que le dessin de l'anneau, dans une tour élevée sur le chemin qui conduit de Heilbronn à Spire.

Crusius[3], dans ses Annales de Souabe, prétend aussi que le poisson fut pêché dans les environs d'Heilbronn, quoiqu'il ait trouvé dans plusieurs manuscrits que la pêche de ce brochet eût lieu à Kaiserslautern. Il n'en incline pas moins cependant pour la première de ces villes, parce qu'elle possède la peinture de l'animal; autrement, ajoute-t-il, il faudrait que Fréderic II eût mis en même temps plusieurs brochets dans différentes pièces d'eau, et qu'on les eût tous pêchés la même année.

---

1. *Nomencl. aquat.*, p. 316. *Tiguri*, 1560.
2 Lehmann, *Chronica der freien Reichsstadt Speier*, 1592.
3 Crusius, *Ann. Suevici*, II, p. 25—26. Francf. 1594 et 1596.

Freher (Marquard), contemporain de Crusius, assure que le poisson fut pris à Kaiserslautern, où l'empereur Fréderic II aimait à se délasser des fatigues de la guerre. Il observe[1] que, vers 1612, l'étang s'appelait encore *Kayserwag* (l'étang de l'empereur), et que l'on voyait dans le château de Lautern la représentation d'un brochet, dont la longueur, exprimée par une ligne noire, répondait à dix-neuf pieds. On y avait joint une inscription en allemand pour indiquer la grandeur du poisson mis dans l'étang de Lautern en 1230 par l'empereur Fréderic II, et porté ensuite à Heidelberg le 9 Novembre 1497. Il ajoute, que l'on conservait dans le Cabinet palatin l'anneau de cuivre doré, détaché de l'opercule du brochet, et auquel d'autres petits anneaux étaient fixés à la circonférence.[2]

On voit que l'inscription allemande mise comme légende de la peinture représentant le brochet, a été évidemment composée d'après celle gravée sur l'anneau de cuivre doré.

---

1 *Origines palatinæ*, II, p. 54. Heidelberg, 1613.

2 Voici le passage de Marq. Freher..... *per quod (stagnum) ipse fluvius Lutra transcurrens, molamque impellens, maximos et sapidissimos pisces nutrit, et in his Lucium, quem cultorem stagnorum Ausonius vocat. De hujus autem longitudine et captura testimonium perhibet vetus pictura in arce ibi visenda, piscem ipsum ingentem torquatum exhibens, et lineæ nigræ XIX pedes longæ adscriptum habens. « Diss ist die Grösse des Hechts so Kaiser Friderich dieses Namens der ander, mit seiner Hand zum ersten in den Wag zu Lautern gesetzt, und mit solchem Ring bezeichnet hat anno 1230; wurd gen Heidelberg gebracht den 6ten Novembris 1497, als er darin gewesen war 267 Jahr.» Torques quoque, sive mavis, annulus collaris, æneus et deauratus, cum minusculis annulis circumquaque insertis (qui etiam hodie in cimeliarcheis palatinis et merito asservatur) adpictus est et adscriptus «hæc est forma annuli «quem Lucius gessit in collo ad CCLXVII annos, qui captus anno MCCCCXCVII «Lutræ ex stagno et Heidelbergam perlatus VI «novembris hora post meridiem secunda. »*

Freher, d'ailleurs, a transcrit l'inscription grecque en
lettres capitales, comme si elle était en style lapidaire :

EIMI EKEINOC IXΘYC O THN ΛIMNHN ΠANTOΠPΩTOC
EIΛHΦA ΔIA TOY KOCMHTOPOC ΦEΔHPIKOY B̄ TAC
XEIPAC EN TH Ē HMEPA TOY OKTΩBPIOY Ā. C̄. Λ̄.

Il faut faire attention qu'elle offre déjà quelques va-
riantes avec celle rapportée par Gesner.

Il faut aussi remarquer que Crusius attribue à l'empereur
Fréderic Ier, Barberousse le grand, père de Fréderic II,
l'établissement de l'étang de Kaiserslautern. Radevick[1] dit
aussi positivement que ce prince fit bâtir la maison de
plaisance de Kaiserslautern, qu'il y forma un étang, le
peupla de poissons, etc. Günther[2], poète allemand, qui
a écrit en vers latins l'histoire des hauts faits de cet empereur, parle dans son poëme[3] du séjour de Fréderic
Barberousse à son château de Kaiserslautern.

Ces différents passages historiques conduisent à se demander si le brochet pris à Kaiserslautern, et mis le premier dans l'étang par les mains d'un Fréderic, n'y aurait
pas été jeté par l'empereur Fréderic Barberousse, contrairement à l'indication de l'inscription grecque de l'anneau
qui attribue le fait à Fréderic II.

Ces incertitudes laissent donc beaucoup de doutes sur
la véracité de ce récit, copié depuis dans presque tous
les ouvrages d'ichthyologie. Elles ont donné lieu aux différentes versions des naturalistes modernes, selon les auteurs

---

1. Rad. *apud Ottonis episcopi frisigensis cronicon*, I, 269; II, 340.
2. Gunth., *Poema de gestis Friderici I.*
3. *Rursus vangionum campos Luthramque revisit,*
   Regalesque sibi quos struxerat ipse penates
   Incoluit.....

qu'ils ont copiés et les dates qu'ils ont adoptées : ainsi Pennant a suivi Gesner, tandis que M. de Lacépède rapporte à Fréderic Barberousse la mise du brochet dans l'étang de Lautern.

D'autres, voulant concilier ces contradictions apparentes, ont admis, avec M. Hartmann de Saint-Gall, que Lehmann, Crusius et Gesner ignoraient que le brochet représenté dans la forteresse d'Heilbronn, avait été pêché dans le lac de Constance en 1616. Ces auteurs ont oublié que Gesner est mort en 1565 et Crusius en 1607 ; ces deux savans n'ont donc pas pu connaître la pêche de 1616. La relation de Hartmann[1] prouve seulement que l'expérience, fort incertaine de Fréderic, aurait été renouvelée. En effet, Bock[2] en a conservé un autre exemple : il rapporte, comme un fait certain, qu'on pêcha dans la Meuse, en 1610, un brochet qui avait un anneau de cuivre à l'opercule sur lequel étaient gravés le nom de la ville de Staveren et le millésime 1448.

Il faut à ce sujet se souvenir, que l'usage de mettre des anneaux aux opercules des poissons avait lieu dans plusieurs contrées de l'Allemagne. En Bohème, quand il naissait un fils dans une famille riche, on semait autrefois des pepins de poires ou de pommes, on ornait la tête ou la queue des carpes, âgées d'un an, d'anneaux d'or en signe de l'allégresse produite par la naissance d'un héritier.

---

1. *In dem Schlosse Hellebrunn, bey Salzburg, befindet sich das Gemälde eines sehr grossen Hechts, welcher 1616 zu Constanz am Bodensee, im Rhein unter der Rheinbrück gefangen worden ist, und 64 Gangfisch im Leibe gehabt hat* (Hartmann, *Versuch einer Beschreibung des Bodensees*, p. 153).

2. Bock, *Versuch einer wirthschaftlichen Naturgeschichte von dem Königreich Ost- und Westpreussen*, **IV**, 1618.

Il me paraît très-démontré que, dans tous ces récits il y a de l'exagération; que l'amour du merveilleux a fait grossir les objets, afin de leur donner plus d'importance et d'accroître leur renommée. On a dit que le squelette du grand brochet de Fréderic avait été conservé dans la cathédrale de Mannheim. Un des anatomistes les plus célèbres de l'Allemagne m'a assuré que le nombre des vertèbres de ce squelette était si considérable qu'elles ne provenaient pas d'un seul et même individu.

Cependant on peut encore citer quelques exemples de très-grands brochets. Ébert[1] rapporte qu'en 1739 on attrapa, dans le lac Balaton, en Hongrie, un brochet monstrueux dont la tête était hérissée de mousse, que l'on prit pour des poils. L'animal avait une forme si hideuse, que personne n'en voulut manger, et il fut abandonné aux chiens.

Je dois une partie de ces documens que j'ai vérifiés, aux notes recueillies par M. Noël de la Morinière, pour la publication de son Histoire naturelle des pêches, si malheureusement restée inachevée.

Tous les naturalistes modernes s'accordent à dire que la longévité du brochet est très-grande : Reisinger le fait vivre plus de cent ans.

Le brochet multiplie beaucoup; déjà Baldner, dans le manuscrit de la bibliothèque de Strasbourg, a écrit qu'il a compté cent quarante-huit mille œufs dans une femelle : Bloch approche beaucoup de ce nombre. En France on regarde généralement les œufs de ce poisson comme malfaisans, et Reisinger dit même que leur ingestion dans

---

1. Ebert, *Naturlehre*, II, 382.

l'estomac cause une sorte de choléra. Cependant on les prépare en Russie comme une sorte de caviar, et Bloch dit, qu'en les mêlant avec des sardines, on compose un mets excellent, connu dans la marche de Brandebourg sous le nom de *Netzin*.

Quoique le brochet ne puisse pas vivre hors de l'eau aussi long-temps que la carpe, il a cependant la vie très-dure. Il supporte très-bien, dit-on, l'opération de la castration, et alors il engraisse beaucoup.

La chair de ce poisson est ferme et de bon goût, surtout quand il est hors du frai : pendant ce temps elle est beaucoup moins bonne.

Il nage en serpentant, et souvent avec une grande rapidité; mais il reste aussi pendant fort long-temps dans une complète immobilité, surtout pendant la chaleur. Les pêcheurs disent qu'il dort. Cette habitude lui est souvent nuisible; car on le prend alors facilement avec des harpons de formes variées, selon les localités. On le pêche aussi avec différents filets, ou à l'hameçon. En général, il se débat moins dans le filet que la carpe; mais il faut bien s'en méfier si on veut le prendre, car il mord souvent cruellement : ses dents coupent comme des rasoirs.

On fait, dans le lac de Cirknitz, en Carniole, une pêche particulière, dont nous n'omettrons pas de dire un mot, à cause des circonstances qui l'accompagnent.

On sait que les eaux de ce lac s'écoulent chaque année par des cavités souterraines, et que ce curieux phénomène géologique a lieu vers la première quinzaine de Juillet. Le moment du départ des eaux est une véritable fête pour les habitans des villages voisins du lac, à cause de la

pêche abondante qu'il procure. On s'aperçoit de la dimi-
nution des eaux par l'apparition des sommets inégaux de
certains rochers, et l'on s'empresse d'en donner un avis
général par le son d'une cloche : on voit alors accourir
les hommes et les femmes de tous âges, munis d'un filet
attaché à une longue perche. On se hâte d'autant plus
que la pêche du lac est défendue pendant tout le reste
de l'année; il faut donc profiter du départ des eaux. Les
pêcheurs savent, par expérience, qu'un retard de quelques heures peut faire manquer la pêche autour des ouvertures par lesquelles les eaux du lac trouvent à s'écouler,
attendu que les poissons sont eux-mêmes entraînés par la
rapidité du courant de l'eau, qui s'engouffre avec fracas
dans les entonnoirs par où elle se perd. Presque tous les
poissons ont été entraînés quand il n'y a plus que deux
brasses de profondeur.

Il n'est pas permis à tout paysan carniolais d'y pêcher.
Chacune des dix-huit ouvertures du lac appartient à un
concessionnaire qui a le droit d'y prendre du poisson, ou
qui le vend à plusieurs autres pêcheurs qui jettent chacun
à leur tour le filet. Suivant la rétribution donnée par le
pêcheur, le fermier cède le droit de tendre plusieurs fois
le filet. Quand tous les locataires de la pêche ont fini,
toutes les personnes qui se présentent peuvent indistincte-
ment fouiller le peu d'eau qui reste et même la vase, où
l'on prend encore quelquefois des poissons assez gros.

Des paysans se hasardent à descendre dans l'intérieur
des cavités pour y continuer la pêche; mais ils sont bientôt
forcés de quitter, à cause des écrevisses et des sangsues
qui viennent attaquer les jambes nues des pêcheurs.

Parmi les poissons du lac de Cirknitz, les brochets

sont les plus nombreux et les plus gros : on en prend beaucoup du poids de quarante livres.

On rapporte que, vers le milieu du XVII.ᵉ siècle, le lac nourrissait un brochet, devenu si imposant par sa taille, qu'on le remettait à l'eau toutes les fois qu'on le prenait; mais, quand les Chartreux eurent acheté le droit de pêche dans le lac, ce doyen de l'espèce ne trouva plus grâce devant eux, et il fut servi sur la table des religieux. [1]

Sans attribuer au brochet une très-grande finesse du sens de l'ouïe, je rappellerai ici les observations recueillies par Bloch sur la facilité d'apprivoiser ce poisson, et de l'habituer, comme nos carpes et autres espèces d'ornement de nos viviers, à venir chercher, quand on l'appelle, la nourriture qu'on veut lui donner. On cite entre autres un brochet qui avait été mis dans un des bassins du Louvre, du temps de Charles IX, et qui venait à la voix de l'homme prendre la proie qu'on lui offrait.

Ce que j'ai dit plus haut, d'après M. Yarell, montre quel avantage on peut tirer de ce poisson dans l'accroissement des richesses à tirer d'un grand étang bien empoissonné. Le brochet offre cet avantage qu'il se développe bien dans les eaux ombragées ou froides, où les carpes ne prospèrent pas bien. Il est bon d'avoir du brochet dans un grand étang où il y a beaucoup d'ables, et en général de blanchailles, parce qu'il en détruit beaucoup; mais il ne faut pas croire qu'il soit utile de tenir beaucoup de ce poisson destructeur dans un étang où l'on veut élever des carpes pour en accroître le profit du propriétaire. Le

---

1. Noel de la Morinière, Notes mss.

brochet détruit l'alevin des carpes, blesse souvent les grosses qu'il ne peut pas toujours avaler; il les tourmente par une chasse continuelle et il les empêche d'engraisser. A moins d'avoir des pièces d'eau d'une immense étendue, telles que celles d'Angleterre, il faut détruire le brochet dans un petit étang, comme un carnassier dangereux.

On conçoit qu'un poisson aussi commun, aussi utile, aussi grand, soit connu par un nom particulier dans chaque langue. On sait que les Allemands l'appellent *Hecht,* en désignant par des épithètes particulières les individus de différentes tailles ou ceux pris à diverses époques de l'année. En Anglais c'est *Pike,* pour les adultes, et *Pikerill* quand ils sont petits. A ces noms, presque vulgaires en Europe, j'indiquerai ceux des autres contrées. Les Suédois disent *Giädda,* d'après le *Fauna suecica,* ou *Gädda,* suivant MM. Nilsson, Fries et Ekström. Ce dernier auteur ajoute que les jeunes se nomment *Gäddslinska* ou *Gädd-lyna.* Les Danois ont une dénomination fort voisine : on trouve dans Müller *Giedde,* et le prince royal de Danemarck a écrit dans son catalogue *Gede* et *Gei.* M. Reisinger le dit nommé en hongrois *Körönséges;* mais Pallas le nomme, chez ces mêmes peuples, *Csúka,* nom assez rapproché de celui des Russes, qui est *Schtschúka,* et des peuples slaves de Rasca, qui est *Stukha.* Chez les Tartares de Casan on l'appelle *Tschortan;* chez les Baschkirs, *Sortan;* chez les peuples de Jacut, *Sordon,* quand il est adulte, et *Sordochai* quand on parle d'un brocheton. Pallas ajoute encore les noms de *Zuruchai* en Mongolie; de *Tschurochai* pour les Burètes; de *Tschéri* à Perm; de *Zibé* pour les Votiaks; de *Sart* pour les Ostiaks et les Vogouls; de *Pürro* ou de *Djoedalle* pour les Samoïèdes;

de *Kinthœ* à Tawiskoï; de *Pytscha* pour les Ostiaks de
Laak. Plusieurs autres noms des peuplades de la steppe
des Tungouses sont encore cités par Pallas, ils montrent
l'abondance du brochet dans les eaux de toute la Russie
asiatique sibérienne.

Le brochet est sujet à des maladies assez fréquentes.
Nous en avons conservé un qui avait le fond de la couleur d'un blanc pâle très-remarquable, et le corps tout
couvert de taches rouges : les pêcheurs donnent à cette
maladie le nom de petite vérole, et leur comparaison est
assez juste; car rien ne ressemble plus à la couleur d'un
variolé dans les premiers jours de l'invasion, que ces poissons ainsi tachetés. Cet individu avait été pris en seine à
l'automne.

M. G. L. Hartmann [1], de Zurich, qui a toujours eu soin
de tenir note des épizooties observées dans les poissons,
et qui regarde avec raison que les observations faites sur
les maladies d'un animal complètent son Histoire naturelle, quand elles sont rédigées avec critique et exactitude,
rapporte plusieurs faits de maladies qui auraient sévi sur
les brochets du lac des Quatre cantons en 1790, surtout
dans les environs du village de Flülen. Une autre épizootie,
antérieure à celle-ci, a frappé le lac de Constance, et
surtout l'inférieur, en 1777. Les poissons morts venaient
flotter sur l'eau; ils se gâtaient promptement.

J'ai été témoin, en 1822, d'une épizootie sur les poissons, et principalement sur les brochets de l'étang de
Saint-Gratien, près d'Enghien, dans la vallée de Mont-
morency. La surface du lac était couverte de poissons

---

1. Ichthyol. helv., p. 168, 1827.

morts ou mourans : les brochets avaient le corps couvert de taches rouges; je les aurais pris de loin pour des Saumons bécards (*Salmo hamatus,* nob.), si je n'avais fait attention qu'à la couleur du corps. Les perches, les carpes et les autres cyprins du lac furent aussi atteints; mais en bien moins grand nombre que les brochets. Je passais alors tous mes instans à Épinay dans la maison de M. de Lacépède, dont j'étais l'aide-naturaliste. J'ai vu vendre ces poissons à très-bon compte; ils furent emportés par les nombreux habitans de cette vallée si peuplée et d'une culture si riante. Je n'ai pas entendu porter la moindre plainte sur les suites de cette alimentation. Cette observation se rapporte tout-à-fait à celles de Hartmann. Mon célèbre confrère et ami, M. Rayer, a recueilli déjà ces notes dans son savant Mémoire sur les maladies des poissons.[1]

Outre ce genre de maladies encore mal déterminées, le brochet est tourmenté par de nombreux parasites, et il fait vivre plusieurs helminthes. Bloch a laissé quelques faits à ce sujet, et ils ont été réunis en plus grand nombre par Rudolphi[2]. Ce savant helminthologiste cite dix espèces d'entozoaires de genres divers, et quelques autres cystoïdes douteux trouvés dans notre poisson; des cucullans, des ascarides, des échinorhynques, des distomes, des triæno-phores y sont souvent observés.

Pallas a signalé une très-belle variété de ce poisson, qui est peut-être d'une espèce distincte. Il dit[3] qu'il a

---

1. Rayer, Arch. de méd. comp., t. I, p. 258.
2. Rudolphi, *Syn. ent.*, p. 782.
3. *Faun. ross. asiat.*, vol. III, p. 337.

vu dans l'Onone et les autres fleuves à fond pierreux et rocheux de la Daourie, un brochet semblable au nôtre par sa forme et son aspect général,

dont le dos était brun, les flancs étaient couverts, sur un fond cendré et argenté, de taches nombreuses, égales, arrondies, noirâtres, semées sans ordre; le ventre seul et le dessus de la tête étaient blanc de neige. Les nageoires étaient variées de lignes semblables à des caractères effacés; la dorsale et l'anale avaient la longueur des lobes de la caudale fourchue. Voici les nombres pris dans le célèbre ouvrage de ce grand naturaliste.

D. 14; A. 14; C.....; P. 12; V. 10.

Ils sont assez différents de ceux des nageoires de notre brochet, pour faire croire à une distinction spécifique.

Il est fâcheux que de nouveaux renseignemens ne soient pas venus s'ajouter à la trop courte description faite pendant le voyage de Pallas.

M. Tilésius a mis une note fort extraordinaire à l'article de l'*Esox lucius* du *Fauna rosso-asiatica*. Il dit avoir vu prendre plusieurs fois, en 1806 et en 1807, à Pétersbourg, dans la Néva, des brochets avec un barbillon sous la mâchoire inférieure, comme le *Gadus callarias* ou le *dorsch*. Il paraît qu'il n'a pas conservé d'exemplaires d'une aussi considérable variété. Il en avait fait faire un dessin, pour que son ami, M. Sevastianoff, habile zoologiste russe, connu par plusieurs mémoires sur les poissons de la mer des Indes, et, entre autres, sur les gomphoses, fût en état de déterminer ces brochets barbus, que ni lui ni aucun autre zoologiste n'ont revus après lui. Il me paraît hors de doute qu'il y a eu quelque méprise.

Le BROCHET AUSTRAL.

(*Esox australis*, nob.)

On conserve depuis long-temps, dans le Cabinet du Roi, un brochet qui provient du voyage de Péron : il ressemble tellement à celui de nos rivières, que j'ai hésité long-temps à le considérer comme d'une espèce distincte. Cependant, en le comparant à un brochet de même taille de notre pays, je lui trouve les différences suivantes :

Le corps du brochet austral est beaucoup plus trapu et plus haut; la hauteur est contenue six fois dans la longueur totale : elle y est sept fois dans celui d'Europe. La tête est comprise trois fois et trois quarts dans le brochet antarctique, et elle est quatre fois dans celui d'Europe. Les écailles du premier sont un peu plus grandes; je n'en compte que cent rangées entre l'ouïe et la caudale; les branches de la mâchoire, et surtout de l'inférieure, paraissent plus larges. Cet ensemble de différences légères donne à ce poisson une physionomie différente de celle du brochet de nos eaux douces.

Les nombres des rayons des nageoires sont les mêmes; mais la caudale de l'étranger me paraît un peu moins échancrée.

Les marques que Péron a mises sur son poisson sont celles qui indiquent la terre de Diémen pour patrie des animaux ainsi désignés. Nous n'avons, d'ailleurs, aucunes autres notes sur cet intéressant poisson.

L'individu, long d'un pied six lignes, est conservé dans les galeries depuis 1803.

Le BROCHET ESTOR.

(*Esox estor*, Lesueur.[1])

Les eaux douces de l'Amérique septentrionale nourrissent

---

1. *Journ. sc. nat. of Phil.*, vol. I, p. 413; 1818.

des brochets d'espèces différentes de celles d'Europe.
M. Lesueur en a distingué plusieurs, et a envoyé les trois
suivantes au Muséum d'histoire naturelle.

L'une d'elles a, comme notre brochet d'Europe, le bas de
l'opercule et le sous-opercule nus et sans écailles; mais elle a les
dents, et surtout celles de la mâchoire inférieure, beaucoup plus
grandes : en les examinant en détail, on trouve encore les différences
suivantes : les dents de la rangée interne des palatins et celles des
mâchoires sont plus grosses; les antérieures sont surtout très-fortes.
Je remarque celles du chevron du vomer, à cause de leur grandeur,
mais celles du corps de l'os sont implantées sur une bande beaucoup plus étroite; les dents avancent aussi davantage sur la
langue.

D. 21 ; A. 20, etc.

Je compte sur mon individu desséché cent trente-cinq rangées
d'écailles le long du corps. Un grand nombre sont échancrées;
les couleurs ressemblent beaucoup à celles de notre brochet.

M. Richardson porte le nombre des écailles de la ligne latérale
à cent soixante-deux, et en trouve quarante-cinq rangées dans
la hauteur.

Notre individu a deux pieds deux pouces : il vient du
lac Érié; on en prend de trois pieds et davantage.

La description de cette espèce a paru dans le Journal
des sciences de Philadelphie (*loc. cit.*). Les noms qu'on
lui donne communément sont ceux de *pike* ou de *picke-
rell,* d'origine anglaise, et de *maskallonge* pour les Indiens; mais que M. Richardson écrit *maskinongé,* et
M. Dekay, *muskellungé.*

M. le docteur Richardson a observé dans le lac Huron,
avec le brochet ordinaire, cette espèce américaine. Ce
célèbre voyageur l'a rapportée de Penetanguishem, sur
les bords du grand lac, où elle est plus rare que dans le

18.   31

lac Érié et les autres grands étangs du sud du Canada. Il ne l'a pas rencontrée dans les rivières qui versent leurs eaux dans la baie d'Hudson ou dans la mer Polaire.

Un observateur canadien, M. Todd, lui a dit que, pendant la saison du frai, l'Estor remonte dans les rivières affluentes du lac Simkoe, où il se nourrit de poissons et de petites boules vertes et gélatineuses, qui se forment et se développent sous l'eau.

Ce brochet atteint au poids de vingt-huit livres : on le préfère, pour la table, à l'espèce ordinaire (*commun pike*). Je ne sais pas si, par cette expression, M. Richardson entend le brochet d'Europe, ou s'il veut parler du *commun pike* des Américains : ce serait alors à l'*esox reticulatus* qu'il aurait comparé cet *esox estor*. Je crois cependant qu'on a pensé à l'*esox lucius*.

M. le docteur Dekay[1] cite aussi cette espèce dans sa Faune de New-York : il indique, en synonymie, une description du docteur Mitchill, de 1824, sous le nom d'*esox masquinougy*. Outre les lacs Érié ou Huron, M. Dekay sait qu'on trouve aussi ce brochet à Montezuma, dans la contrée de Cayuga, et il dit, d'après M. Kirtland, que les individus des eaux occidentales sont préférables, à cause de l'excellente qualité de leur chair.

Le BROCHET RÉTICULÉ.

(*Esox reticulatus*, Lesueur.[2])

Une seconde espèce ressemble encore plus à l'espèce européenne que la précédente,

---

1. Dekay, *Faun. New-York*, t. III, p. 222.
1. *Journ. sc. of phil.*, t. I, 1818, p. 414, n.° 2.

parce qu'elle a les dents à peu près de même grosseur; cependant la bande vomérienne est plus étroite: elle s'en distingue encore par un caractère extérieur facile à saisir et plus important; c'est que l'opercule et le sous-opercule sont entièrement recouverts d'écailles; celles du corps sont en même nombre que sur notre brochet. J'en compte cent vingt rangées.

D. 13; A. 17, etc.

Le dos est vert-noirâtre très-foncé; le ventre blanc-jaunâtre, et la couleur rembrunie du dos descend en une sorte de réseau ou de mailles sur les côtés. Un large trait noir va du bord inférieur de l'orbite sur la joue, en passant près de l'articulation de la mâchoire inférieure.

Le plus grand de nos individus est long de deux pieds. M. Lesueur les a envoyés du marché de Philadelphie, où ils paraissent depuis Mars jusqu'en Octobre.

Il avait été pêché dans la rivière de Connecticut : on y en prend du poids de sept livres. M. Lesueur a cru que le docteur Mitchill avait parlé de cette espèce sous le nom d'*esox lucius;* mais celui-ci se rapporte à un autre brochet, dont nous traiterons tout à l'heure.

Nous en avons reçu un autre exemplaire, envoyé de Charleston (Caroline du sud), par M. le docteur Ravenell.

Suivant M. Storer[1], ce poisson, un des plus beaux de l'État de Massachusets, est connu sous le nom de *pikerell.* Il peuple les étangs et les rivières, et est très-estimé pour la table.

M. Dekay[2] le compte aussi parmi les espèces de la Faune de New-York. Il lui donne une longueur de trois pieds. On le pêche pendant toute l'année; mais il est plus

---

1. *Reports of fish. of Massachusets,* p. 97.
2. Dekay, *Faun. New-York,* t. III, p. 223, pl. 34, fig. 107.

estimé pendant l'hiver dans l'État de New-York. Cet auteur croit que l'espèce est commune dans les États de l'est et du centre de la république de l'Amérique du nord, et qu'on la trouve aussi dans l'Ohio; mais il ne pense pas qu'elle gagne les grands lacs des contrées septentrionales.

Il a regardé le brochet du lac Sarratoga, décrit par M. Lesueur sous le nom d'*esox niger,* comme une variété de cet *esox reticulatus.* Dans mon opinion, il faut rapporter à un autre ésoce cette espèce nominale, ainsi qu'on va le voir dans l'article suivant :

J'observe encore que M. Dekay[1] a cru devoir considérer, comme pouvant être une variété de cette espèce, celle que le docteur Mitchill se proposait de nommer *esox tredecim radiatus,* ou *the federation pike,* parce qu'il n'aurait cru y trouver que treize rayons à l'anale comme à la dorsale. Je suivrai l'avis de M. Dekay, parce que je compte plus sur l'exactitude de ce naturaliste que sur celle de Mitchill.

Le Brochet américain.

(*Esox americanus*, Lacép.; *Esox niger*, Lesueur.[2])

Notre zélé compatriote a encore envoyé une troisième espèce, qu'il a cru nouvelle. Elle avait été déjà indiquée par Schœpf, vue par M. Bosc, et nommée par M. de Lacépède.

Ce brochet a l'opercule et le sous-opercule écailleux comme le précédent, mais la dorsale et l'anale ont beaucoup moins de rayons.

---

1. Dekay, *Faun. New-York*, t. III, p. 225.
2. Journal des sc. nat. Phil., t. I, p. 415.

D. 13; A. 11.

Outre cette différence dans le nombre des rayons, il en existe encore une autre dans les écailles. J'en compte le même nombre de rangées qu'à notre brochet; mais celles-ci ont une carène longitudinale, ce qui forme douze à quinze séries de lignes relevées qui caractérisent bien cette espèce; les écailles du ventre sont lisses.

Les couleurs diffèrent aussi; car le dos est noir ou d'un vert-bouteille tellement foncé, qu'il paraît de la première teinte; des traits verticaux en grand nombre, descendent sur la couleur pâle ou blanche des côtés et du ventre, et dessinent des rayures qui donnent à ce poisson un aspect tout différent de celui du brochet réticulé. Il a aussi le trait noir sous l'œil.

Ce poisson vient du lac Sarratoga. M. Lesueur en a retrouvé d'autres à Franklin-Mine, dans l'État de New-Jersey.

L'individu est petit : il n'a que sept pouces et demi. Nous en avons reçu trois autres de même taille par M. Milbert.

J'ai tout lieu de croire que j'ai sous les yeux l'espèce indiquée par Schœpf[1], comme notre brochet, et dont Gmelin fit la variété β de l'*esox lucius*.

Lacépède la nomme Brochet américain, *Esox americanus*. Je m'étonne que ce célèbre ichthyologiste n'ait pas fait usage d'une description, accompagnée d'un dessin fort reconnaissable, que M. Bosc lui avait confiée; car je l'ai retrouvée dans les papiers que je dois à son amitié.

Voici les nombres indiqués par M. Bosc.

B. 13; D. 12; A. 12; C. 20; P. 13; V. 8.

Ils se rapprochent beaucoup de ceux que nous avons comptés.

---

1. Schœpf, *Naturf.*, tom. 20, p. 26.

La couleur est indiquée : brune sur le dos, grisâtre sur les côtes et blanche sous le ventre ; de nombreuses raies plus ou moins foncées descendent du dos sur les flancs, en se dirigeant obliquement vers la partie antérieure.

Enfin, ce naturaliste ajoute que son poisson est extrêmement voisin de notre brochet d'Europe et qu'il en a toutes les habitudes. Il vit abondamment dans toutes les rivières de la Caroline, où il acquiert une grandeur considérable. Sa chair est peu différente de celle du brochet commun : elle est fort estimée.

M. Lesueur l'a pris aussi dans l'État de la Caroline du sud, et croyant l'espèce nouvelle, il l'a nommée *Esox niger,* parce qu'il a entendu les pêcheurs lui donner le nom de *Black pike.*

Ce que nous avons dit plus haut, explique pourquoi nous n'avons pas conservé cette nouvelle dénomination, qui ne doit plus prendre rang que parmi les synonymes de cette espèce.

Je trouve dans les notes de cet habile naturaliste, qu'il l'a vue aussi dans la rivière Cumberland.

Cette espèce n'est pas indiquée par M. Storer dans son travail sur les poissons du Massachusets ; mais elle est commune et abondante dans l'État de New-York. Déjà le docteur Mitchill [1], dans son Mémoire sur les poissons de New-York, la considère comme de la même sorte que l'*Esox lucius,* et la publie sous ce nom, malgré la différence du nombre des rayons et la diversité des couleurs.

M. Dekay, s'étant trompé sur l'*esox niger* de M. Lesueur, a donné l'espèce décrite dans cet article sous un nom

---

1. Mitchill, *Fish. of New-York, Trans. philos. of New-York,* t. I, 1814, p. 440.

nouveau, *esox fasciatus*[1], et sa figure confirme, par son élégance et sa correcte exactitude, le rapprochement déduit de la lecture de la description.

Les individus de cette espèce ne paraissent pas devenir aussi grands que ceux des précédentes; ils sont très-communs dans les étangs et les rivières de Long-Island. L'auteur de la Faune de New-York croit que le docteur Mitchill avait le projet de nommer ce poisson *Esox scomberius*. Il est fort heureux que ce mémoire supplémentaire des poissons de New-York n'ait pas reçu une plus grande publicité : il aurait encore augmenté la confusion de toutes ces synonymies.

Le Brochet a collier.
(*Esox phaleratus*, Say.[2])

M. Lesueur a terminé le mémoire descriptif de ses nouvelles espèces de brochet par une simple note sur un de ces poissons, nommé par M. Say *Esox phaleratus;*

parce qu'il a le corps brun avec une bande fauve sur les vertèbres, et trois ou quatre fascies rousses.

M. Say a découvert cette espèce dans une excursion de Piccolata à Saint-Augustin, dans l'est des Florides. Le pays était encore inondé en partie, et l'individu a été trouvé sur la route desséchée après le retrait des eaux.

Le Brochet vermiculé.
(*Esox vermiculatus*, Lesueur, mss.)

Après ces espèces américaines que j'ai examinées et

---

1. Dekay, *Faun. New-York*, t. III, p. 224, pl. 34, fig. 110.
2. Say *apud* Lesueur, *Journ. sc. of Phil.*, vol. 1, p. 416, n.° 4.

comparées entre elles et avec notre brochet européen, je trouve dans les notes que M. Lesueur a communiquées au Jardin du Roi, la description de plusieurs autres espèces, que je vais indiquer d'après ce voyageur.

Il a décrit sous le nom placé en tête de cet article,

Un ésoce distingué de l'*Esox reticulatus*, avec lequel il a plus de rapports qu'avec notre *Esox americanus* (*Esox niger*, Lesueur), à cause de la disposition des bandes, qui sont étroites, sinueuses et transversales. Une bande noire de chaque côté du museau se termine en avant de l'œil; une autre, transverse, part du bord inférieur de l'orbite et descend obliquement vers les rayons branchiostèges. Le fond général de la couleur est d'un noirâtre olive, passant au jaunâtre sur les flancs, la gorge et l'abdomen. Le dessous de la queue est blanc; la pectorale est jaune pâle; la ventrale rougeâtre; la dorsale brune, mêlée de roussâtre; l'anale et la caudale de cette dernière couleur seulement; le lobe supérieur de celle-ci est plus brun; les bandes ou les raies du corps et de la queue ont des teintes bleues.

Les femelles se reconnaissent à leur ventre plus gros et à leurs vermiculations plus étroites et plus serrées : elles n'ont aussi que la seule bande verticale sous l'œil; la forme générale est d'ailleurs semblable à celle de notre brochet.

D. 16; A. 13; C. 19⅘, etc.

M. Lesueur a observé cette espèce dans les petits Creeks qui communiquent avec le Wabash : les individus avaient de huit à dix pouces; mais il croit qu'ils deviennent beaucoup plus grands.

Le BROCHET RAYÉ.

(*Esox lineatus*, Lesueur, mss.)

M. Lesueur a observé dans les bas-fonds où les eaux séjournent après la crue du Wabash, des petits individus du genre *Esox,* de trois à quatre pouces de longueur, dont les couleurs diffèrent des précédens.

Le dessus de la tête et du dos, presque au tiers de la longueur du corps, est d'un brun inégal ou nuageux, et sur ce fond ressort une bande jaune satinée assez brillante, qui passe à travers les yeux. Sur le dos on voit une ligne d'une faible teinte olivâtre, la gorge, l'abdomen et le dessous de la queue sont blancs; il y a une tache à la base des rayons de la caudale.

M. Lesueur a vu ces individus au commencement de Mai de l'année 1827; puis il en a trouvé des variétés, remarquables par des taches claires, éparses sur le dos. Vers la fin du même mois, notre voyageur a eu occasion d'en rencontrer un autre individu, semblable, pour les teintes et les raies, et du double plus grand.

Il a pensé que la constance de ces couleurs se répétant sur des individus de tailles assez variées, devenait un caractère spécifique, et il en avait tiré le nom spécifique de poisson, en écrivant dans ses notes *Esox fasciatus.* J'ai rappelé plus haut que M. Dekay a publié sous ce nom une autre espèce. Quoiqu'on ne puisse pas conserver ce nom, j'ai cru devoir changer l'épithète de M. Lesueur en celle mise en tête de cet article, afin d'éviter toute source de confusion.

Le BROCHET DEPRAUDE.

(*Esox depraudus,* Lesueur, mss.)

Ce brochet a le corps court et moins élancé que celui de l'*esox estor* ou de l'*esox reticulatus.*

La tête et le museau paraissent pointus; la mâchoire inférieure dépasse la supérieure et est un peu relevée; la gueule est armée de

18.   32

fortes dents comme les autres brochets; les yeux sont grands et
proéminens; l'opercule a des stries rayonnantes, de forme quadrangulaire; il surmonte un sous-opercule étroit et droit; l'interopercule
est petit et il a ses bords ondulés; le préopercule est grand et arqué;
les pectorales sont larges et ovales; la dorsale assez haute et placée
un peu plus avant que l'anale, d'ailleurs plus petite; la caudale
est très-courte et légèrement échancrée; les écailles sont petites,
avec une légère dépression en V. Cette dépression est d'un brillant
métallique, et reflète l'argent et des couleurs irisées qui donnent
un très-bel aspect à ce poisson. Il y a des écailles sur les opercules.

Voici les nombres tels que M. Lesueur les a comptés.

B. 16; D. 22; A. 21; C. 19 $\frac{11}{12}$; P. 18; V. 10.

La couleur est d'un vert brunâtre foncé sur le dessus du corps,
et passant au gris clair et cendré, à reflets verdâtres sur les côtés;
le ventre est blanchâtre; de nombreuses taches oblongues, alongées
ou rondes, plus ou moins régulières et pressées entre elles, forment
des sortes de bandes longitudinales sur le corps; les nageoires,
rouges ou orangées, sont couvertes de taches noires.

C'est un beau et grand poisson, qui paraît rare dans le
Wabash; car M. Lesueur n'en a vu que le seul individu
dessiné et décrit pendant son séjour sur les bords de cette
rivière. Il a été pris au mois de Novembre par M. More-
Fount Leroy, qui le porta à M. Lesueur lors de la visite
qu'il lui fit à New-Harmony. Je paie, au nom de notre
voyageur, le tribut de la gratitude des naturalistes pour
la libéralité avec laquelle le propriétaire américain a
communiqué ce beau poisson à M. Lesueur.

Je dois faire remarquer ici qu'à l'époque où M. le
Dr Richardson nous envoya, au retour de l'expédition
du capitaine Franklin, les poissons ramassés dans ce pénible voyage, je ne connaissais, ainsi que M. Cuvier, que

l'*esox reticulatus* de Lesueur, et que nous le distinguions de notre brochet d'Europe, parce que celui-ci a le bas de l'opercule nu. Depuis que l'on a reconnu l'existence de ce caractère dans plusieurs autres espèces américaines, je vois qu'il faut tenir compte d'autres caractères, et en comparant cette description avec celle du D.ʳ Richardson, donnée sous le nom d'*Esox estor,* je crois que l'on pourrait reconnaître dans le poisson du lac Huron plus d'affinité et de ressemblance même avec l'*esox depraudus* qu'avec l'*esox estor.* Les nombres sont les mêmes; les écailles sont très-petites, puisque M. Richardson en compte cent soixante-deux rangées longitudinales; le corps est très-brillant. C'est donc un point qui reste encore à examiner maintenant, afin de rectifier peut-être la détermination que nous avons nous-même donnée à M. le D.ʳ Richardson.

Le Brochet rembruni.

(*Esox lugubrosus,* Lesueur, mss.)

Enfin, je trouve encore dans les notes de M. Lesueur la description d'un brochet qui me paraît très-voisin du précédent. Cependant il en diffère.

M. Lesueur dit que cette espèce est distincte, parce que sa tête est plus courte et que sa queue est plus longue; les couleurs aussi ne permettent pas de les confondre.

On trouve ce poisson dans les eaux qui coulent sur le calcaire secondaire des montagnes du district de Cumberland, à Crabborcher (*White county*) : la description

a été faite sur un individu empaillé, long de deux pieds
onze pouces, conservé dans le cabinet de M. Troost,
professeur de minéralogie et de chimie au collége de
Nashville (États de Tenessée), et qui a enrichi la science
de ses belles observations sur les *orthoceras* et sur les
genres voisins. L'espèce devient plus grande et dépasse
quatre pieds.

CHAPITRE II.

Des Galaxies.

Le genre Galaxie est une création de M. Cuvier; il l'a établi sur un petit poisson, rapporté de la Nouvelle-Hollande par MM. Péron et Lesueur, et qui y a été ensuite retrouvé par MM. Quoy et Gaimard. Ces deux chirurgiens de la marine royale nous apprirent que le poisson de Péron vivait dans les eaux douces de la terre de Van-Diemen. L'auteur du Règne animal caractérisa ce nouveau genre par une bouche peu fendue, par la présence de dents pointues et médiocres aux palatins, aux deux mâchoires, par quelques fortes dents crochues sur la langue, et enfin par un corps sans écailles apparentes. Cette dernière partie du caractère ne me semble pas assez nette, car il n'existe aucune écaille sur toutes les espèces que j'ai vues. La peau est tout-à-fait nue; les écailles ne sont pas cachées sous une mucosité épaisse comme celles de l'anguille. Les intermaxillaires sont courts et n'atteignent pas l'angle de la bouche; ils portent une lèvre épaisse, charnue, qui dépasse l'os et cache la partie inférieure du maxillaire : c'est ce qui a fait dire à M. Cuvier que le bord supérieur de la bouche est presque en entier formé par l'intermaxillaire. On ne saurait dire cependant que le maxillaire, caché sous le bord du sous-orbitaire quand la bouche est fermée, ne contribue pas à border l'ouverture orale. La disposition des os de la mâchoire supérieure des Galaxies est intermédiaire entre la structure de la bouche des cyprins et celle des trois familles d'abdominaux dont il nous reste à parler.

Les Galaxies ont d'ailleurs la dorsale reculée sur le dos de la queue et opposée à l'anale. Les rayons supplémentaires de la caudale sont cachés dans l'épaisseur de la peau. Les intestins sont semblables à ceux des brochets. Comme eux, ces poissons vivent dans les eaux douces : c'est du moins le cas des espèces observées à la Nouvelle-Hollande ou à la Nouvelle-Zélande.

MM. Lesson et Garnot en ont trouvé une espèce sur les bords de la mer des Malouines, parmi les galets et les touffes de fucus.

Une espèce de ce genre a été découverte et parfaitement décrite par Forster à l'époque où le capitaine Cook, dans sa grande circumnavigation, aborda, en 1773, à la Nouvelle-Zélande. Sa description, publiée par Bloch, ne fut reconnue qu'à l'époque où M. Cuvier détermina le poisson rapporté par Péron. Notre grand zoologiste le nomma *Esox truttaceus,* en ajoutant que c'était peut-être l'*Esox argenteus* de Forster. Il a été plus positif dans la seconde édition du Règne animal, en distinguant dans le genre Galaxie son *Esox truttaceus* de l'*Esox alepidotus* de Forster.

Nous venons de voir avec quels matériaux M. Cuvier a établi le genre dont je traite dans ce chapitre. M. Jennyns en a retrouvé trois espèces dans les collections faites par M. Darwin pendant la campagne du Beagle. Frappé avec beaucoup de raison de la ressemblance qui existe entre ces abdominaux et les fundules ou les pœcilies, il considéra ces petits poissons d'eau douce comme de la grande famille des cyprinoïdes de M. Cuvier. Il ne songea pas à retrouver dans ces petits malacoptérygiens des représentans du genre Galaxie, laissé par cet auteur dans les ésoces :

c'est l'explication naturelle de l'établissement de son genre Mésites[1]. M. Jennyns en a exposé les caractères avec lucidité, en a saisi les rapports et les affinités avec la plus grande justesse. Je crois seulement qu'il a exagéré un peu l'importance des intermaxillaires dans la structure de la bouche. Les intermaxillaires sont plus courts que ceux des cyprinoïdes. C'est la lèvre, seule détachée d'eux, qui semble, par son épaisseur, continuer l'os jusqu'à l'extrémité du maxillaire. D'ailleurs, je répète que je regarde les cyprinoïdes liés presque insensiblement à la famille des ésoces.

M. Müller a vu, comme moi, et contrairement au sentiment de M. Jennyns, que la galaxie n'a pas tout le bord de la bouche formé par l'intermaxillaire seul. A cause de la particularité des organes génitaux, le célèbre anatomiste de Berlin incline à rapprocher ce genre de la famille des salmones, distincts cependant par d'autres caractères encore que par ceux mentionnés dans le Mémoire sur la classification des poissons. M. Müller, ne trouvant pas la réunion des galaxies aux ésoces, conforme à sa manière de voir, en fait une famille distincte. J'ai déjà dit que je ne jugeais pas cette séparation fondée sur des caractères assez tranchés.

A l'époque de la publication de la grande et belle édition du Règne animal, ornée de planches, nous étions occupés de la rédaction des premières familles traitées dans notre Ichthyologie, et nous n'avions pas encore étudié avec détail les nombreux poissons réunis dans les Cabinets du Roi, à la suite des expéditions de MM. Duperrey ou Dumont d'Urville.

---

1. Jennyns *Zool. of the voy. of the Bengale fish.*, p. 118.

C'est la raison pour laquelle le poisson, figuré dans cet atlas pour représenter une Galaxie, étant encore confondu avec l'*esox truttaceus,* a été ainsi nommé, quoiqu'il soit de l'espèce que nous connaissons aujourd'hui pour le *Misetes attenuatus* de M. Jennyns; il faudra donc changer cette détermination.

Je viens de faire aujourd'hui l'étude spéciale de ce genre : j'ai découvert plusieurs espèces nouvelles, que je publierai successivement avec celles dont la description n'avait pas encore été écrite selon notre méthode.

La Galaxie truitée.

(*Galaxias truttaceus*, Cuv.)

Si l'on ne peut dire que le *Galaxias truttaceus* soit la première espèce connue de ce genre, puisque déjà Forster avait observé l'une de celles qui peuplent les eaux douces de la Nouvelle-Zélande, on doit regarder que la Galaxie truitée a été la première espèce rapportée d'une manière positive à ce genre; car il a été établi d'après elle. Depuis Péron, MM. Quoy et Gaimard l'ont retrouvée à la terre de Van-Diemen.

La forme arrondie du corps et la disposition des taches font ressembler ce poisson à une petite truite. Le museau est gros et rond; les deux mâchoires sont à peu près égales, cependant l'inférieure semble terminée par un petit tubercule ou crochet mou, qui rappelle encore la conformation des truites. La longueur de la tête est comprise quatre fois dans la distance du bout du museau à l'insertion de la caudale; laquelle est contenue sept fois et demie dans la longueur totale. L'œil, gros et saillant sur les côtés, a un diamètre égal au quart de la longueur de la tête, il est éloigné du bout du nez d'une fois son diamètre. Le sous-orbitaire et les

pièces operculaires sont cachés sous la peau nue de tout le poisson.
Je ne vois qu'un seul sous-orbitaire, situé au-devant de l'œil, et
recouvrant en partie le maxillaire. Il y a deux gros pores sur le
bord antérieur; deux autres à l'articulation de la mâchoire inférieure; quatre sur une ligne verticale le long du bord montant
du préopercule; deux sur le devant du nez, et cinq au-dessus de
chaque œil. La narine antérieure est percée dans une petite papille
tubulaire; les deux intermaxillaires, la mâchoire inférieure, les
deux palatins et la langue portent des dents; elles sont simples,
coniques, acérées, un peu courbées. Les quatre premières de la
langue sont les plus longues, et forment quatre crochets assez forts;
il y en a cinq de chaque côté; celles des palatins, sur un seul
rang, sont implantées sur le bord interne près du vomer, qui
n'en a aucune. Chaque palatin a sept dents coniques. La dorsale
est tout-à-fait reculée sur le dos de la queue, opposée à l'anale;
ces deux nageoires sont arrondies; la seconde est un peu plus large
que la première. La caudale est coupée carrément; la pectorale
est elliptique; la ventrale est triangulaire.

B. 9; D. 11; A. 14; C. 17; P. 14; V. 7.

La couleur de nos individus, conservés dans l'alcool, est un
roussâtre plus ou moins foncé, semé de points ronds noirs, disposés
par bandes verticales plus ou moins régulières, entre lesquels on
voit des points plus petits, et enfin, un sablé pigmentaire noirâtre
très-fin. La dorsale, l'anale et les ventrales sont bordées de noir.
D'après le dessin frais que M. Quoy a eu la bonté de nous communiquer, le dos est gris verdâtre; les flancs jaunâtres; le ventre
pâle; les nageoires, roussâtres, sont bordées de noir. Une bande
de cette couleur traverse la queue près des insertions de la caudale.
Les gros points sont des ocelles bleus, entourés d'un cercle de
cette couleur. La lèvre supérieure est noire.

L'individu de Péron est long de quatre pouces et quatre
lignes. Ceux de M. Quoy n'ont que trois pouces à trois
pouces et demi.

Péron et Lesueur n'ont laissé aucune note sur ce poisson, qui vit, selon M. Quoy, dans les eaux douces de la terre de Van-Diemen.

La GALAXIE ÉCRITURE.

(*Galaxia scriba*, nob.)

Il y a encore à la Nouvelle-Hollande une autre espèce de ce genre.

Elle a le corps plus grêle; le museau plus court; l'intervalle entre les yeux plus large; ceux-ci sont plus gros et plus saillans; les dents sont beaucoup plus fines et plus courtes; les deux antérieures de la langue seules sont grandes et en crochets; les gros pores de la tête ont la même disposition que dans l'espèce précédente; la dorsale est arrondie, mais plus haute et plus courte que l'anale; celle-ci est plus longue que celle de l'espèce précédente. La caudale est carrée.

D. 11; A. 15; C. 16; P. 14; V. 7.

La longueur de la tête est comprise cinq fois dans la longueur totale; la hauteur du tronc y est dix fois; le diamètre de l'œil n'est que deux fois et demi dans la longueur de la tête. Toute la peau est sans écailles; elle est jaunâtre, mêlée de roussâtre sur le dos, et des points noirs de la plus grande finesse font par leur réunion des petites lignes flexueuses, irrégulières sur le dos et les flancs. La dorsale et l'anale sont grisâtres; la caudale a une grande tache à la base, et le bord est jaunâtre; il y a aussi quelques lignes flexueuses sur les opercules.

L'individu a près de trois pouces; il a été rapporté du port Jackson par MM. Lesson et Garnot, médecins de l'expédition commandée par M. le capitaine Duperrey.

La Galaxie sablée.

(*Galaxias attenuatus*, nob.; *Mesites attenuatus*, Jennyns.)

Une troisième espèce vient aussi de ce continent.

Elle a le museau plus aigu; les yeux moins saillans; le corps aussi grêle; les dents de la langue et des mâchoires très-fines; la caudale à deux lobes; la dorsale arrondie; l'anale petite; les rayons antérieurs un peu plus longs que les derniers.

D. 11; A. 6; C. 17; P. 12; V. 7.

Le corps, de couleur jaune, a au-dessus de la ligne latérale des points noirs, marqués sur les lignes des chevrons musculaires, ces points sont plus marqués sous l'œil, sur l'attache de l'opercule, sur la région pectorale; il y en a une série impaire le long du dos, et on en remarque quelques-uns sous la ligne moyenne du ventre. Tout le corps au-dessus de la ligne latérale est sablé de points pigmentaires très-fins.

Nous en avons un grand nombre d'exemplaires rapportés des eaux douces de la terre de Van-Diemen par MM. Quoy et Gaimard. Ils ont quatre pouces environ de longueur. Pendant leur seconde campagne, les mêmes naturalistes ont retrouvé cette espèce au port Western; ils en ont rapporté deux petits exemplaires, qui ont des points noirs sous le bord de l'œil, que je ne vois pas si bien marqués sur les précédens. Je les crois cependant de la même espèce.

J'ai dit plus haut, et je crois nécessaire de répéter à cet article spécial qu'à l'époque où les planches destinées à illustrer le Règne animal[1] ont été faites, je ne croyais

---

1. Règne anim., édit. Crochard, Poissons, pl. 97, fig. 2.

encore qu'à une seule espèce de galaxie vivant dans les eaux douces des terres Australes. Cette observation explique comment cette espèce a été donnée pour le *Galaxias truttaceus*. La figure ne donne pas moins les caractères du genre; mais elle représente le *Galaxias attenuatus*.

M. Darwin l'a également rapportée de la même île, et l'espèce a été décrite et figurée par M. Jennyns[1]; il l'indique d'un brun verdâtre sur le dos, et devenant plus pâle sous le ventre, tout le corps étant couvert de petits points peu foncés.

La GALAXIE FASCIÉE.

(*Galaxias fasciatus*, nob.)

Les eaux douces de la Nouvelle-Zélande nourrissent aussi leurs espèces de galaxie. Le Cabinet du Roi en possède une de la baie des îles.

Elle a le museau un peu plus pointu; les dents des mâchoires aussi fines; mais celles de la langue sont plus fortes. La dorsale et l'anale rondes et hautes, surtout la seconde; la caudale carrée; la pectorale elliptique, et la ventrale arrondie est plus longue que dans aucune autre espèce.

D. 11; A. 13, etc.

Le corps est traversé par douze à quatorze lignes blanchâtres sur un fond roussâtre, qui était probablement verdâtre sur le poisson frais. Les nageoires sont incolores. Une tache bleu-foncé est au-dessus de la pectorale.

Nous devons les trois individus, longs chacun de trois

---

1. Jennyns, *Zool. of the voy. of the Beagle fishes*, p. 121, pl. XXII, fig. 5.

pouces, à MM. Quoy et Gaimard; mais je trouve dans leurs notes que ces poissons atteignent à neuf pouces. Lesson et Garnot en ont aussi rapporté, et l'un de leurs individus est plus grand; il a quatre pouces et un tiers. Des baleiniers leur avaient donné ces poissons à la Conception du Chili.

Les indigènes de la Nouvelle-Zélande ont désigné ces Galaxies, sous le nom de *Para,* aux compagnons de M. Dumont d'Urville.

La Galaxie de Forster.

(*Galaxias Forsteri,* nob.; *Esox alepidotus,* Forst.)

C'est auprès de ces deux espèces que nous plaçons celle observée par Forster, en 1773, dans les mêmes lieux, et qu'il a nommée *Esox alepidotus.* Nous ne pouvons plus aujourd'hui conserver une épithète qui convient à toutes les espèces du genre.

Celle-ci a le corps semblable aux précédentes. Les nombres des rayons sont à peu près les mêmes. La dorsale est haute, arrondie; l'anale, également ronde, est plus étendue sous la queue, mais moins haute. La caudale a l'extrémité de ses lobes arrondie; la ventrale est assez large et tronquée.

Voici les nombres tirés de Forster :

B. 9 ou 10; D. 11; A. 16; C. 20; P. 14; V. 7.

Dans le texte, le savant voyageur dit que le corps est brun en dessus; mais sur la figure, tirée de la bibliothèque de J. Banks, il est peint en vert rembruni et couvert de taches jaunes onduleuses, imitant des caractères d'écriture.

Il lui donne neuf pouces de longueur; c'est celle de nos truites ordinaires.

On lit dans la description publiée par les ordres de l'Académie royale des sciences de Berlin, et par les soins de M. Lichtenstein[1], que ce poisson·fut pris à l'hameçon dans les lacs d'eau douce de la Nouvelle-Zélande. Sa chair fut trouvée bonne par les matelots de la Résolution, qui appelèrent cette espèce du nom de la truite, sans doute à cause de sa forme et de ses taches.

Forster l'a indiquée plutôt que dénommée zoologiquement dans la narration de son Voyage[2], se réservant sans doute de renvoyer à la description détaillée qu'il en avait prise sur les lieux.

Cette simple indication servit cependant à Gmelin pour établir d'après elle une espèce qu'il ajouta au genre *Esox* de Linné. Il me paraît toutefois probable qu'il confondit la note relative à notre galaxie avec une autre, prise dans le second volume de la relation de Forster. A cet endroit ce célèbre voyageur mentionne une espèce toute différente de celle indiquée dans le premier volume; elle est d'une île fort éloignée, et elle est indiquée par le nom d'*Esox argenteus*. Cette dénomination fut celle adoptée par Gmelin, pour désigner le poisson de la Nouvelle-Zélande; la citation du *Systema naturæ* (Forst., *Iter circa orbem*, vol. Ier, p. 159) répond en effet à notre seule galaxie; il n'y avait là qu'une simple transposition de mots. M. de Lacépède, sans autre guide que Gmelin, introduisit aussi cet *Esox argenteus* dans la liste, réduite d'après ses principes, des espèces de son genre Ésoce. Mais Bloch, qui possédait cependant les descriptions

---

1. J. R. Forster, *Descr. animal. curante* Lichtenstein, p. 142, 1844.
2. *A voyage round the World*, in-4.º Londres, 1777, t. I, p. 159.

originales et détaillées de Forster, fit dans son Système posthume une grave confusion, reconnue et signalée par Schneider pour la plus grande partie; mais sur laquelle il reste encore des éclaircissements à donner.

Voici le peu de mots de Forster au sujet de l'*Esox argenteus*[1] : « Nos pêcheurs furent très-heureux; ils prirent « trois cents livres pesant de mullets et d'autres poissons; « puis il ajoute en note : *particularly a sort common in* « *the West Indies, and there called* Ten pounders (*Esox* « *argenteus n. s.*). » Cette courte indication montre que Forster avait parfaitement reconnu le poisson qu'il signale sous ce nom, en le comparant à une espèce très-voisine des mers des Antilles et des côtes du Brésil, et qui est, ainsi que l'autre, du genre que M. Cuvier a appelé GLOSSODONTE. La description manuscrite de la Galaxie est faite sous le nom fort caractéristique d'*Esox alepidotus*. La figure de la bibliothèque de Banks, dont M. R. Brown a laissé prendre une copie pour notre ouvrage, est désignée sous le même nom. Rien n'est plus clair. Bloch, cependant, reprend la phrase diagnostique de l'*Esox argenteus* de Gmelin, en y ajoutant des épithètes tirées évidemment de la description de Forster; puis il persiste à confondre avec le poisson de la Nouvelle-Zélande, celui décrit à Otaïti; il altère même la description faite sur les lieux par le compagnon de Cook, et pour compléter la confusion, il applique la dénomination vulgaire d'un poisson américain à celui de la Nouvelle-Zélande.

Schneider, en rectifiant une partie des erreurs commises par Bloch, a cru devoir placer l'*Esox argenteus* dans le

---

1. Forster, *loc. cit.*, t. II, p. 282.

genre *Synodus* de l'ichthyologiste de Berlin. Cette association ne faisait qu'ajouter à la mauvaise conception du genre Synode.

La Galaxie maculée.

(*Galaxias maculatus*, nob.; *Mesites maculatus*, Jennyns.)

Nous avons aussi reçu une galaxie des Malouines. Elle ressemble au *G. attenuatus* par son ensemble.

Elle a la dorsale coupée carrément, plus haute que longue; l'anale, plus étendue, est plus basse; la caudale est fourchue.

D. 10; A. 14; etc.

Le corps est couvert de grosses taches brunes sur un fond jaunâtre. Vues à la loupe, on observe que ces taches sont formées de la réunion de petits points pigmentaires.

M. Lesson nous apprend que ce petit poisson a été trouvé sous les galets et dans les touffes de fucus des côtes des Malouines.

L'individu, long de trois pouces et un tiers, a été rapporté par les compagnons de M. le capitaine Duperrey.

M. Jennyns a décrit[1] cette espèce sur un individu pris par M. Darwin dans une mare d'eau douce de la péninsule de Hardy, à la Terre-de-Feu; mais ce voyageur a trouvé ces poissons plus communs dans les eaux douces de la rivière de Santa-Cruz de Patagonie. Il a vu le nombre des rayons de la dorsale varier de douze à dix. Les exemplaires des naturalistes anglais sont un peu plus petits que celui de MM. Lesson et Garnot. Ceux-ci disent

---

1. Jennyns, *Zool. of the voyage of the Bengale fish.*, p. 119, pl. XXII, fig. 4.

positivement avoir trouvé le leur parmi les touffes de
fucus; ce qui doit faire croire que ces petits poissons
peuvent vivre dans les eaux saumâtres, si ce n'est tout-
à-fait dans la mer. La figure de M. Jennyns ne laisse rien
à désirer, tant elle est parfaite.

La GALAXIE ALPINE.

(*Galaxias alpinus, Mesites alpinus,* Jennyns.[1])

Les mêmes naturalistes ont encore fait connaître une
autre espèce de la Terre-de-Feu.

M. Jennyns la décrit comme très-semblable à la précédente, mais

avec les yeux plus grands, et les dents antérieures de la langue
plus fortes.

La couleur, dans l'alcool, paraît être un brun verdâtre, devenant plus foncé sur le dos. Tout le corps est sans taches, avec
un très-fin sablé noirâtre, seulement visible avec le secours de
la loupe. Le ventre paraît avoir été blanc.

D. 10; A. 16; C. 16; P. 13; V. 7.

Cette espèce, prise dans les eaux douces des hauteurs
de la Terre-de-Feu à la péninsule Hardy, est bien certainement distincte de la précédente; mais elle paraît très-
voisine de l'espèce originaire de la Nouvelle-Zélande.
M. Jennyns en a vu deux exemplaires longs de deux
pouces cinq lignes.

---

1. *Loc. cit.*, p. 121.

CHAPITRE III.

Du genre Microstome, *et en particulier du* Microstome argenté (*Microstoma argenteum*, nob.).

Le poisson, sujet du chapitre actuel, avait échappé aux observations des ichthyologistes antérieurs au dix-neuvième siècle. Ses singuliers caractères sont cependant combinés de manière à piquer la curiosité du naturaliste et à rendre fort difficile de trouver la place qu'il faut lui assigner. L'éclat d'argent poli dont il brille et qui résiste à l'action de la lumière, comme à celle de l'alcool, devrait faire penser qu'on n'aurait pas laissé cette espèce dans l'oubli. Mais la manière de vivre de notre poisson explique cette longue omission. Il paraît qu'il vit parmi les bandes innombrables d'anchois, presque aussi brillans que lui, et avec lesquels il reste confondu.

Malgré les nombreuses inexactitudes de la description que M. Risso en publia dans la première édition de l'Ichthyologie de Nice, nous sommes sûrs qu'il a été indiqué dans cet ouvrage sous le nom de *Gasteropelecus microstoma,* ou de Serpe à petite bouche[1]; parce que M. Risso a envoyé au Muséum d'histoire naturelle, vers 1812, un exemplaire de cette espèce étiqueté par lui, et que l'on conserve encore dans le Cabinet du Roi. Ce que cet auteur dit de son museau court et arrondi, de sa nuque plane, de ses lèvres cartilagineuses, très-minces et rétractiles, de sa mâchoire inférieure, plus avancée

---

1. Risso, Ichth. de Nice 1.ʳᵉ édit., 1810, p. 356.

que la supérieure, de la petitesse de sa bouche, de la
grandeur des yeux et de leur iris argenté, convient assez
bien au poisson. On peut encore admettre que la description des dents a été faite d'après l'individu que nous
avons sous les yeux, et nommé, par M. Risso lui-même,
Serpe microstome; mais les écailles minces et argentées
ne sont pas striées et ne tombent pas facilement; elles
sont, au contraire, assez adhérentes; la couleur uniforme
et argentée n'est pas d'un gris bleuâtre tirant sur le noir
à la région dorsale, et d'un argent azuré vers le ventre :
la ligne latérale n'est pas courbe. Notre poisson n'a pas
deux dorsales, quoique M. Risso compte les dix rayons
de la première et les cinq de la seconde. Il me paraît
hors de doute que M. Risso a fait ici, ce qui lui est arrivé
d'ailleurs plusieurs fois. Il a composé la description d'une
espèce avec des particularités observées sur deux poissons
tout-à-fait différens. Je suis d'autant plus porté à croire
à cette confusion que l'auteur donne, comme nom vulgaire
de l'espèce, la dénomination de *Maire d'amplova,* qui
est aussi celle de toutes les autres Scopèles ou Serpes
décrites dans les deux éditions de cet ouvrage.

D'un autre côté je vois reparaître, dans la seconde
édition de l'ichthyologie nicéenne, le nom de *Maire
d'amplova,* comme dénomination vulgaire d'un poisson
voisin des saurus et dont M. Risso fait le genre Macrostome,
l'espèce étant nommée *macrostoma angustidens.* [1]

Dans cette même édition l'auteur met à la suite des
scopèles une seconde division d'abdominaux acanthopté-
rygiens, où il range les Athérines, les Sphyrènes, les Pa-

---

1. Risso, Ichth. de Nice, 2.ᵉ édit., p. 448.

ralepis, et enfin le genre actuel, les Microstomes de Cuvier,
et l'espèce dont nous nous occupons, sous le nom de
Microstome arrondie (*Microstoma rotundata*), et sous
lequel il cite en synonymie la première édition, page 356,
c'est-à-dire, son *Gasteropelecus microstoma*, et le Règne
animal, première édition, page 184. Cette seconde citation
ne laisse donc plus de doute sur la détermination que
nous venons de faire de la Serpe microstome de la première édition. Cependant le nom vulgaire de l'espèce est
changé en celui de *Yassou*. Mais, de plus, ce que M. Risso
a fait dans cette seconde édition m'est entièrement inex-
plicable, après ces deux citations. En effet, la caractéristique du genre signale une première dorsale située un
peu en arrière des ventrales, et il ne parle plus de la
seconde nageoire du dos; plus bas il ajoute : « les nageoires
dorsales sont transparentes », et trois lignes au-dessous,
« 1.re *n. d.,* dix rayons, 2.e peu visible. » Comment cette
fois n'a-t-il pas pu compter les cinq rayons de cette nageoire, si bien indiqués dans la première édition? D'ailleurs, comment concilier cette remarque d'une nageoire
peu visible avec la figure n.° 36 de cet ouvrage? Le dessin
représente un poisson qui aurait une seconde nageoire
adipeuse sans rayons apparens, haute de deux lignes, large
d'une ligne, et beaucoup plus visible que celle de beaucoup de saurus. Cette figure est une des plus mauvaises
de cet ouvrage. La tête a été faite très-probablement
d'après celle du *microstoma;* mais la dorsale est insérée
au-dessus, et même un peu en avant des ventrales; les
écailles sont épaisses, imbriquées, striées longitudinalement; elles ne ressemblent en rien à celles du microstome.
On dirait que l'auteur a mis la tête d'un individu de ce
genre sur un corps de quelque saurus.

Après avoir donné dans les remarques quelques détails
de mœurs, M. Risso termine par cette réflexion : « Ce
« poisson est assez rare : c'est dans cette famille qu'il doit
« être placé, et non dans celle des ésoces. » Il aurait bien
dû donner les motifs de sa détermination, et nous démontrer comment un poisson à une seule dorsale, dont
tous les rayons sont articulés, le canal intestinal simple
et sans cœcum, peut être associé aux percoïdes, dont il
le rapproche, ou même aux athérines.

M. le prince de Canino n'a cité notre poisson que
d'après M. Risso, ou plutôt d'après M. Cuvier, dont il
suit tout-à-fait la méthode pour la composition fautive
de la famille des ésoces. Il remarque la ressemblance
extérieure du microstome avec les athérines, en observant
que les intestins sont ceux des brochets. Il n'en dit pas
davantage, et je crois qu'il a évité par ce silence d'ajouter
une confusion de plus aux précédentes; car il cite pour
espèce unique le *Microstoma angustidens* de Risso,
c'est-à-dire, qu'il associe à l'espèce du genre Microstome
le nom du poisson dont M. Risso a fait le genre Macrostome.

M. Müller ne se prononce pas sur le genre, sujet de
ce chapitre; mais il laisse croire, d'après le peu de mots
qu'il en dit, que le poisson du Muséum, que je lui ai
laissé examiner, ne serait pas du genre Microstome de
Risso, tandis que c'est exactement le même poisson.

Après ces observations préliminaires je passe à la description de l'espèce qui a servi de véritable type au genre
établi par M. Cuvier[1] :

---

1. Règne animal, 1.ʳᵉ édit., 1817.

Le corps est arrondi, la hauteur l'emporte peu sur l'épaisseur; elle est contenue dix fois dans la longueur totale. La tête a la partie supérieure élargie et un peu sillonnée; les côtés élevés, le dessous très-étroit, et le museau petit et arrondi. L'œil est très-grand : son diamètre horizontal est un peu plus long que le vertical. Il est compris deux fois et demie dans la longueur de la tête, qui est elle-même contenue cinq fois et un tiers dans la longueur totale. Le sous-orbitaire est très-mince et composé de trois pièces. La première forme un grand arc, étendu depuis le bord antérieur du maxillaire, qu'il recouvre, jusqu'au bord du préopercule, entièrement caché aussi par cet os. La seconde et la troisième pièce, mince et assez large pour cacher aussi l'espace préoperculaire, complètent le bord de l'orbite. On ne voit donc d'abord de l'appareil operculaire que l'opercule et le sous-opercule. Le premier est triangulaire, arrondi vers l'angle, sillonné de très-fines stries longitudinales et à peu près du tiers de la longueur de la tête. Le sous-opercule est petit, étroit et en segmens d'arcs triangulaires, pointu sous l'angle de l'opercule, qui agrandit le couvercle de la branchie. En soulevant le sous-orbitaire, on voit que la branche antérieure du préopercule a son bord un peu caverneux, et qu'elle est longue à cause de la brièveté de la mâchoire inférieure. Les ouïes sont assez bien fendues; la membrane est soutenue par quatre rayons : je les ai comptés avec le plus grand soin sur plusieurs individus. Celui qui touche l'opercule est assez long, élargi, terminé en lame de sabre très-pointue; on le confondrait facilement par sa forme avec le sous-opercule, mais l'insertion fera toujours distinguer le premier de ces deux os. Le second rayon a la même forme; le troisième et le quatrième sont élargis à l'extrémité et ressemblent à de petites palettes.

La bouche est très-petite; l'arcade supérieure est formée par de petits intermaxillaires sans dents et par des maxillaires également édentés, élargis en petites lamelles arrondies sur les côtés, rentrans sous le sous-orbitaire, et dont le bord antérieur contribue sans aucun doute à former le bord de la mâchoire supérieure.

La mâchoire inférieure semble dépasser un peu la supérieure. Ses branches, très-courtes, sont hautes et bordées de petites dents coniques serrées, adhérentes à l'os, et formant une sorte de petite scie. Le vomer s'avance jusque sur le bord de la mâchoire, et si près d'elle, que dans les mouvemens de cet os il paraît former le bord de la bouche. Son extrémité est arquée et hérissée de petites dents courtes, coniques, recourbées et pointues.

Les palatins n'ont aucunes dents; je n'en vois pas non plus sur les pharyngiens, mais les râtelières des branchies sont longues et acérées. La langue, adhérente entre les branches de la mâchoire, est si courte qu'on ne la voit qu'avec attention.

La dorsale n'est pas opposée à l'anale, mais elle est insérée un peu en arrière des ventrales et sur le troisième tiers de la longueur du corps, la caudale non comprise. On voit donc qu'elle est assez reculée : elle est haute de l'avant, basse de l'arrière; les deux premiers rayons simples, les autres fourchus. L'anale est petite, basse; la caudale est fourchue; la pectorale est étroite, alongée; les ventrales sont moins longues et plus arrondies.

B. 4; D. 11; A. 8; C. 23¾; P. 8; V. 10.

Les écailles sont si minces qu'elles n'ont l'aspect que de simples membranes. Je crois qu'il y en a une quarantaine dans la longueur et quatre à cinq dans la hauteur. Elles sont donc assez grandes : celles de la ligne latérale, qui est droite, sont plus épaisses et plus visibles.

Sous cette pellicule d'écailles membraneuses est un pigment dense et épais, brillant sur tout le corps de l'argent le plus beau. Les nageoires, transparentes, ont une teinte jaunâtre.

Les intestins forment un canal simple d'épaisseur presque égale dans toute sa longueur. Il descend d'abord jusques au-delà de la moitié de la longueur de l'abdomen; il remonte sous le diaphragme, se replie pour se rendre droit à l'anus. La vessie aérienne, longue et argentée, occupe toute la longueur de la cavité abdominale. Les reins sont gros et aussi longs que la vessie aérienne. Le foie est divisé en deux lobes; le péritoine est brun, assez foncé.

Nos individus ont sept pouces de longueur.

Outre celui que nous tenons de M. Risso et qui vient des mers de Nice, nous en avons reçu de ce même endroit par M. Laurillard; un autre, très-bel exemplaire, originaire de Sardaigne, a été envoyé par feu M. Bonelli, professeur de zoologie à Turin. M. Bibron a trouvé l'espèce à Messine, et M. Benoist en a donné dernièrement un autre individu, qui vient également de la Sicile.

Malgré la présence de ce brillant poisson dans ces mers, M. Rafinesque n'en parle pas.

Tel est le poisson qui a servi à M. Cuvier pour fonder le genre Microstome. Il s'est trompé sur le nombre des rayons de la membrane branchiostège, qu'il ne porte qu'à trois, tandis qu'il y en a quatre. Il est inutile de dire que cette erreur a été copiée par ceux qui n'ont fait que citer d'après le livre, sans recourir à l'observation de la nature.

Le microstome a certainement la dorsale unique moins reculée que les brochets; je crois cependant qu'il faut le laisser à côté des galaxies, à cause de la forme de la bouche, les maxillaires contribuant à former, pour une petite partie, il est vrai, le bord de son ouverture. C'est un de ces êtres mixtes, difficiles à placer, mais qui va mieux dans cette famille que dans toute autre, et pour lequel on ne peut faire une famille à part; car elle n'aurait pour diagnose que les caractères génériques de ce poisson.

CHAPITRE IV.

Du genre Stomias.

Voilà encore un poisson fort curieux, dont la découverte est due aux recherches de M. Risso; mais il l'a aussi mal fait connaître que le précédent. Pour être bien certain des rapprochemens que je vais faire, il a fallu avoir sous les yeux l'individu envoyé au Cabinet du Roi par M. Risso lui-même, et la facilité de le comparer à d'autres exemplaires du même port, déposés dans le Muséum par plusieurs naturalistes. Il rangea[1] d'abord cette espèce dans le genre Esox à la suite de l'orphie (*Esox Belone*, Linn.); mais dans un second sous-genre, auquel cette orphie n'appartenait pas, parce que le nouveau poisson aurait eu la caudale arrondie : c'est une première faute, car la caudale est fourchue. Cette inexactitude est loin d'être la plus importante. Le poisson reçut alors le nom d'*Esox Boa*. Il est assez justifié par la forme des dents, qui rappellent, en effet, un peu celles des serpens. D'ailleurs M. Risso a beaucoup exagéré cette ressemblance, quand il a dit que l'on pourrait croire, en voyant ce poisson, à un composé artificiel, formé d'une tête de reptile mise sur le corps d'un brochet. Toute la structure de la tête est celle d'un poisson et non pas d'un ophidien. Mais M. Risso a commis une très-grave omission, en ne décrivant pas le très-long barbillon attaché sous l'extrémité de

---

1. Risso, Ichthyol. de Nice, 1.ʳᵉ édit., 1810, p. 331, pl. X, fig. 34.

l'os lingual, et qui est conservé sur l'individu du Cabinet du Roi, donné par M. Risso. Il dit à tort que la langue est lisse, que la dorsale est falciforme. La figure, jointe à cette description, est médiocre, mais cependant reconnaissable. C'est en étudiant ce même exemplaire que M. Cuvier a établi le genre *Stomias.*

Cet illustre zoologiste a parfaitement saisi les caractères de ce singulier poisson; il a reconnu les dents linguales que M. Risso lui avait refusé; mais il a complétement oublié, comme son prédécesseur, le très-long barbillon. J'ai peine à m'expliquer cet oubli; car M. Cuvier a dessiné lui-même la tête du stomias avec les branches de la mâchoire inférieure écartées, pour voir la forme remarquable des dents.

M. Risso a repris le genre Stomias pour la seconde édition[1] de son Ichthyologie, en ne corrigeant point dans son texte les erreurs de la première édition, et en donnant une nouvelle figure du poisson, mais beaucoup plus défectueuse que la première; car la forme de la tête, celle des dents, des nageoires dorsale et anale, sont tout-à-fait inexactes; le corps paraît couvert de larges écailles imbriquées à la manière des autres poissons, et quoiqu'il ait cette fois représenté la caudale fourchue, son contour est entièrement imaginaire : il a d'ailleurs oublié encore le barbillon. Cette seconde édition de l'ouvrage de M. Risso est de 1827.

Au mois de Novembre de cette même année, ce zélé zoologiste envoyait à M. Cuvier un dessin ou croquis colorié d'un stomias, sur lequel le barbillon était alors observé et

---

1. Risso, Ichth. de Nice, 2.ᵉ édit., pl. III, p. 440, fig. 40.

représenté avec exactitude, jusque dans les détails des filamens de l'extrémité. Je vois dans cette lettre, conservée avec soin par M. Cuvier, que l'auteur de l'Ichthyologie de Nice croyait toujours à l'absence du barbillon chez le *Stomias Boa*, qu'il caractérise par cette expression, *mandibula imberbi,* opposée au caractère *mandibula barbata* d'un nouveau Stomias. Cette correspondance explique comment M. Cuvier, persistant aussi dans la croyance que le *Stomias Boa* manque de cirrhe sublingual, a nommé, dans la seconde édition du Règne animal, un *Stomias barbatus,* espèce purement nominale, et mal caractérisée, puisque le barbillon n'est pas attaché sous la symphyse de la mâchoire inférieure. On voit aussi par là comment M. Cuvier, si religieux à rendre à chacun le fruit de ses œuvres, attribue à M. Risso la découverte des deux poissons. D'ailleurs, pour éviter toute espèce de doute, je ne dois pas omettre d'ajouter que M. Risso a aussi envoyé ce dernier poisson au Cabinet du Roi, et il est facile de se convaincre de l'identité spécifique de celui-ci, et de celui communiqué en 1812.

Après ces deux auteurs, je ne trouve le second *Stomias* mentionné que dans la Faune d'Italie; mais ce *Stomias barbatus* est-il bien le même que celui de M. Risso? Je le crois; M. le prince de Canino aurait alors décrit et figuré un individu en mauvais état de conservation. On sait, en effet, qu'il est rare de trouver entiers ces poissons délicats, puisque cet habile zoologiste assure qu'ils vivent dans des grandes profondeurs, dont ils ne sortent qu'à la suite des tempêtes, qui les rejettent sur la plage, avec les Scopèles et les autres salmonoïdes voisins de ceux-ci. Je dois croire à l'identité spécifique des poissons des deux auteurs ita-

liens, parce que je suis redevable à l'extrême obligeance
de M. le prince Charles Bonaparte de deux exemplaires
siciliens de *Stomias barbatus*. Ils sont nommés par lui,
et ils ont tous les deux les ventrales alongées, et la dorsale
soutenue par dix-huit rayons, comme les stomias de Nice.
Les autres nageoires ont les mêmes nombres de rayons;
ainsi il est bien certain que les deux poissons de Messine
sont de la même espèce que ceux de M. Risso.

Après ces observations, je vais donner une description
détaillée de ce curieux poisson.

Il a le corps alongé, étroit et comprimé; sa hauteur est comprise
onze fois et demie ou douze fois dans la longueur totale. L'épaisseur
n'est guère que le cinquième de la hauteur. La longueur de la tête
est huit fois dans celle du poisson. La mâchoire inférieure ajoute
à cette longueur, parce qu'elle dépasse beaucoup la supérieure;
car la distance du bout du museau, prise aux intermaxillaires
jusqu'à la nuque, ne fait guère que la moitié de la première mesure
de la tête. L'œil, de grandeur moyenne, n'est pas éloigné de l'extrémité de la mâchoire supérieure d'une fois son diamètre. Il y a
un peu plus de deux diamètres en arrière.

Le sous-orbitaire est très-mince et excessivement petit; presque
toute la partie mobile de la joue est ici formée par le préopercule,
dont le bord et le limbe forment une carène arquée, qui descend
jusqu'au bas de l'angle de la mâchoire inférieure. L'opercule et le
sous-opercule confondus, sont réduits à une très-étroite lamelle
recouvrant une fente branchiale très-large. La bouche est aussi
très-ouverte; les intermaxillaires bordent le devant de la mâchoire
supérieure : ils sont longs, grêles, très-étroits et cachés en partie
sous les maxillaires. Ceux-ci les dépassent d'environ le quart postérieur de leur longueur, de sorte que les deux os de la mâchoire
concourent à former le bord de la mâchoire supérieure. La gueule
est formée sur le plan de celle des brochets. Les pédicules des
intermaxillaires sont courts; la bouche s'agrandit plus par l'écar-

tement de l'extrémité des os et par la mobilité de la mâchoire inférieure, que par la protractilité des intermaxillaires.

Ces os portent peu de dents, qui sont coniques, aiguës, courbées et tout-à-fait comparables à celles des serpents. Il y a deux grandes moyennes, et sur le bord de l'os, distantes l'une de l'autre, trois autres : une petite, une plus forte, mais moins que les mitoyennes, et enfin une quatrième, plus petite que la troisième, mais plus grande que la seconde. Le maxillaire est bordé de très-fines dentelures à partir du point où il se croise avec l'intermaxillaire. La mâchoire inférieure est courbée et saillante au-devant de la supérieure : elle se porte en arrière jusque sous l'aplomb de la ligne des branchies. Elle a six à sept dents de chaque côté, une mitoyenne forte, puis une seconde plus longue que la précédente, suivie d'une autre petite ; la quatrième redevient aussi longue que la première ; les suivantes sont petites. Elles ressemblent par leur éloignement et par leur forme à celles d'en haut.

Il y a encore d'autres petites dents crochues qui paraissent derrière celles que nous venons d'indiquer à la mâchoire supérieure, surtout entre les grands crochets du milieu ; puis je trouve deux crochets sur le chevron du vomer, et sur le devant de chaque palatin deux dents pointues.

La langue porte aussi sept à huit dents, et enfin les râtelières des branchies deviennent ici des crochets écartés semblables à toutes ces dents.

Les ouïes sont très-largement fendues ; la membrane branchiostège est soutenue par dix-sept petits rayons ; sous l'extrémité antérieure de l'os lingual pend un barbillon charnu, arrondi, et qui, dans l'état de contraction causé par l'alcool, est compris huit à neuf fois dans la longueur totale. Il est terminé par trois petits filamens charnus et coniques.

La ceinture humérale est très-étroite ; au-dessus de l'insertion de la pectorale elle s'élargit un peu. Cette nageoire est étroite et un peu moins longue que le corps n'est haut. Les ventrales sont attachées au second tiers du corps : elles sont étroites, très-effilées, presque deux fois aussi longues que la pectorale. La dorsale commence au dernier cinquième de la longueur totale. L'étendue de sa base est un peu moindre que la hauteur du tronc : elle répond à la longueur de la pectorale. Elle est double de la hauteur des plus longs rayons, qui sont tous assez roides, un peu courbés en arrière. Ils se séparent aisément sur leur longueur dans les deux branches dont se compose tout rayon. L'anale répond, par sa forme et par son insertion, à la dorsale : elle est seulement un peu plus longue, parce qu'elle commence un peu avant et finit un peu après cette nageoire. Elle n'a cependant que le même nombre de rayons, mais ils sont plus écartés. Après ces deux nageoires commence le tronçon de la queue, qui est très-étroite : elle a moins du quart de la hauteur. La caudale est fourchue, mais à lobes courts et étroits.

B. 17; D. 18¹; A. 19; C. 29; P. 6; V. 5.

Les écailles sont encore beaucoup plus minces, plus réduites à l'état de membrane que dans le microstome. C'est à peine si elles se touchent, de sorte qu'elles ne présentent plus ici cet aspect imbriqué des autres poissons. Ce sont plutôt des compartimens hexagonaux à peu près réguliers, disposés en rangées obliques sur cinq à six dans la hauteur du tronc, et dont on compte soixante-douze dans la longueur entre l'ouïe et la caudale. Je ne vois pas de ligne latérale; la couleur est un bleu noirâtre, très-foncé sur le dos et sur le ventre, mais plus clair sur les flancs, à cause de l'argenté dont brillent les hexagones des côtes. Le long du ventre il y a de chaque côté de sa carène, depuis l'attache du barbillon jusqu'à la caudale, deux rangées de points métalliques brillans et argentés à reflets dorés. Un très-petit point de même couleur existe sur la membrane branchiostège entre chaque rayon. Les nageoires sont blanches, avec un très-fin sable noir sur les rayons seulement. Enfin les barbillons, en couleur de chair, devenant rose plus vif à son extrémité dilatée; les filamens sont pointillés de noir.

---

1. Sur l'individu de M. Cuvier la dorsale est mutilée; il lui reste cependant treize rayons, et on peut facilement voir la place des cinq autres sur les interépineux qui les portaient; mais je les ai comptés sur le second individu, donné par M. Coste, qui a sa nageoire bien entière.

La splanchnologie du stomias est très-curieuse.

A l'ouverture de l'abdomen on trouve un foie très-petit, avec une vésicule du fiel étroite, mais assez longue. Le canal alimentaire est un large sac à parois très-minces, comme transparentes, étendu du pharynx à l'anus sans faire aucun repli; rien ne marque l'estomac et l'intestin. Il n'y a plus ici de séparations. On conçoit comment ce poisson, de petite taille, peut cependant avaler une sardine tout entière, à cause de la largeur de sa gueule, de ses dents crochues qui la retiennent, et du grand sac où elle va être engloutie. Les ovaires forment deux très-longs sacs étroits. Le péritoine, qui revêt cette partie de l'abdomen, est du noir velouté le plus intense. En soulevant cette membrane, on découvre une vessie aérienne étroite, mais aussi longue que l'abdomen.

L'individu envoyé de Nice, en 1812, par M. Risso, est durci par un séjour prolongé dans un alcool trop concentré. Il est long de six pouces quatre lignes, et la longueur de la portion de barbillon restante est de cinq lignes. Un second exemplaire a été rapporté du même endroit en 1823 par M. Savigny : il a été étiqueté par M. Risso *Stomias boa.* Il est long de six pouces dix lignes, et le barbillon a neuf lignes de longueur. Le troisième exemplaire a été envoyé par M. Risso, comme son *stomias barbatus.* Il est long de huit pouces, et son barbillon a treize lignes de longueur.

Cet individu avait avalé une sardine, que l'on voit encore tout entière par les déchirures des parois abdominales; son ventre est très-distendu, et comme les ventrales sont cassées près de leur attache, l'individu ressemble beaucoup à la figure de la Faune italienne. Enfin, nous avons eu encore sous les yeux des exemplaires longs de dix pouces et six ou dix lignes, rapportés de Nice par MM. Laurillard et Coste, et envoyés d'Italie par M. le prince de Canino.

C'est donc par la comparaison de sept exemplaires de différentes tailles et dans diverses conditions de préservation que nous avons écrit cette description et cette discussion sur un poisson rare, curieux, et qui a été jusqu'à présent fort incomplétement décrit et connu.

Je vois l'espèce, nommée dans la première édition de Risso, *Masca dei amploa,* et dans la seconde, *Vipera de mar.* Au nom presque semblable de *Vipera di mare,* M. le prince de Canino ajoute celui de *Pisci diavulu.*

Les pécheurs siciliens redoutent les stomias, et les accusent même d'être venimeux; ce qui n'est très-probablement qu'une erreur causée par la peur et par l'ignorance.

Le Stomias de Field.

(*Stomias Fieldii,* nob.)

Lorsque les voyageurs naturalistes continueront à explorer l'Atlantique, ils trouveront dans cet immense bassin des stomias. M. Cuvier a reçu du docteur Mitchill de New-York le dessin d'un petit poisson long de vingt lignes,

qui a le corps très-aminci de l'arrière, la tête très-grosse, la gueule très-grande, de très-fortes dents pointues et crochues aux deux mâchoires, la peau nue, les pectorales et les ventrales longues et étroites, la caudale arrondie, la dorsale basse, deux fois plus longue que l'anale, qui est un peu plus reculée que la nageoire du dos; un long barbillon pend sous la gorge.

D'ailleurs, la description de Mitchill n'est pas très-complète. Il prétend n'avoir vu qu'un seul rayon branchiostège, pas de dents sur la langue ni sur le palais. Ces caractères ne me paraissent pas probables ; mais s'ils étaient exacts, ce poisson serait d'un genre différent des stomias. Il a été envoyé sous le nom d'*Esox cirrhatus*. On le conserve au Musée de New-York sous cette dénomination. Il a été pris par le capitaine Field pendant sa traversée de Mogador à New-York, en Mai 1819.

CHAPITRE V.

Des PANCHAS (*Panchax*).

Je désignerai par ce nom générique, emprunté à
Hamilton Buchanan, un genre de petits poissons de
l'Inde que quelques naturalistes pourront bien me reprocher de mettre dans cette famille. En voici d'abord
la raison : c'est que le maxillaire est rejeté derrière la
branche descendante de l'intermaxillaire, de manière à
ne toucher au bord de la bouche que par son extrémité
inférieure; aussi, quand j'ai d'abord examiné ces petits
poissons, ai-je cru qu'ils devaient prendre place auprès
des fundules et des cyprinodons; mais, comme je crois
qu'ils ont des dents au palais, j'ai pensé mieux faire en les
plaçant à la suite des brochets : ils en ont d'ailleurs le
museau élargi et déprimé, les ouïes fendues, la dorsale
petite et reculée au-delà de l'anale sur le dos de la queue.

Hamilton Buchanan a fait connaître une de ces espèces
des étangs du Bengale sous le nom d'*Esox panchax* :
nous en avons reçu une autre espèce des marais de
Bombay. J'ai lieu de croire que le genre habite aussi à
Java. Je le conclus de l'examen des dessins envoyés par
MM. Kuhl et Van Hasselt. L'une de ces espèces tient de
très-près à celles du continent indien. Il y a aussi dans
les eaux de cette grande île une autre espèce, voisine des
deux précédentes. Celle-ci a la dorsale plus avancée que
les autres, l'anale plus longue; elle pourra bien devenir le
type d'un autre genre.

Le PANCHA RAYÉ.

(*Panchax lineatum*, nob.)

Je commencerai par décrire l'espèce que j'ai examinée
sur nature. Le Muséum en possède quatre individus de
petite taille, mais assez bien conservés. Sa forme générale
ressemble beaucoup à celle du poisson de Java; mais
celui-ci ne paraît pas avoir le rayon de la ventrale prolongé en filet; les bandes longitudinales n'y sont pas ex-
primées.

Voici d'ailleurs la description de ce petit poisson:

Il a le museau mince et déprimé tout-à-fait en cône. La longueur de la tête est le quart de celle du corps entier; l'œil est
assez gros; son diamètre est trois fois et demie dans la longueur
de la tête; sa distance du bout du museau au bord de l'orbite
surpasse ce diamètre d'un quart; le préopercule descend droit,
peu en arrière de l'œil, s'élargit vers son angle arrondi, et touche
presque sous l'isthme à celui du côté opposé, de sorte que le
bord inférieur s'écarte en avant de celui du côté opposé pour
rejoindre la branche horizontale de la mâchoire inférieure, qui
est élargie comme la supérieure. Cet élargissement résulte de
l'aplatissement des branches des intermaxillaires au-devant des
pédicules de ces os. Ces pédicules sont assez longs, ce qui rend
la mâchoire protractile. Vers l'angle de la mâchoire les branches
se courbent brusquement, pour descendre vers l'angle de la bouche
le long des maxillaires. Ceux-ci, grêles et étroits, contribuent pour
bien peu à former le bord de la bouche. Les deux mâchoires sont
garnies d'une bande étroite de petites dents, dont les extérieures
saillent autour de l'os, et semblent un rang de cils, tant elles sont
fines. Les ouïes sont très-fendues; je leur compte cinq rayons. La
pectorale est arrondie et dépasse l'insertion de la ventrale. Celle-ci
a le second rayon externe prolongé en fil; la dorsale est reculée

sur le quatrième cinquième du dos; l'anale est étendue, et son troisième avant-dernier rayon répond au premier de la dorsale : la caudale est arrondie.

B. 5; D. 8; A. 17; C. 19; P. 14; V. 5.

La ligne latérale me paraît très-courte; je compte trente à trente-deux rangées d'écailles sur le côté. La tête et les opercules sont écailleux, comme le reste du corps. Le corps est d'une couleur verte, comme nos perches ou nos ables, et à partir de la ventrale, deux lignes noires descendent du milieu du corps jusque sous le ventre, et forment des demi-ceintures sur cette partie postérieure du tronc. Les dernières bandes traversent quelquefois tout le tronçon de la queue. Les nageoires sont piquetées de noir.

Les poissons restent petits : nos plus grands individus ont deux pouces. Ils ont été pris aux environs de Bombay par M. Dussumier et par M. Polydore Roux.

Le PANCHA DE BUCHANAN.

(*Panchax Buchanani*, nob.)

M. Buchanan a décrit, sous le nom d'*Esox panchax*, un petit poisson représenté pl. III, fig. 60 de son ouvrage. Il est évidemment du même genre que le précédent.

Il a la tête courte, obtuse, demi-ovale, couverte d'écailles; la bouche large, étendue en travers les mâchoires arrondies, presque égale; les lèvres très-minces, à peine existantes; des dents crochues, assez grandes pour la taille du poisson; les opercules écailleux; le dos large; le ventre comprimé; point de ligne latérale visible; des écailles assez grandes, rudes et adhérentes; la dorsale reculée sur l'arrière de l'anale, arrondie; l'anale longue; la caudale arrondie, les ventrales petites, les pectorales au milieu de la hauteur du côté aussi longue que la tête.

Voici les nombres comptés par M. Buchanan; je crois qu'il a oublié un des rayons branchiostèges.

B. 4; D. 6; A. 14; C. 16; P. 16; V. 6.

Sa couleur est vert foncé en-dessus, blanche en-dessous; une tache argentée est sur le dessus de la tête, une autre au devant de la dorsale, qui porte sur la base de ses rayons un point noir : la caudale est bordée de cette même teinte.

Ce petit poisson se nomme *Pangchak* chez les Bengalis. Il est très-commun dans les étangs et les marais du Bengale, et ne dépasse pas deux pouces. Il vit très-long temps hors de l'eau.

Le PANCHA DE KUHL.

(*Panchax Kuhlii*, nob.)

Je trouve dans les dessins de Kuhl et Van Hasselt la figure d'un petit poisson évidemment très-voisin de ceux-ci :

Il a les mêmes formes, la dorsale placée de même; la caudale, ovoïde, paraît plus longue, la dorsale un peu plus pointue, l'anale plus étendue et plus haute de l'arrière; les dents sont assez fortes.

D. 8; A. 16; C. 25; P. 9; V. 6.

Les ventrales n'ont pas de rayon prolongé en filet.

Ces naturalistes disent qu'ils ont trouvé ce poisson dans les étangs auprès de Batavia. Il est long de deux pouces.

Le PANCHA PEINT.

(*Panchax pictum*, nob.)

Une autre espèce, due aux observations des mêmes voyageurs, a

le corps comprimé, la bouche plus petite et moins déprimée; la dorsale haute, étroite, répondant aux premiers rayons de l'anale, et dépassant la hauteur du tronc mesuré sous la nageoire : elle est au milieu de la longueur totale du corps, mais en arrière des ventrales. Celles-ci sont assez avancées pour être insérées sous l'attache des pectorales. Ces nageoires, d'ailleurs pédonculées, sont un peu rejetées en arrière. L'anale est étendue sous toute la longueur de l'abdomen; elle finit tout auprès de la caudale, sans se confondre avec celle-ci. Cette nageoire est plus haute de l'arrière que de l'avant; la caudale est arrondie. Le premier rayon des ventrales est alongé en filet.

D. 9; A. 20; C. 17; P. 8; V. 6.

Les écailles sont assez fortes. La couleur est un roux brillant et jaunâtre sur le dos, rosé sous le ventre: les joues sont orangées. Deux grandes taches brunes, l'une sous la dorsale, l'autre plus avancée, se dessinent sur le dos. Une bandelette noire est tirée de l'œil à la caudale : il y a, de plus, une ligne assez foncée au-dessous, et une troisième, mais effacée, au-dessus. Les nageoires sont roses, la dorsale pointillée de noir, la caudale et l'anale bordées de cette couleur.

Ce petit poisson, long de deux pouces, est nommé par les Javanais *Sading-Vetang*. Il vient des environs de Buitenzorg.

CHAPITRE VI.

Des Vandellies (*Vandellia,* nob.), et en particulier du *Vandellia cirrhosa,* nob.

Je crois qu'il faut placer dans le voisinage de ces genres un très-singulier poisson, qui est probablement originaire d'Amérique. Le Cabinet du Roi n'en possède que trois exemplaires; encore ne sont-ils pas très-bien conservés : cependant on peut encore reconnaître et décrire les caractères remarquables qu'ils portent, et qui semblent empruntés aux Callyonymes, aux Cobitis et aux espèces de la famille des Ésoces.

Ce petit poisson a le corps alongé, arrondi, aminci sur le devant, à cause de la dépression de la tête et du museau; et sur l'arrière du corps il est comprimé. La plus grande hauteur, égale à la longueur de la tête, est le dixième de la longueur totale. La tête a le museau aplati, proéminent, la nuque un peu soutenue. La largeur de celle-ci est à peu près double de la hauteur, et égale à sa longueur; le dessous est aplati, de sorte que la figure générale est à peu près triangulaire. La bouche est petite et tout-à-fait en-dessous; la mâchoire inférieure est échancrée dans le milieu, arrondie et soutenue sur les côtés. Les lèvres sont assez épaisses. A l'angle de la bouche il y a un barbillon charnu. Je ne crois pas qu'il y ait de dents aux mâchoires, mais sur le chevron du vomer, qui avance, comme dans le microstome, jusqu'au bord des intermaxillaires, il y a un petit groupe de cinq dents pointues et en crochets, dont la mitoyenne est la plus longue; puis viennent les deux latérales, un peu plus courtes, et enfin l'externe, qui est la plus petite. L'œil est très-petit, et répond au devant de la bouche. Les ouïes sont très-peu fendues, et en-dessous. Aux deux tiers de la longueur de la joue on voit le bord du préopercule, ou plutôt son angle, qui est armé d'épines, au nombre de six à huit, assez fortes, recourbées en dessous : je n'ai pas pu compter les rayons de la membrane branchiostège. Les pectorales sont aussi comme attachées en dessous, et s'écartent sur les côtés de la poitrine, quand elles ouvrent l'éventail de leurs rayons, à la manière des nageoires des callyonymes. Les ventrales, extrêmement petites, sont rejetées au dernier tiers du tronc ; la dorsale est trapézoïdale et plus reculée que les ventrales. L'anale répond aux derniers rayons de la dorsale ; la caudale est petite et tronquée.

D. 8; A. 10; C. 24; P. 8; V. 6.

Je ne vois aucune trace d'écailles sur la peau, qui est mouchetée, et ressemble tout-à-fait à celle de notre loche franche.

La longueur de nos exemplaires est de deux pouces neuf lignes.

Je sais que cette description est incomplète, mais telle qu'elle est, on y trouve la preuve que ce poisson ne rentre dans aucun des genres connus. Sa dorsale, plus avancée que l'anale, est cependant plus en arrière que les ventrales. Comme elle est très-reculée sur le dos, je me suis déterminé à placer les Vandellies provisoirement à la suite de mes lucioïdes incertains.

Ces petits poissons avaient été envoyés, il y a fort long-temps, à M. de Lacépède par M. Vandelli, professeur d'histoire naturelle à Lisbonne, en 1808. Ils étaient mêlés aux loricaires et aux hypostomes, dont nous avons parlé en traitant des siluroïdes.

CHAPITRE VII.

Des ORPHIES (*Belone*, Cuv.)

Les nombreuses espèces qui sont aujourd'hui réunies
dans le genre Orphie (*Belone*), ont toutes été confondues
par les naturalistes antérieurs à M. Cuvier en une seule,
qui avait reçu dans les catalogues systématiques le nom
d'*Esox Belone*. Si ces ichthyologistes avaient cependant
comparé entre elles les différentes citations qu'ils mettaient
à la suite l'une de l'autre comme synonymie d'un même
être, ils auraient dû être frappés des différences nombreuses et générales que présentent les figures ou les
détails de descriptions que leur avaient laissés leurs devanciers. Ces différences auraient paru bien plus grandes
encore, s'ils avaient comparé entre eux les individus de
pays différens, ou si même, sans quitter les côtes d'Europe,
ils avaient étudié avec détail les différens traits de l'organisation de ces animaux. Pour nous qui avons le bonheur
d'avoir à notre disposition la plus riche collection ichthyologique du monde, nous avons reconnu un nombre
considérable d'espèces nouvelles, et la plupart de celles
que nos prédécesseurs avaient prises dans les livres pour
les confondre ensemble.

C'est à M. Cuvier que l'on doit l'établissement de ce
genre dès la première édition du Règne animal : il l'a
parfaitement caractérisé en reconnaissant que les intermaxillaires forment tout le bord de la mâchoire supérieure,
qui se prolonge, ainsi que l'inférieure, en un long museau;
que l'une et l'autre est garnie de petites dents. Pour être
plus exact, il faut ajouter, que ces dents sont sur une

bande plus ou moins étroite aux deux mâchoires; que
celles du bord interne sont écartées, coniques, plus longues
que les autres, terminées en pointe acérée, et que le reste
de la bandelette n'est plus composé que d'âpretés étendues
le plus souvent sur la face externe de la branche de la
mâchoire inférieure. Ces âpretés sont toujours visibles,
parce qu'il n'y a pas de lèvres; un seul appendice mou
et charnu, qui termine l'extrémité de la symphyse, est
le représentant de ces organes. Les dents coniques de la
mâchoire supérieure se cachent entre les branches de
l'inférieure quand la bouche est fermée; celles d'en bas
se placent de chaque côté du bec et restent visibles.
D'après l'observation que j'ai faite sur l'espèce de nos
côtes, dont le vomer est hérissé de petites dents, l'on ne
peut plus dire avec M. Cuvier, dans la diagnose générale
de ce genre, que leur bouche n'a point d'autres dents. Je
dois cependant faire tout de suite remarquer que toutes
les autres espèces ont le palais lisse : les dents pharyngiennes sont disposées sur deux petites plaques sur le
haut de l'œsophage; elles sont pointues et plus aiguës que
celles du pharyngien inférieur; toutes sont plutôt coniques
qu'elles ne sont de véritables dents en pavé. Quoique le
bec soit formé par le seul prolongement des intermaxillaires, il faut observer que les maxillaires qui se soudent
avec eux, concourent aussi à former la base supérieure
de ce bec, sous les os du nez, et sur les côtés auprès de
la commissure : l'espèce de talon de ces deux os est recouvert généralement, en totalité ou en partie, par le
sous-orbitaire, qui se prolonge toujours d'une manière
notable au devant de l'œil : le préopercule et l'opercule
forment dans ces poissons deux très-larges plaques, celle

faite par l'opercule est agrandie par le sous-opercule soudé avec lui, l'interopercule est petit et caché sous le reste de l'appareil operculaire.

Les ouïes sont largement fendues; la membrane branchiostège est soutenue par douze rayons. L'isthme de la gorge est toujours très-étroit, et dans quelques espèces, à corps très-comprimé, il est complétement caché entre les branches de la mâchoire inférieure, qui se touchent.

Les os du crâne se réunissent en-dessus en un casque dur, creusé dans le milieu d'une cannelure, et diversement sculpté ou sillonné sur les côtés; les mastoïdiens, qui se portent fort en arrière des occipitaux, rendent cette sorte de casque osseux plus ou moins profondément échancré, et dans cette échancrure pénètrent les muscles de la nuque et du dos, qui viennent s'insérer sur la région occipitale. Les variations que ce crâne nous offre, soit dans les proportions de sa largeur par rapport à sa longueur, soit dans la cannelure, dans les stries ou dans les ciselures, fournissent en général de très-bons caractères spécifiques.

Le corps des orphies est alongé, couvert de petites écailles plus ou moins caduques, suivant les espèces; les nageoires dorsale et anale opposées l'une à l'autre, sont rejetées sur l'arrière du corps comme dans le brochet.

La caudale est ordinairement fourchue et elle a cela de remarquable que dans le plus grand nombre des espèces le lobe inférieur est plus long que le supérieur.

Les viscères ressemblent aussi à ceux des Ésoces. Ils consistent en un canal intestinal sans aucun appendice cœcal. La vessie natatoire est grande et ne m'a pas offert de communication avec l'œsophage.

Un autre caractère des plus singuliers consiste dans la coloration verte des os, non-seulement des deux orphies des côtes d'Europe, mais du plus grand nombre des espèces de ce genre : ainsi nous voyons que cette remarque a été déjà faite par Willughby, mais postérieurement par Renard, par Russel, et cette observation a été reproduite par Bloch, par Lacépède et par d'autres naturalistes. Mais les deux auteurs que je viens de citer ont répété en même temps une assertion erronée que Bloch a prise sans doute dans Willughby, sans dire à quelle source il la puisait et qu'il altérait en y ajoutant. En effet, le savant ichthyologiste anglais s'exprime ainsi : *Spina dorsi viridis saltem a coctione.* Cet anatomiste n'avait donc observé la couleur verte des os que sur des poissons cuits, et sans rechercher s'ils étaient de même couleur sur des poissons frais. C'est là le sens de l'adverbe *saltem.* Bloch dit d'une manière plus positive que toute l'épine du dos, les côtes et les arêtes prennent cette couleur lorsqu'on les cuit ou qu'on les fume; il réfute par cette expression générale une assertion très-inexacte de Valmont de Bomare, qui avait dit qu'une seule entre toutes les vertèbres devenait verte.

M. de Lacépède, en racontant ce fait, embelli par l'élégance de sa plume, ajoute encore quelque chose à cette erreur. Lorsque, dit-il, ces côtes et ces vertèbres sont exposées à une chaleur très-forte, elles deviennent vertes. Linné semble attribuer cette couleur à la phosphorescence : *ossa noctu lucent viridia.* Le fait est que la couleur est tout-à-fait inhérente aux os; que d'après des expériences que j'ai faites, elle est plus intense avant la cuisson qu'après. Cette remarquable coloration n'est pas d'ailleurs un phénomène isolé parmi les poissons, car elle a été observée dans d'autres espèces de genres très-différens. M. de Lacépède cite les blennies, et nos lecteurs ont pu remarquer que j'ai signalé la couleur verte et très-foncée qui teint les os de toutes les espèces de Cheilines.

Les espèces d'orphies sont très-répandues sur la surface de la terre. Nous en connaissons dans notre Océan septentrional et dans la Méditerranée. L'Atlantique en nourrit, soit sur la côte d'Afrique, soit sur celle des États-Unis, soit dans la mer des Antilles et du Brésil. Les mers de l'Inde ont dans leurs divers parages jusque vers les terres australes, des espèces non moins variées. Celles-ci nous offrent même cet *habitat* remarquable, qu'elles vivent dans les eaux douces de la presqu'île de l'Inde, en même temps qu'elles sont dans les eaux marines qui baignent ces côtes. Déjà Russel et Buchanan avaient consigné cette observation, que M. Dussumier a récemment confirmée. Voilà donc de nouveaux poissons à inscrire dans le catalogue de ceux qui, habitant ces deux natures d'eau différentes, servent à démontrer que la distinction entre les poissons marins et les poissons d'eau douce est aussi arbitraire que celle que l'on a essayée de faire entre les mollusques ou les coquilles protectrices du corps mou et délicat de ces animaux qui vivent dans les différentes eaux.

En rédigeant l'histoire des poissons de la famille des Brochets que je compose, on le voit, un peu autrement que M. Cuvier, je me suis demandé si je ne ferais pas bien de réunir en une famille particulière les genres *Belone scombresox* et *Hemiramphus,* et de suivre en quelque

sorte l'exemple qui m'était donné par M. le prince de
Canino. Ce savant n'a pas hésité, en effet, à former une
sous-famille de ses *Esocidæ,* qu'il a appelée *Belonini.*
J'aurais fondé le caractère de la famille nouvelle sur une
considération d'organisation plus élevée que lui, qui n'a
fait que répéter les légères erreurs échappées dans le Règne
animal sur la constitution du bec ou sur la forme des
dents.

Je vois dans les trois genres cités ce fait remarquable
que les intermaxillaires et les maxillaires sont soudés ou
réunis en une seule pièce; mais la liaison entre les hémiramphes et les exocets est si grande, qu'on ne peut isoler
ces derniers des précédens, et surtout des hémiramphes,
dont nos dernières espèces ont déjà les pectorales alongées.
Or, la bouche des exocets rentre dans les conditions de
celles des brochets ordinaires. J'ai donc cru embrasser
tous ces genres dans leur ensemble, en les laissant groupés
dans une seule famille, comme M. Cuvier l'a fait. Je ne
place cependant pas, comme mon illustre maître, les
Mormyres dans ce groupe, parce qu'ils ont des appendices cœcales au pylore.

Le nom de *Belone,* par lequel Linné a désigné la
seconde espèce d'Ésoce inscrite par Artedi, est un nom
grec, βελόνη (*rac.*, βέλος, *dard*) qui, dans son acception
propre, signifie *aiguille,* et que l'on trouve cité plusieurs
fois dans Aristote. En rapprochant les différens passages
dans lesquels ce grand naturaliste signale plusieurs traits
de son Belone, on acquiert promptement la conviction
qu'il parlait du Syngnathe et non de l'Orphie. En
effet, si l'on trouve ces βελόνη cités d'une manière vague
et peu caractérisée parmi des poissons qui vivent en

troupes[1], ou qui ont la vésicule du fiel placée près du foie[2], ou qui pondent leurs œufs pendant l'hiver[3], on ne peut plus avoir d'incertitude sur l'espèce dont parlait Aristote, quand il nous présente le βελόνη comme un poisson dont le ventre se fend pour la ponte; que cette fente ne le fait pas périr et dont la blessure guérit[4]. Il reproduit[5] le même fait et en termes aussi clairs dans le livre de la génération des animaux que dans l'histoire des animaux[6]. Aussi Rondelet n'a-t-il pas manqué de dire du syngnathe, qu'il désigne sous le nom de seconde espèce d'aiguille, qu'elle est le βελόνη d'Aristote. Mais ce qui me paraît extraordinaire, c'est que cet ichthyologiste ne se soit pas contenté de caractères précis pour traduire l'expression grecque et qu'il ait voulu appliquer sans aucun motif le nom de βελόνη à notre orphie. Je ne puis l'expliquer qu'en supposant qu'il se sera laissé tromper par la dénomination d'*aiguille* donnée à l'orphie, et qu'il aura voulu retrouver dans Aristote un poisson auquel le nom vulgaire de son temps, conservé encore aujourd'hui, pouvait être donné par les anciens.

On trouve aussi dans Athénée[7] que Dorion établit que le 'Ραφίς est le même poisson qu'Aristote appela βελόνη. Il ajoute un trait remarquable qu'on ne peut attribuer aux orphies, c'est de manquer de dents. On doit donc

---

1. Arist., *Hist. anim.*, liv. IX, ch. II, p. 925, B.
2. *Ejusd. ibid.*, liv. II, ch. XV, p. 789, E.
3. Liv. V, ch. XI, p. 839, D.
4. Liv. VI, ch. XIII, p. 869, E, et p. 870, A.
5. *De gener. anim.*, liv. III, ch. IV, p. 1103, A.
6. *Hist. anim.*, liv. VI, ch. XVII, p. 873, E.
7. Ath., *Deipn.*, liv. VII, p. 319, D.

également en conclure que le Ῥαφίς d'Oppien[1] est aussi
le syngnathe. Cette interprétation explique alors l'épithète
d'ἀβλεννής (sans mucosité) que quelques auteurs ont donné
comme un nom spécifique de poisson. Cet adjectif désigne
très-nettement et fort exactement la nature de la peau
coriace osseuse des syngnathes, et ne saurait être employé
pour les orphies, dont la peau est lisse et tout autant
muqueuse que celle de la plupart des poissons. Je vois
bien que Rondelet veut l'expliquer par la sécheresse de
la chair de l'orphie; mais cette interprétation me paraît
bien peu naturelle. Pline[2] n'a fait que traduire littérale-
ment Aristote en ce qui touche le mode de frayer des
Belone ou des *Acus*.

Artedi a copié sans aucune sorte de critique les citations grecques d'après Rondelet, et sans remonter aux
sources originales, et la plupart des auteurs ont ensuite
pris leur érudition dans le *Synonymia piscium*. C'est une
nouvelle preuve de la légèreté avec laquelle les déterminations des noms qui nous sont venus des auteurs anciens ont été faites.

Mais comme le nom de BELONE est aujourd'hui adopté
d'une manière précise, nous ne le changerons pas, après
avoir fait remarquer qu'il n'aurait pas dû être appliqué à
nos poissons.

L'Orphie vulgaire.

(*Belone vulgaris*, nob.)

Tous les ichthyologistes ont jusqu'à présent confondu

----

1. Opp., *Hal.*, liv. I, vers 172, p. 156, et liv. III, vers 177, p. 278.
2. Plin., *Hist. nat.*, liv. IX, ch. LI, p. 533.

l'espèce des côtes de l'Océan avec celle de la Méditerranée, mais le caractère important que j'ai trouvé dans
la présence des dents au vomer rend cette distinction
spécifique tout-à-fait nécessaire. Toutefois en considérant
l'ensemble du poisson et en le comparant à toutes les
autres espèces, on voit que ce caractère n'a pas assez
d'importance pour faire distinguer génériquement l'orphie
de la Manche de l'espèce méditerranéenne. Je reviendrai
tout à l'heure sur ce sujet dans la description de cette
seconde espèce. Il résulte de cette distinction que la
synonymie des deux *Belone* est assez difficile à établir et
que l'on ne peut en quelque sorte avoir d'autre guide
que le lieu d'origine des individus décrits par les auteurs.
Je dois donc supposer que Rondelet, Salviani, Aldrovande,
ont parlé de notre seconde espèce. La figure originale de
Gessner lui appartient également, car il l'avait reçue de
Venise. Je reparlerai donc de ces auteurs dans le second
article et j'arrive ainsi à Willughby [1], qui a donné, d'après
Tyson, quelques observations sur l'espèce des côtes d'Angleterre, en même temps qu'il a beaucoup emprunté pour
son texte à Rondelet et à Salviani, et qu'il a même copié
la figure de ce dernier. Ainsi donc cet auteur n'est pas
encore un de ceux que l'on doit citer comme parlant
exclusivement de l'espèce de l'Océan.

Bloch et M. de Lacépède, qui ont suivi tout-à-fait
les erremens de l'ichthyologiste de Berlin, entassent une
synonymie non moins complexe, car ils ajoutent aux
citations des auteurs précédens, celles que Marcgrave,
Valentin, Renard, Nieuhof et Forskal leur fournissaient

---

1. Will., liv. 4, ch. XIV, p. 231, tab. P. 2, fig. 4.

en décrivant des espèces tout-à-fait différentes. Cependant Bloch, dans son Système posthume, distinguait d'une manière plus nette et comme variété celle de l'Amérique septentrionale décrite par Schœpf, celle du Japon indiquée par Houttuyn et celle de la mer Rouge, le *Choram* de Forskal. Il faut de plus remarquer que le savant Schneider dit que l'espèce de la côte de Coromandel, reçue de Tranquebar sous le nom tamoul de *Kockminn*, caractérisée par une tache noire sur la queue et vivant dans les fleuves ou les lacs, doit être considérée comme une espèce distincte. Mais cette observation était restée sans application jusqu'à nous, et pour en revenir au *Belone* dont il s'agit, on ne peut pas savoir laquelle des deux orphies européennes a été décrite par Bloch.

Mais avant d'aller plus loin, passons à la description méthodique de l'espèce des côtes de la Manche.

L'orphie a le corps très-alongé, presque anguilliforme; le dos est un peu aplati, les côtés sont arrondis et le ventre tout-à-fait plat; la séparation de la face ventrale d'avec les côtés, est marquée par une carène longitudinale naissant sous la gorge, et continuée jusqu'à la racine du lobe inférieur de la caudale, en passant par-dessus l'insertion de la ventrale. Le tronçon de queue, au-delà de la dorsale et de l'anale, est aplati en dessous et en dessus et comprimé sur les côtés, de sorte que la queue est véritablement tétraèdre.

La hauteur du corps est presque double de l'épaisseur, et comprise dix-sept fois depuis l'extrémité du museau jusqu'au bout du lobe inférieur de la caudale. La tête de l'orphie mesure le tiers de la longueur du corps, la caudale non comprise, et cette même distance contient cinq fois la longueur du bec, pris depuis l'extrémité de la mâchoire inférieure jusqu'à l'angle de la commissure.

La mâchoire supérieure est plus courte d'un huitième que l'inférieure.

Ce sont les intermaxillaires qui forment l'extrémité et la plus grande longueur de ce bec prolongé et remarquable de l'orphie, de sorte que la nature reproduit ici et avec les mêmes élémens, cette forme curieuse et singulière des mâchoires dont elle nous a offert déjà l'exemple dans l'espadon ou dans les gomphoses. A la base de l'intermaxillaire et près de l'angle de cet os, on voit, soudé avec lui, le maxillaire, lequel dépasse un peu le premier de ces deux os, de manière à contribuer, comme dans les poissons de la famille des Ésoces, à former un peu du bord de la mâchoire supérieure; mais le développement excessif des intermaxillaires cache en quelque sorte le maxillaire, sur lequel s'avancent en dessus les os propres du nez, qui sont aussi assez alongés. D'ailleurs le talon des maxillaires se trouve recouvert par le sous-orbitaire. Il résulte de la conformation et de la soudure des intermaxillaires entre eux et avec les maxillaires, que la mâchoire supérieure n'a au-devant du crâne qu'un simple mouvement de bascule, qui lui est communiqué par celui de la mâchoire inférieure. Celle-ci a ses deux branches étroites et prolongées, et la symphyse est terminée par une sorte de lèvre en appendice charnu, long de deux à trois lignes. Les deux mâchoires rapprochées forment un bec assez long, déprimé vers l'extrémité, et un peu soutenu vers la base, à partir de trois fois le diamètre de l'œil. Le dessus du crâne est aplati; il y a même une légère cannelure dans le milieu; la surface des os, cachée sous un épiderme très-mince, est diversement et faiblement ciselée; il est profondément échancré en arrière, où les muscles du dos viennent prendre leur insertion. Les côtés des joues sont plans, un peu inclinés en dedans, de sorte que l'intervalle des deux mâchoires inférieures, ou, si l'on veut, l'isthme, n'a guère que le tiers du dessus du crâne entre les deux yeux.

L'intervalle qui sépare ces deux organes est égal au diamètre longitudinal de l'orbite, lequel est un peu plus grand que le vertical. L'œil est d'ailleurs de moyenne grandeur; sa largeur est comprise quatre fois entre l'angle de la bouche et le bord de l'opercule, et six fois dans la longueur de la mâchoire inférieure, en comptant de l'angle de la bouche. L'extrémité de la mâchoire inférieure répond au bord postérieur de l'œil. Au-devant de cet organe existe un seul et grand sous-orbitaire, placé obliquement, comme nous l'avons déjà dit, sur le talon des intermaxillaires. Son bord antérieur est festonné en S. Le supérieur, plié en chevron, laisse entre lui et l'orbite un assez large enfoncement pour la cavité nasale. Le bord qui cerne l'orbite est faiblement caverneux. Le préopercule se dessine faiblement vers le milieu de l'intervalle, entre l'œil et la fente de l'ouïe. L'opercule, assez intimement réuni au sous-opercule, forme une grande lame mince et comme écailleuse. L'interopercule est très-petit.

Les dents de la mâchoire supérieure sont coniques, très-pointues et disposées sur une bande étroite, de manière que les plus longues et les plus fortes soient sur le bord interne. Je ne vois à la mâchoire inférieure qu'une seule rangée de dents coniques, un peu plus grosses que les supérieures, et inégales entre elles quand la bouche est fermée. Elles se tiennent en dehors de la rangée des dents supérieures, en sorte qu'elles sont seules visibles, tandis que celles de la mâchoire supérieure pénètrent dans une rainure creusée le long de la branche de la mâchoire inférieure. Elles deviennent cependant un peu plus nombreuses, et sur une bande étroite près de la commissure : j'en compte environ quatre-vingts à la mâchoire supérieure.

Dans l'orphie de l'Océan européen, le vomer porte à son extrémité une petite plaque ovoïde, hérissée de dents coniques à pointes mousses. Cette petite carde est très-visible à l'œil nu, et me paraît avoir jusqu'à présent échappé aux observateurs.

Les ouïes sont assez largement fendues; l'isthme est long et étroit. La langue est assez longue, libre et creusée en gouttière. Les pharyngiens supérieurs forment deux petites plaques garnies de dents mousses et grenues, et beaucoup plus petites que celles des pharyngiens inférieurs; elles sont coniques, à pointes obtuses, et à peu près semblables à celles du vomer.

La cavité triangulaire que presque tous les ichthyologistes ont regardé comme la narine, porte une papille élevée à bords épais

et frangés, et près de laquelle sont les trous presque imperceptibles des ouvertures de la narine.

La membrane branchiostège est assez étroite et soutenue par
douze rayons; les derniers sont larges et aplatis en forme de croissant; dans l'état de repos elle est entièrement cachée sous les
opercules et entre les branches de la mâchoire inférieure.

L'ossature de l'épaule ne se montre à l'extérieur que par un
limbe étroit de l'huméral; le radial et le cubital étant, quoique
larges, cachés presque entièrement sous la peau et sous les muscles.
Le mastoïdien est assez libre, rugueux et attaché près du bord
supérieur de l'opercule. La pectorale est une nageoire courte,
mais haute; car elle égale presque la hauteur du corps : quand les
rayons sont étalés, elle paraît tronquée; l'angle inférieur seul est
arrondi, parce que les cinq à six derniers rayons sont plus courts
que les supérieurs, et diminuent eux-mêmes graduellement.

La ventrale triangulaire est tronquée comme la pectorale et
insérée au milieu de la longueur du tronc.

La dorsale, et l'anale qui lui correspond, commencent au-delà
du troisième tiers du tronc. Les premiers rayons sont un peu
plus longs que les suivans : ils ont leurs bords coupés en lame de
faux.

La caudale, en croissant, a le lobe inférieur un peu plus long
que le supérieur.

B. 12; D. 18; A. 21; C. 17; P. 12; V. 6.

La ligne latérale est à peine visible : elle est située plus près du
dos que du ventre; le nerf qui la suit est délié comme un crin de
cheval. Les écailles tombent facilement; elles paraissent plus grandes
sur la ligne du dos que sur les côtés. Celles de la carène saillante
entre les flancs et le ventre sont fortes, lisses, très-adhérentes.
Un trou oblique de la face supérieure à l'inférieure traverse le
milieu de ces écailles, et les rend ainsi très-semblables à celles
de la ligne latérale des carpes et généralement des autres poissons.
Je me suis cependant assuré qu'aucun filet nerveux ne suit le tracé
de cette carène, tandis que j'ai vu le rameau du nerf de la huitième
paire le long du dos.

Les couleurs sont d'un beau vert sur le dos, irisées et nuancées de teintes violettes; une large bande argentée borde la teinte du dos et la sépare de celle des flancs, laquelle est légèrement verdâtre et recouverte d'une belle lame d'argent; le ventre et les joues brillent d'une belle teinte d'argent pur à reflets irisés ou nacrés. Le dessous de la mâchoire inférieure est rosé ou couleur de chair assez vive. La dorsale est grise, noirâtre vers le bord; ses rayons sont verts; la caudale est grise; les autres nageoires sont blanchâtres; l'iris de l'œil est argenté.

En faisant l'étude splanchnologique de ce poisson, j'ai observé les particularités suivantes.

Le foie de l'orphie est situé presque entièrement à gauche. Il descend jusqu'au tiers environ de la longueur de l'abdomen. La vésicule du fiel est oblongue.

L'intestin se rend en ligne directe de la bouche à l'anus sans faire aucun repli, ni avoir aucun renflement pour marquer l'estomac. Sa velouté est très-fine sur toute la longueur. Il diminue de diamètre à mesure que l'on approche de l'anus. Au dernier sixième de sa longueur il y a une valvule étroite en forme de bourrelet. Il n'y a point d'appendices cœcales. La rate est petite et noirâtre : elle est placée vers le haut un peu au-dessous de la terminaison du foie.

La vessie natatoire est très-grande, simple, sans lobules, sans communication avec le canal digestif. Je n'ai pas vu de canal aérien.

Les ovaires sont deux grands sacs qui occupent aussi toute la longueur de l'abdomen. Ils sont remplis d'œufs très-gros, jaunâtres et transparens, à peu près d'une ligne et demie de diamètre, flottant dans la cavité de ces sacs; il y en a beaucoup d'autres plus petits, moins transparens, qui sont attachés aux parois.

Les reins occupent également toute la longueur de l'abdomen; la vessie aérienne leur est fort adhérente.

Le cœur est petit et trièdre.

Pour compléter cette description de l'orphie j'ajoute

que le squelette a une colonne vertébrale composée de quatre-vingts vertèbres, dont cinquante-deux soutiennent des côtes et les vingt-huit autres sont réservées pour la queue. Bloch compte quatre-vingt-huit vertèbres, mais je puis affirmer que c'est une erreur, qui a été reproduite par M. de Lacépède; car j'ai vérifié les nombres que je donne sur plusieurs squelettes. Les apophyses épineuses ont la base dilatée en une petite lamelle triangulaire; le reste de l'apophyse est grêle, styloïde, semblable aux autres arêtes. Les côtes sont fines; au-dessus des côtes abdominales, chaque apophyse transverse donne attache à une petite arête horizontale. Les inter-épineux de la dorsale et de l'anale n'offrent rien de remarquable.

Quant aux os de l'épaule, nous voyons en arrière de l'huméral un très-large cubital formant une espèce d'arc, au-dessus duquel se trouve placé un radial quadrilatère avec un trou très-grand. Les os du carpe sont petits. Le styléal est court, grêle, horizontal et pourrait être facilement pris pour un rayon détaché de la pectorale. Les os pelviens sont aussi remarquables, parce qu'ils portent auprès de l'insertion de la nageoire une lamelle osseuse triangulaire, relevée en éventail sur le côté du ventre.

Nos plus longs individus ont deux pieds sept pouces.

Ils nous viennent fréquemment de Dieppe, de Fécamp, d'Abbeville; je les ai observés sur les marchés de Caen, de Boulogne et de Paris. M. d'Orbigny nous en a envoyé de La Rochelle. Cette espèce est donc répandue sur tout le littoral de la Manche ou de l'Océan qui baigne les côtes de France.

Nous la voyons aussi remonter dans les mers septen-trionales jusque sur les côtes d'Islande, d'où M. Gaimard en a rapporté deux exemplaires, déposés dans le Cabinet du Roi, et chez lesquels la plaque des dents vomériennes est plus prononcée que dans aucun de nos autres in-dividus.

Artedi[1] n'a pas établi l'espèce, et surtout celle de notre Océan septentrional, d'une manière aussi nette qu'on devait l'attendre d'un aussi habile ichthyologiste, à cause des synonymies fautives qu'il a réunies dans sa diagnose.

Linné, tout en copiant les nombreuses erreurs de synonymie, a cependant précisé l'origine de son *Esox belone,* en le prenant dans l'Océan septentrional pour l'inscrire dans le *Fauna Suecica*[2]. C'est évidemment d'après cet ouvrage que l'on voit paraître cette espèce dans la dixième et dans la douzième édition du *Systema naturæ,* quoique l'illustre auteur de cette œuvre immortelle cite Artedi. Je ne crois pas que l'orphie s'avance plus haut que l'Islande vers le Nord, car Fabricius ne la mentionne pas dans le *Fauna Grœnlandica,* et M. Reinhardt ne l'a pas inscrite non plus dans son Essai sur l'ichthyologie du Grœnland. Mais Mohr[3] en parle dans son Histoire naturelle de l'Islande. Faber[4] la cite aussi dans ses poissons d'Islande, sous le nom de *Belone rostrata;* il a seulement le tort de mêler à sa synonymie les citations de Brünnich et de Risso. M. Nilsson la compte aussi dans sa Faune de Scandinavie.[5]

Muller[6] l'a inscrite dans le *Fauna Danica,* et Ascanius en donne une assez bonne figure. Je la trouve aussi dans l'histoire des poissons du Mörkö par M. Ekström.[7]

---

1. Art., *Syn. pisc.*, p. 27, n.° 2.
2. Linn., *Faun. Suec.*, p. 114, n.° 305.
3. Mohr, Hist. nat. de l'Isl., p. 82, n.° 140.
4. Fab., *Fische Isl.*, p. 152.
5. Nilss., *Prodr. ichth. Scand.*, p. 37.
6. Mull., *Faun. Dan.*, p. 49, n.° 420.
7. Ekstr., *Fische von Mörkö*, p. 72.

Quoique Pennant cite le *See-naadel* ou *Sack-nadel*
de Wulff parmi les synonymies de l'orphie, on ne doit
plus établir que ce poisson ait été cité par l'ichthyologiste allemand, ni par ceux qui ont fait des monographies
particulières des poissons de ces diverses contrées, car
la citation de Wulff se rapporte au syngnathe. D'ailleurs
Pennant[1], tout en décrivant le poisson des côtes d'Angleterre, y comprend confusément les synonymies de ses
prédécesseurs. Il croit que la couleur verte des os dépend
de la cuisson, et que c'est la cause de la répugnance que
le peuple éprouve à manger un poisson dont la chair,
suivant lui, ressemble à celle du maquereau. Donovan[2] a
laissé une figure très-élégante et très-exacte de ce poisson.
MM. Montagu, Turton[3], Flemming[4], Yarrell[5] et Jennyns[6]
citent également l'orphie, soit sous le nom linnéen, soit
suivant la nomenclature nouvelle de M. Cuvier : tous ces
auteurs, à l'exception de M. Yarell, acceptent l'erreur
traditionnelle de Willughby en ce qui concerne la coloration des os; la figure du dernier historien des poissons
d'Angleterre est, comme toutes celles de cet élégant ouvrage, d'une parfaite exactitude. Ce naturaliste dit, d'après
Pennant, que l'orphie citée dans la Zoologie arctique se
prend quelquefois dans le détroit de Forth, mais qu'elle
est extrêmement abondante dans le printemps sur les
côtes des comtés de Kent et Sussex, d'où on l'apporte

---

1. *Brit. Zool.*, t. III, p. 274.
2. Donov., *Brit. Fish.*, pl. 64.
3. Turt., *Brit. Faun.*, p. 105, n.° 105.
4. Flemm. *Brit. ann.*, p. 184, n.° 56.
5. Yar., *Brit. fish.*, t. I, p. 394.
6. Jenn., Anim. vert., p. 41, n.° 100.

18.

en grande quantité sur les marchés de Londres, où on
la vend à un prix très-modéré, sa chair étant plus sèche
que celle du maquereau. Elle ne fait qu'un séjour très-
court sur ces côtes. M. Couch[1] la considère aussi comme
un poisson de passage, mais très-abondant en été sur les
côtes de Cornouailles. M. Montagu la dit rare sur celle du
Devonshire.

La quantité que l'on en prend sur les côtes de la Hollande est si considérable que l'orphie n'y est guère em-
ployée que comme appât.

On conçoit qu'un poisson aussi connu sur une telle
étendue de côtes ait reçu des dénominations particulières
dans presque toutes les langues de l'Europe; elles dérivent
en général de la forme alongée du museau : ainsi, en
beaucoup d'endroits de France, on la nomme Aiguille
de mer ou Aiguillette; en allemand on l'appelle *Horn-
hecht* (Brochet à cornes), ou *Nadelhecht*, ou *Nadelfisch*
(Brochet ou Poisson aiguille); en danois ou en norwégien,
suivant Muller, *Horn-Fisk*, ou *Horn-Give*, ou *Nebbe-
Sild; Horn-Igel* en islandais; *Geirnefr*, ou, comme
l'écrit Muller, *Gierne-Fur*; et Ekström et Nilsson disent
en suédois avec Linné *Naabgiàdda*, ou *Horngädda*, ou
Horngäre. On sait que *Gädda* est le nom vulgaire du
Brochet. Les dénominations anglaises sont *Garfish*, ou
Garpike, ou *Sea-Pike*, auxquels M. Yarrell et plusieurs
auteurs ajoutent les noms de *Hornfish, Gorebill, Long-
nose, Sea-needle, Grennbone*, et même de *Mackerel-
Guide.*

Si l'orphie de l'Océan se trouve sur les côtes d'Espagne,

---

1. Couch, *Fish. of Cornwall.*, *Mem. soc. Wern.*, t. XIV, p. 84.

ainsi qu'on devrait le croire d'après le témoignage de Cornide [1], elle serait appelée *Corcito, Aguja, Paladar,* dans
les différens dialectes espagnols. Nous verrons la dénomination d'*Aguja* transportée en Amérique aux espèces de
ce genre.

L'orphie fraie au printemps vers le mois d'Avril; on
dit que les mâles s'approchent des côtes avant les femelles.
Comme elle paraît sur les côtes avant l'arrivée des maquereaux, les pêcheurs la considèrent comme le guide de ces
poissons. On la pêche soit au harpon, quand elle est très-
abondante, soit avec des filets en forme de T, que l'on
appelle *aiguillères.* On la prend aussi aux flambeaux et
on peut quelquefois en pêcher jusqu'à quinze cents dans
une seule nuit.

Rudolphi a trouvé dans ce poisson plusieurs helminthes,
l'*Ascaris acus,* que l'on rencontre aussi dans le brochet,
mais où il est beaucoup plus commun, deux espèces
d'Échinorhynque, l'*E. angustatus* et l'*E. pristis;* un Dis-
tome, le *Dist. gibbosum,* le *Scolex polymorphus* et
enfin des Ténias.

L'ORPHIE AIGUILLE.

(*Belone acus,* Risso).

Il existe dans la Méditerranée une orphie qui a été
jusqu'à présent regardée par tous les ichthyologistes comme
étant de la même espèce que celle de l'Océan, décrite
dans l'article précédent, mais qui en diffère par un caractère fort essentiel; c'est, comme nous l'avons dit,

de manquer de dents au vomer. J'ai vérifié ce caractère remarquable

---

1. Cornid., Poiss. de Gall.

sur quinze individus de différente taille, et qui nous sont venus
de divers points de la Méditerranée. Je trouve aussi que les dents
des mâchoires sont un peu plus fortes; mais j'avoue que, s'il
n'existait pas la grande différence que je viens de signaler sur le
palais, je ne me serais pas arrêté à ce caractère pour distinguer les
deux espèces. Du reste, l'ensemble des formes et des proportions
de la tête, du bec, du tronc, des nageoires, et le nombre des rayons
de ces dernières, sont tout-à-fait semblables à tout ce que nous
observons dans notre espèce de l'Océan.

Je me suis assuré que les viscères de cette espèce ressemblent
tout-à-fait à ceux de la précédente, et que la vessie aérienne n'a
aucune communication avec le canal intestinal.

Nos individus atteignent jusqu'à vingt-six pouces de
longueur; ils proviennent des collections faites aux Mar-
tigues et à Marseille par M. Delalande, à Naples par
M. Savigny, en Sicile par M. Bibron, et en Morée par les
naturalistes de la commission scientifique de cette expédition.

Nous ne devons pas cependant omettre de signaler aux
naturalistes que nous avons reçu de Toulon, par les soins
de M. le duc de Rivoli, un individu qui a la même
denture au maxillaire que les précédentes et dont le
vomer porte deux ou trois petites dents, mais pas un
plus grand nombre, ce qui est fort différent de la plaque
ovoïde qui termine le chevron denté de l'orphie de l'Océan.
Je n'hésite donc pas à regarder cet individu comme une
simple variété de l'espèce que nous décrivons.

Il me paraît qu'il faut rapporter à cette espèce les citations de Salviani[1], d'Aldrovande[2], de Gesner[3], dont sa

---

1. Salv., *Aq.*, tab. 68.
2. Aldr., *de pisc.*, p. 106.
3. Gesn., *de aquat.*, p. 12.

figure lui avait été envoyée de Venise. Nous arrivons tout de suite après ces auteurs anciens à Brunnich[1] et à M. Risso, qui dans sa première édition nomme encore ce poisson *Esox Belone,* mais qui dans la seconde appelle l'espèce du nom de *Belone acus,* quoiqu'il crut alors, ainsi que le prouve sa synonymie, que c'était le même poisson désigné d'après M. Cuvier sous le nom de *Belone vulgaris.*

Nous voyons aussi notre poisson fort exactement et très-élégamment figuré par M. le prince Charles de Canino dans la Faune italienne. Ce savant zoologiste croit toujours à la communauté de l'espèce dans les deux mers européennes; nous n'avons donc pas à parler de sa synonymie. Je rapporterai aussi, quoique avec plus de doute, l'*Esox Belone* de Pallas, que ce célèbre zoologiste considère comme un des poissons de la mer Noire. M. Nordmann[2] a suivi aussi son illustre prédécesseur dans sa Faune pontique; mais il choisit ses synonymies dans les ouvrages d'Yarrell, d'Ekström, de Faber et de Nilsson, et il affirme que les orphies de la mer Noire ne diffèrent pas spécifiquement de celles des côtes septentrionales de l'Europe. Comme il ne parle pas de la dentition du palais, seul caractère qui aurait tranché la question, il me reste encore bien des incertitudes sur cette assertion. Ayant trouvé que les figures qui avaient été données avant lui n'étaient pas suffisamment exactes, il en a donné une nouvelle. Il nous apprend que ce poisson est partout très-abondant dans la mer Noire. Les Tcherkesses et les Abases le pêchent au moyen de longues lignes, auxquelles ils attachent, à la

---

1. Brunn., *Pisc. Mass.*, p. 79, n.° 95.
2. *Faun. pont.*, p. 514, pl. 25, fig. 1.

place d'un hameçon, une bourre de soie de couleur très-vive et tranchante avec plusieurs nœuds. L'orphie, attirée par cet objet brillant, vient y mordre et se trouve prise, parce qu'elle ne peut débarrasser ses nombreuses dents des filamens de la bourre. Il ne donne pas les noms vulgaires de cette espèce, mais Pallas dit que les Russes rivérains de la mer Noire la nomment *vereteniza,* et les Grecs d'aujourd'hui *Belanida.* MM. Risso et Brünnich disent *Aguio* ou *Aguglia, Aguillo* ou *Nagojo;* les noms italiens, cités par le prince Charles Bonaparte, paraissent tous dérivés de la même étymologie; il y ajoute celui de *Beccasino de mare.*

*L'*Orphie de Cantraine.

(*Belone Cantrainii,* nob.)

M. Cocco a découvert dans le canal de Messine une espèce particulière, dont quelques-uns des caractères rappellent ceux que nous verrons se reproduire dans plusieurs orphies des mers de l'Inde.

Ce poisson a la forme générale de nos orphies. La longueur de la tête est comprise trois fois et demie dans la longueur totale. Les dents, coniques et pointues, sont alternativement petites et grandes. La dorsale, reculée comme dans les orphies ordinaires, a d'abord une sorte de lobe antérieur, puis une profonde échancrure, à la suite de laquelle les rayons s'alongent pour former une sorte de voile arrondie, dont la hauteur est double du lobe antérieur. L'anale a aussi un lobe antérieur plus aigu et un peu plus haut que celui de la dorsale; puis, elle se maintient toujours basse, de manière à n'avoir au plus que le quart de la hauteur de la nageoire du dos. Son bord se dessine aussi par une légère courbe.

La caudale, profondément fourchue, a le lobe inférieur plus

long que le supérieur. Le tronçon de la queue porte de chaque côté une carène assez marquée; nous reverrons aussi ce caractère, ainsi que l'inégalité des lobes de la caudale, reproduit dans plusieurs autres espèces étrangères.

La couleur est bleue, à reflets verdâtres sur le dos; une ligne bleu foncé suit jusqu'à l'extrémité de la dorsale; les côtés sont azurés, et irisés de brun, de rose, de doré et d'argenté; les opercules, brillant d'argent, sont finement ponctués de brun; l'iris de l'œil est blanc comme le platine. La dorsale a l'extrémité des plus longs rayons noirâtre; les autres nageoires ont des teintes jaunâtres ou verdâtres claires.

D. 23; A. 24; C. 16; P. 12; V. 6.

Tel est ce poisson, qui paraît propre à la mer de Sicile, où il n'est pas cependant très-commun. On le pêche en Août dans les mêmes filets que le *Belone acus,* au milieu desquels il vit. Les pêcheurs assurent qu'on en prend du poids de huit à neuf livres; sa chair est d'un goût beaucoup plus délicat que celle de l'orphie; c'est ce qui l'a fait nommer *Aguja imperiale,* ou *Aguglio reale* par les gens de mer. M. le docteur Cocco[1], qui a fait connaître dans le journal des sciences et lettres de Sicile plusieurs espèces fort remarquables de poissons de cette mer, a aussi décrit et figuré cette orphie; mais comme il ne pouvait la comparer qu'au *Belone acus,* avec lequel il la prenait, il fut frappé de l'inégalité des dents et de la carène de la queue, qui lui donne la forme d'un clou ou d'une petite cheville quadrangulaire. Il fit de ce poisson un genre distinct, qu'il appela *Tylosurus,* et dédiant cette espèce à notre ami M. Cantraine, cette nouvelle orphie parut sous le nom de *Tylosurus Cantrainii.* En lisant la suite de cette mo-

---

1. *Giorn. sc. lett. Sicil.,* XLII, n.° 124, p. 18, tab. 1, fig. 4.

nographie, on verra que l'inégalité des dents, la hauteur de la dorsale et les carènes de la queue ne peuvent être considérées que comme des caractères spécifiques. C'est ce qui nous a déterminé à ne pas adopter ce nouveau genre et à signaler la découverte de M. Cocco comme une nouvelle et très-intéressante orphie. Nous regrettons toutefois de ne pas savoir si elle a des dents au palais, mais cela ne me paraît pas probable.

M. le prince de Canino a publié, dans sa Faune italienne, une très-belle figure de ce poisson, accompagnée d'une description très-détaillée : il compte quatorze rayons à la membrane branchiostège. Le genre Tylosurus a été accepté par cet habile zoologiste. Il croit que l'on doit, à cause de l'identité de la dénomination vulgaire, considérer l'*Esox imperialis* de Rafinesque[1] comme de la même espèce que le poisson de M. Cocco. Je me range très-volontiers de l'avis de M. le prince Charles Bonaparte, qui a étudié avec tant de soin les poissons des mers italiennes, et dont l'autorité en cette matière est certainement considérable.

L'Orphie du Sénégal.

(*Belone Senegalensis*, nob.)

Nous trouvons parmi les poissons envoyés du Sénégal trois individus malheureusement assez mal conservés d'une orphie qui doit être d'une espèce distincte.

La longueur de la pectorale, la hauteur de la dorsale et surtout celle de l'anale, la largeur du lobe antérieur de cette nageoire, distinguent comme espèce cette orphie.

---

1. Nouv. genre sicil., p. 59, n.° 157.

Ses dents coniques sont plus fortes : il y a des dents en cardes à la mâchoire inférieure comme à la supérieure, et elles sont plus nombreuses que dans l'espèce de la Méditerranée; comme dans celle-ci, le palais est lisse. Le corps me paraît plus trapu; les nombres des rayons sont un peu différens.

D. 15; A. 16, etc.

La couleur a dû être argentée, et l'on voit des traces évidentes de taches sur l'anale.

. Une autre particularité très-notable de cette espèce consiste dans le prolongement des apophyses transverses des vertèbres abdominales, lequel est assez considérable pour que, par la simple pression, on sente la dentelure que font ces apophyses à travers les muscles longitudinaux du corps.

Le plus grand de nos individus ne dépasse pas quinze pouces. Ils ont été envoyés par M. le contre-amiral Jubelin, alors gouverneur de la colonie.

L'Orphie a caudale tronquée.

(Belone truncata, Lesueur).

Si nous passons de l'autre côté de l'Atlantique, nous trouvons aussi plusieurs orphies sur les côtes de l'Amérique septentrionale. L'une d'elles a été décrite par M. Lesueur sous le nom de Belone truncata. Ce caractère, tiré de la forme tronquée de sa caudale, la distingue assez bien de nos espèces européennes et même de la plupart des autres.

Elle a le bec assez prolongé; car la longueur totale de la tête mesure le tiers de la longueur entière du corps.

Le dessus du crâne est aplati, ses frontaux antérieurs sont striés; la cannelure qu'ils laissent entre eux est large et écailleuse; les dents sont longues, pointues, plus grêles que celles de l'espèce de l'Océan. Cette orphie a le palais lisse; le sous-orbitaire est étroit, surtout vers la partie postérieure qui passe sous l'œil; le bord antérieur est droit.

La pectorale, pointue, est plus longue que la hauteur du corps; la dorsale et l'anale ressemblent à celles de notre belone ordinaire.

D. 16; A. 19; C. 21; P. 16; V. 6.

Le corps, court et trapu, est partout couvert de petites écailles qui paraissent très-adhérentes : il y en a jusque sur le dessous du ventre; les deux carènes longitudinales existent, mais sont beaucoup moins saillantes que dans les espèces précédentes : elles offrent d'ailleurs le caractère de se redresser un peu au-dessus de l'anale, et de se terminer vers la caudale sur le milieu de la queue.

Les couleurs sont, suivant M. Lesueur, un bleu foncé sur le dos, avec une bande longitudinale d'une teinte plus forte le long des côtés pour séparer les teintes dorsales du blanc argenté et brillant des côtés et du ventre.

Nos individus ont près de dix-huit pouces de longueur.

M. Lesueur a eu l'obligeance de déposer dans les collections du Muséum d'histoire naturelle l'exemplaire original de la gravure publiée dans le journal des sciences naturelles de Philadelphie[1]. Il a trouvé cette espèce sur les marchés de New-York, de Philadelphie, de Newport, dans l'État de Massachusetts.

Nous en avons reçu d'autres exemplaires par M. Milbert, et MM. d'Espainville et Barabino nous l'ont envoyée de la Nouvelle-Orléans.

A New-York ce poisson se nomme *Garfish* ou *Bill-fish*.

Il est assez difficile de dire d'une manière positive si

----

1. Lesueur, Journ. des sc. nat. de Philad., II, 1821, p. 126.

l'orphie que Schœpf[1] a décrite à New-York sous le nom linnéen d'*Esox Belone* appartient à cette espèce, parce que les nombres indiqués par ce zoologiste diffèrent beaucoup trop de ceux que nous avons comptés dans toutes les autres espèces pour n'être pas fautifs. Il appelle l'espèce *Sea-Snipe*. Les nombres de rayons comptés par Mitchill[2] pour son *Bill-fish,* qu'il confond aussi avec l'*Esox Belone,* se rapprochent beaucoup plus de ceux de notre *Belone truncata;* mais comme il ne signale pas la forme de la caudale, il devient très-difficile de prendre une détermination. Il n'en est pas de même de l'excellent travail de M. Dekay[3] : cet auteur a donné une description et une excellente figure de cette espèce, dans laquelle il n'hésite pas à retrouver et le *Sea-Snipe* de Schœpf et le *Bill-fish* de Mitchill, ajoutant aussi, comme un autre synonyme de cet auteur, l'*Esox longirostris.*[4]

M. Dekay observe avec raison que la caudale n'est pas aussi tronquée que M. Lesueur l'a représentée. Ce zoologiste dit que le poisson se présente sur les côtes de l'État de New-York vers la fin de l'été et en automne, et qu'il est très-estimé. M. Storer[5] cite aussi le *Belone truncata* dans son Histoire des poissons du Massachusetts.

L'ORPHIE ARDÉOLE.

(*Belone ardeola*, nob.)

Celle-ci est une espèce tellement voisine de la précédente, que j'ai hésité long-temps à l'en séparer.

---

1. Schœpf, *Schrift der Berl. Gesellschaft naturforsch. Freunde,* VIII, 177.
2. Mitch., *Hist. and phil. soc. N. Y.,* vol. I, p. 443.
3. Dekay, *Fish. of zool. of New-York,* t. III, p. 227, p. 35, fig. 112.
4. Mitch., *Amer. Month-Magaz.,* vol. 2, p. 322.
5. Storer, *Fish. of Mass.,* p. 90.

Elle a le crâne de même forme; le bec aussi prolongé, c'est à peine si l'on pourrait dire qu'il est plus pointu et un peu plus profondément strié sur la face supérieure : mais dans ce poisson le sousorbitaire est autrement fait; car son angle antérieur est plus aigu; il se prolonge en arrière jusque près de l'aplomb du bord postérieur de l'orbite. Le bord inférieur de l'os, au lieu d'être droit, est légèrement flexueux; le talon du maxillaire est plus large. La pectorale est plus pointue. La caudale est un peu concave ou faiblement taillée en croissant. Le nombre des rayons de la dorsale est un peu différent.

D. 15; A. 18, etc.

Les écailles sont plus serrées et plus fermes; la carène de la caudale est plus saillante.

D'ailleurs, je le répète, on ne peut nier que ces deux poissons ne soient très-voisins l'un de l'autre. L'individu qui a été envoyé de la Martinique par M. Plée, est long de vingt pouces.

L'Orphie timucu.

(*Belone timucu*, nob.)

Nous trouvons sur les côtes du Brésil une autre espèce d'orphie, qui est aussi très-voisine du *Belone truncata* de Lesueur, en même temps que quelques-uns de ses caractères tiennent de près à ceux de l'espèce de la Martinique.

Le dessus du crâne, à peu près de même forme, nous paraît un peu plus étroit. La saillie sourcilière des frontaux n'a point de stries; la surface de ces os est donc lisse. Le sous-orbitaire est étroit, pointu en avant; il n'atteint pas en arrière le milieu de l'œil; son bord inférieur est droit. La pectorale est peu pointue. La dorsale a moins de rayons que celle de l'orphie des États-Unis. La caudale est concave.

D. 14; A. 17, etc.

La couleur est un gris verdâtre assez pâle sur le dos; une bande bleuâtre argentée, plus foncée entre les deux nageoires verticales que sur le devant du tronc, sépare la teinte du dos du blanc argenté du ventre, et une ligne longitudinale verte et foncée est conservée sur des individus desséchés de notre collection. Les écailles sont très-petites.

Nos individus ont quinze pouces de long. Ils nous sont venus de Rio de Janeiro par MM. Quoy et Gaimard, lors de l'expédition du capitaine Freycinet, et par MM. Lesson et Garnot, officiers du service de santé de la marine royale, dans l'expédition commandée par le capitaine Duperrey. M. Gay en a rapporté aussi plusieurs exemplaires. Nous en avons un autre individu envoyé de Cayenne par M. Poiteau.

C'est, à n'en pas douter, l'espèce que Marcgrave [1] a décrite sous le nom que nous lui conservons : si la figure annexée à cette description est moins facilement reconnaissable que plusieurs autres de cet auteur, la caractéristique que l'on peut tirer de la ligne verte étendue le long des flancs et si positivement indiquée dans le texte, ne peut laisser aucun doute à cet égard. Je ne trouve pas cependant l'original de la figure citée dans le recueil des peintures du prince Maurice de Nassau, conservé dans la Bibliothèque royale de Berlin. Il est assez étonnant que Linné ait confondu la figure de Marcgrave, dans laquelle il est au moins très-facile de reconnaître une orphie, avec celle laissée par Brown dans son Histoire de la Jamaïque, et qui représente un Hémiramphe. MM. Quoy et Gaimard [2]

1. Marcg., *Bras.*, ch. 14, p. 168.
2. *Apud* Freyc., Voy. de l'Uran., zool., p. 226.

ont décrit cette espèce dans la relation du Voyage autour
du monde de l'*Uranie,* comme si elle était nouvelle, sous
le nom de *Belone Almeïda.*

L'ORPHIE BÉCASSINE.

(*Belone scolopacina,* nob.)

Nous avons aussi reçu de Cayenne une espèce représentée par des individus de petite taille,

dont le bec est remarquable par son aplatissement; le crâne est
élargi en arrière; la région sourcilière est percée de pores, mais
elle n'a aucunes stries; la cannelure du crâne est très-courte; les
yeux sont gros et saillans; le sous-orbitaire est petit et triangulaire;
ses côtés supérieur et postérieur sont des arcs concaves réguliers,
et l'antérieur est convexe; le talon du maxillaire descend à angle
droit sous la branche horizontale. Les pectorales sont petites,
étroites et taillées en faux; la dorsale a tous ses rayons à peu près
égaux; le lobe antérieur de l'anale est arrondi, et la caudale me
paraît avoir la même forme.

D. 14; A. 17; etc.

Les écailles sont assez fortes; il n'y a point de carène saillante
sur les côtés de la queue; les carènes latérales sont linéaires et très-
peu marquées.

La couleur du dos est séparée de celle du ventre par une large
bande longitudinale, qui s'efface en arrivant à la hauteur de l'anale.

Ce curieux petit poisson a été expédié par MM. Leschenault et Doumerc avec les collections qu'ils avaient faites
à la Mana.

Il est long de huit pouces et demi à neuf pouces.

*L'*Orphie a casque.

(*Belone galeata*, nob.)

Le Cabinet du Roi possède encore une autre espèce
d'orphie de Cayenne, remarquable

par l'espèce de casque osseux que dessinent sur la tête les os du
crâne : toute leur surface est lisse; la cannelure est très-large et
comme évasée dans la région des os du nez; les bords ont des
échancrures qui rappellent à certains égards celles d'un violon.
Le sous-orbitaire est étroit, pointu et alongé; le bec est assez
fort et ne comprend qu'une fois et deux tiers le reste de la longueur de la tête, laquelle est contenue trois fois et demie dans la
longueur totale; les dents forment, sur le bord interne des deux
mâchoires, une bandelette assez large d'âpretés en tubercules peu
élevés; les dents pointues de la rangée interne sont assez longues;
les pectorales sont longues et pointues; la caudale est peu fourchue.

D. 15; A. 17, etc.

Les écailles sont peu grandes; il n'y a point de carène relevée
près de la caudale.

Nous ne possédons qu'un seul individu desséché, long
de deux pieds huit pouces et demi. Il a été donné au
Muséum par M. Frère, qui l'a rapporté de Cayenne sous
le nom d'*Aiguille*. L'espèce désignée par M. de Lacépède
sous le nom de *Sphyrène aiguille*, t. V, pl. 1, fig. 3, est
évidemment du genre Orphie, mais tout-à-fait impossible
à déterminer. Elle a été copiée de Plumier. A cause de
la grosseur du bec, on pourrait la rapporter au poisson
dont nous parlons ici.

*L'*Orphie caraïbe.

(*Belone caribœa*, Lesueur).

Les Antilles nourrissent aussi des orphies; on le savait

déjà depuis long-temps, puisque l'on trouve dans Dutertre[1] une figure génériquement reconnaissable, mais qui n'est pas assez exacte pour que l'on puisse la rapporter à l'une de nos espèces. Cet ancien auteur avait observé la couleur verte des arêtes, qu'il dit luisantes comme du verre. Il trouvait à ces poissons la chair blanche et de bon goût : ce sont là les seuls renseignemens positifs que nous puissions tirer de cet ouvrage.

La première espèce de la mer de cet archipel que je vais décrire, est une orphie .

qui a l'œil très-grand; son diamètre est le tiers de la distance du bord antérieur de l'orbite à celui de l'opercule; le dessus du crâne est élargi vers la région postérieure de l'œil : il se rétrécit un peu en avant, et il le devient beaucoup plus vers la nuque. .

La région sourcilière est lisse, mais la cannelure frontale, qui est très-large, est ciselée de plusieurs stries longitudinales. Le bec est assez long, car il ne s'en manque que d'un dix-huitième qu'il ne fasse les deux tiers de la longueur de la tête, laquelle mesure le tiers de la longueur du corps, si l'on ne comprend pas le lobe de la caudale.

Le sous-orbitaire est étroit et a le bord légèrement festonné; les mâchoires ont des dents coniques et grêles, avec une bande extérieure de fines âpretés.

Les pectorales sont courtes, mais assez pointues; les ventrales sont échancrées; la dorsale et l'anale, coupées en lame de faux, ont le lobe antérieur assez prolongé; la caudale est profondément fourchue, et le lobe inférieur insensiblement plus large et plus long que le supérieur.

D. 23; A. 21; C. 30; P. 14; V. 6.

Le corps est couvert de petites écailles plus hautes que larges, lisses et assez adhérentes.

---

1. Hist. nat. des Ant., t. II, p. 218, ch. 16, pl. 209, n.° 218.

Les carènes latérales sont très-marquées, et elles deviennent saillantes sur le milieu de la queue; le dessus du corps est d'un bleu très-foncé; le reste est argenté; une bande longitudinale noirâtre court sur les côtés.

Nous en avons un grand et bel individu, long de deux pieds trois pouces, qui vient de la Martinique par M. Plée; un autre, envoyé par ce même voyageur, vient de Saint-Barthélemy, et enfin M. Garnot nous l'a aussi envoyé de la Martinique. M. Lesueur a trouvé cette espèce à la Guadeloupe, ce qui prouve qu'elle est répandue dans toute la mer des Antilles. M. Plée l'a entendue désigner par les pêcheurs riverains de la Martinique sous le nom d'*Orphie des bancs*.

L'ORPHIE AU BEC OUVERT

(*Belone hians*, nob.)

est une espèce dont le caractère le plus saillant consiste dans la coupe falciforme des nageoires.

Elle a l'œil moins grand que la précédente; le sous-orbitaire a le bord antérieur aussi échancré que dans l'espèce d'Europe, et il cache entièrement le talon de la mâchoire supérieure.

Le bec n'est pas tout-à-fait deux fois aussi long que le reste de la tête : le supérieur est très-grêle; un peu au-delà des deux tiers de sa longueur il se relève, de manière à faire, en arrière des dents coniques, une saillie très-marquée et constante dans les trois individus que j'ai sous les yeux. Elle laisse au-dessous de cet arc une ouverture très-notable entre les deux mâchoires : cette disposition rappelle ce que la nature nous montre dans le Bec ouvert (*Ardea ponticeriana*, Gm., ou genre *hians*, Lacép.), et dans les espèces de ce genre de l'ordre des Échassiers, dans la classe des oiseaux.

18.   41

La mâchoire inférieure n'est pas ici plus prolongée que la supérieure; c'est seulement l'appendice charnu de la symphyse qui dépasse l'extrémité des intermaxillaires; en arrière les branches de la mâchoire inférieure sont très-hautes, comprimées et resserrées l'une contre l'autre, de manière à se toucher et embrasser complétement l'isthme de la gorge et à cacher par conséquent toute la membrane branchiostège; les dents sont fines et les âpretés externes sont très-petites; le dessus du crâne est étroit; la région sourcilière est lisse, mais le frontal près de la cannelure est fortement strié: la cannelure elle-même, large et peu profonde, est couverte de granulations.

La longueur totale de la tête est d'ailleurs le quart de la longueur entière du poisson; le corps est comprimé et tout-à-fait tranchant dans la région pectorale; et quoique la carène de la poitrine devienne un peu plus mousse et s'arrondisse à mesure que l'on s'approche de l'anus, le tronc conserve dans toute son étendue une remarquable compression.

La plus grande hauteur du corps se mesure entre l'origine des deux nageoires verticales, et elle est comprise quatorze fois et demie dans la longueur totale.

La pectorale a ses premiers rayons longs et arqués: les mitoyens n'ont guère que le quart des supérieurs, tandis que les derniers s'alongent de nouveau et ont le tiers de la plus grande longueur de la nageoire; la pectorale est donc taillée en faux, et elle est presque une fois et demie aussi longue que le tronc mesuré sous elle. L'anale, au bord échancré, a les deux tiers de la longueur de la pectorale: elle est attachée un peu avant le milieu de la longueur totale.

L'anale commence à peu près aux deux tiers de cette même longueur, et la dorsale s'élève un peu en arrière: cette nageoire, qui a le lobe antérieur arqué et coupé en faux, a les derniers rayons alongés et dépassant la moitié de la longueur des premiers, comme l'orphie de Cantraine.

Le lobe antérieur de l'anale est plus haut que celui de la dorsale: elle est de même coupée en lame de faux, mais les derniers rayons ne s'alongent pas. La caudale est profondément fourchue.

D. 26; A. 27; C. 23; P. 14; V. 6.

Les écailles sont petites, très-nombreuses, plus hautes que larges, assez adhérentes; les carènes abdominales sont ici très-peu élevées et réduites le long de l'anale à un simple trait. La couleur est d'un bleu noirâtre sur le dos, qui s'étend sur la pointe du lobe de la dorsale et sur presque tout son bord, sur la caudale, sur le grand-lobe de l'anale, sur la pectorale et sur l'extrémité des ventrales; le reste des nageoires est jaune; les flancs me paraissent de cette teinte, avec quelques taches couleur gris de fer sur les côtés de la poitrine. La mâchoire inférieure, l'opercule et l'ossature de l'épaule brillent d'un vif éclat argenté. L'iris de l'œil est jaune.

Cette espèce dépasse deux pieds et demi de long. Nous l'avons reçue des côtes de Bahia par suite d'un échange fait avec le Musée de Genève.

M. de Poey l'a observée à la Havane. Il nous en a remis une figure, dans laquelle on reconnaît très-aisément la forme de la dorsale de notre poisson. On le nomme dans cette île *Aguyon.* Il dit, dans les notes qu'il nous a remises, que les os, et principalement ceux de la tête, sont bleu-verdâtre; que la chair, lorsqu'elle est cuite, est cendrée, mais qu'elle est bonne à manger. Il ajoute que c'est un poisson brillant, bleu foncé sur le dos, avec des ondes longitudinales d'un bleu plus clair, dessinées sur l'argenté des flancs. Il en a vu de trente-six pouces de longueur et du poids de neuf livres. C'est un poisson très-commun à la Havane.

*L'*ORPHIE CIGONELLE.

(*Belone cigonella,* nob.)

Nous avons reçu de Porto-Ricco une autre orphie, qui

est encore très-voisine du *B. truncata* de Lesueur et par conséquent de notre *B. ardeola.* Elle se distingue de cette dernière parce qu'elle a

le crâne un peu plus large entre les orbites; les faces sourcilières du crâne sont à peine striées; la cannelure est étroite et lisse; le bec a la base assez grosse; le bord de son sous-orbitaire, étroit, est un peu festonné.

La mandibule supérieure est au moins aussi longue que l'inférieure, si même elle ne la dépasse pas : c'est l'appendice charnu de la symphyse qui est seul prolongé; le corps est d'ailleurs gros et trapu; la pectorale est assez longue; l'anale est haute de l'avant; la caudale est tronquée.

D. 15; A. 16, etc.

La couleur paraît semblable à celle des espèces voisines; mais je vois à l'angle de l'opercule une petite tache noire qui doit être caractéristique.

Notre individu desséché est long d'un pied neuf pouces. Il faisait partie des grandes collections que nous avons reçues de M. Plée, après la mort de cet infatigable et malheureux voyageur.

*L'*ORPHIE CARÉNÉE.

(*Belone carinata,* nob.)

M. Eydoux a pris pendant la traversée de Guayaquil, aux îles Sandwich, une très-jeune orphie,

dont la mâchoire supérieure est beaucoup plus courte que l'inférieure : celle-ci devant son alongement à l'extension que prend la symphyse des deux os. Un autre caractère consiste dans l'élargissement des carènes latérales de la queue, ce qui rend cette partie du corps tout-à-fait déprimée et beaucoup plus large que haute; cela est d'autant plus remarquable que les carènes abdominales sont entièrement effacées au-devant des ventrales. Le poisson est brun sur le dos, argenté sous le ventre. La caudale est échancrée; les autres nageoires sont petites.

D. 15; A. 17.

L'individu est long de cinq pouces.

L'Orphie géranie.

(*Belone gerania*, nob.)

Nous avons encore des mers d'Amérique une espèce remarquable par

la grosseur et la brièveté de son bec : il ne dépasse la longueur de la joue que d'un cinquième; le dessus de la mâchoire supérieure est arrondi et rugueux; la mâchoire inférieure a, sur les côtés, une bande très-nettement marquée d'âpretés; les yeux sont grands; le diamètre longitudinal fait plus de la moitié de la distance entre le bord postérieur de l'orbite et l'opercule; l'intervalle entre les yeux est plus large que dans toutes les autres espèces, mais sur la nuque le dessus du crâne se rétrécit de manière à surpasser de très-peu la moitié de la plus grande largeur du front, d'où il résulte que les bords de la région mastoïdienne offrent une profonde échancrure. Le sous-orbitaire est assez large au-devant de l'œil : son bord antérieur est fortement échancré près de l'angle de la commissure; la portion de cet os, qui recouvre le talon de la mâchoire supérieure, est plus longue et plus large que celle qui s'avance le long du bec, disposition contraire à celle de toutes les autres espèces. Les pectorales sont larges et un peu arquées; les ventrales sont à peu près aussi fortes. La dorsale et l'anale ont leur lobe pointu; la caudale est fourchue.

D. 25; A. 21, etc.

Les carènes abdominales sont étroites et peu saillantes : elles deviennent un peu plus marquées sur les côtés de la queue; le dos paraît avoir été verdâtre, le ventre argenté; je vois du noirâtre à la pectorale et à la ventrale; les autres nageoires sont incolores.

L'un des individus desséchés a deux pieds quatre pouces; l'autre est plus petit. Ils viennent de la Martinique et sont dus aussi aux recherches de M. Plée.

*L'*Orphie.

(*Belone argalus,* Lesueur).

M. Lesueur a recueilli près de la Guadeloupe une espèce particulière d'orphie, dont il nous a laissé la figure, et qui, d'après ce dessin, me paraît voisine des espèces précédentes, sans cependant leur appartenir. Il dit que

le corps est un peu quadrangulaire, très-aminci vers la queue, qui est carénée latéralement, que la mandibule inférieure est plus longue que la supérieure, que les yeux sont très-grands, que les carènes latérales, très-basses, sont interrompues par les ventrales, qu'elles suivent la base de l'anale et qu'elles se continuent ensuite pour se terminer sur la carène de la queue; que l'anale et la dorsale sont falciformes, basses ou étroites; que la caudale, profondément fourchue, a ses lobes arrondis et inégaux; l'inférieur étant le plus long en arrière; que la pectorale est petite.

Il donne pour nombre des rayons :

D. 16; A. 19; C. 26; P. 18; V. 6.

La couleur est d'un beau bleu sur le dos; le reste du corps est argenté; les écailles sont très-petites.

Je crois, d'après l'examen de la figure, que les proportions du bec et la forme du dessus du crâne ressemblent assez au *Belone caribæa,* mais la pectorale est trop courte et les nombres des rayons sont différens; ceux-ci se rapprochent de ceux du *Belone truncata;* mais la caudale, qui est fourchue, distingue le *Belone argalus* de cette dernière espèce.

L'Orphie crocodile.

(*Belone crocodilus*, Lesueur).

Nous trouvons, dans les mers des Indes, une espèce
d'orphie, très-voisine du *B. gerania* de la Martinique, que
nous venons de décrire.

Elle a, comme elle, le museau gros et court; le front large,
mais il l'est proportionnellement un peu moins; les échancrures
latérales de la nuque sont moins profondes; les dents, pointues,
sont un peu moins fortes; la bande d'âpreté externe, un peu plus
étroite, descend moins sur le côté de la mâchoire.

Le sous-orbitaire n'a pas d'échancrure aussi prononcée; les pectorales sont un peu plus courtes; la dorsale et l'anale me paraissent
moins arquées; j'en dis autant de la ventrale.

D. 22; A. 20; C. 28; P. 14; V. 6.

Les carènes abdominales sont plus larges et elles sont moins
élevées sur la queue. La longueur de la tête est proportionnellement un peu plus considérable; car elle mesure le tiers de la
longueur totale.

Notre plus grand individu a trois pieds cinq pouces. Il
vient de l'Isle-de-France. Nous le devons à M. Dussumier.
L'espèce devient aussi grande à Java, car j'en ai vu un
exemplaire à Leyde, envoyé au Musée royal de la Hollande par MM. Kuhl et Van Hasselt, qui a trois pieds
quatre pouces de longueur. M. Botta l'a aussi retrouvé
dans la mer Rouge. L'espèce occupe une assez grande
étendue dans l'océan Indien. Peron et Lesueur l'avaient
observée à l'Isle-de-France lors du séjour qu'y fit l'expédition commandée par le capitaine Baudin, et c'est d'après
les notes et le dessin que Lesueur y avait fait, qu'il a

décrit son *Belone crocodilus*[1] dans le journal des sciences
de Philadelphie.

L'espèce d'ailleurs aurait pu l'être beaucoup plus long-
temps auparavant, car Commerson l'avait trouvée en 1769
dans cette même île et en a laissé un dessin d'une exactitude remarquable, qui a été fort mal reproduit dans
l'ouvrage de M. de Lacépède[2], comme une simple variété
de l'*Esox Belone*.

D'un autre côté il est impossible de douter, malgré la
brièveté de la phrase de Forskal[3], que son *Esox belone
maris rubri* ne soit notre poisson. Les nombres qu'il en
donne s'accordent parfaitement avec les nôtres. Il dit
que les Arabes de Lohaje nomment ce poisson *Charman*
ou *Choram,* ce qui signifie mensonge. M. Lesueur, qui
n'a pas fait ces recherches historiques, a nommé son
espèce dès 1821. En 1835, M. Ruppell[4], dans son supplément à son Histoire des poissons de la mer Rouge,
n'ayant pas songé à rechercher dans le mémoire de Lesueur sur les orphies ce que pouvait être le *Belone crocodilus* de cet auteur, et recourant seulement à Forskal,
a publié l'espèce dont il s'agit sous un nouveau nom,
celui de *Belone choram,* qui n'a pu être, à cause de cela,
conservé. Ce savant zoologiste nous apprend que ce poisson
est très-commun dans la mer Rouge, où il en a vu des
individus de quatre pieds. Il dit que la chair est bonne
et ressemble à celle du brochet.

M. Ehrenberg nous a communiqué aussi le dessin de

---

1. Lesueur, Journ. des sciences nat. de Philad., t. II, 1821, p. 22 ou 129.
2. Hist. des poiss., t. V, pl. 7, fig. 1.
3. Forsk., *Faun. arab.*, p. 67, n.° 98, C.
4. Rupp., *Neue Wirbelth. zu der Faun. Abyss.*, p. 72.

cette espèce qu'il avait prise à Massawah. Les pêcheurs la lui ont donnée sous le nom d'*Abou-Sehf*. A cause des taches verticales des côtés, ce savant voyageur lui avait donné le nom de *Belone fasciata*.

M. Dussumier, qui nous a rapporté notre grand individu, dit que le dessus de la tête est bleu verdâtre, que les flancs et le ventre sont argentés. La dorsale, la caudale et les pectorales sont de la couleur du dos; la ventrale et l'anale sont blanches, avec leurs plus longs rayons verdâtres. Ce poisson, abondant à l'Isle-de-France, est bon à manger. Je vois cette couleur verte des os encore très-évidente sur trois individus conservés depuis huit ans dans l'alcool; non-seulement les os du crâne de la mâchoire supérieure, les dents, paraissent comme des turquoises, mais même les scapulaires et toute la colonne vertébrale, ainsi que les côtes.

J'ai tout lieu de croire que le *Geep-visch* ou Brochet de Bantam, figuré dans Renard[1] et dans Valentin, appartient encore à cette espèce; mais la figure est tout au plus reconnaissable. Le peintre en a vu des individus de huit pieds de long, dont les matelots regardaient la morsure comme mortelle. Ces graves accidens n'ont pu arriver que par les suites d'une plaie déchirée, toujours dangereuses dans un pays aussi chaud, mais non pas par l'effet d'un poison inoculé au fond de la plaie, comme le venin d'un serpent.

Je rapporterai encore à ce genre, malgré la disposition singulière donnée aux dorsales, le *Geep*[2] de la côte Alfo-

---

1. Renard, Poiss. des Mol., 2.ᵉ part., pl. XIV, n.° 65.
2. Renard, Poiss. des Mol., 2.ᵉ partie, fol. XL, n.° 175.

reese, parce que l'on peut joindre au caractère du bec la particularité que ce poisson avait les arêtes vertes.

Enfin, je trouve encore dans ce même auteur, sous le nom de *Geep-Serooy*[1], une autre figure, dont je ne parle ici que parce que Bloch a eu la singulière idée de la placer en synonymie de l'*Esox osseus*, que l'on sait être un poisson des fleuves de l'Amérique septentrionale. La figure de Renard est copiée et altérée de l'original qui existe dans le recueil des peintures faites aux Moluques pour l'amiral Corneille de Vlamming : elle n'est pas aussi exacte que beaucoup d'autres de ce recueil, et aussi je n'ose la déterminer spécifiquement, mais il est hors de doute qu'elle ne représente une orphie.

L'Orphie de d'Urville.

(*Belone Urvillii*, nob.)

Cette espèce a le corps trapu; la tête et surtout le bec fort alongé, par rapport au raccourcissement du corps; car la longueur de cet organe n'est que deux fois deux tiers dans celle du corps entier; il y a quelques stries sur le crâne le long du bord de la cannelure; les dents sont grêles et très-pointues; les âpretés et la mâchoire supérieure sont même assez aiguës; le sous-orbitaire est peu festonné : il est couvert, comme la surface entière de la joue et de l'opercule, d'écailles; caractère que je n'ai pas encore rencontré dans les autres espèces. Les écailles qui couvrent le corps sont fortes et serrées. La pectorale est longue et pointue : elle est comprise cinq fois entre le bord de l'opercule et l'extrémité de la caudale : celle-ci est arrondie; la dorsale et l'anale sont courtes et élevées; la hauteur des plus longs rayons de la dernière égale la longueur de la base de la nageoire.

---

1. Renard, Poiss. des Mol., 1.re part., fol. VIII, n.° 56.

D. 13; A. 15.

Ce poisson me paraît avoir été vert foncé sur le dos et avoir
eu une large bande argentée longitudinale au-dessous de cette
teinte; une large bande bleu noirâtre reste encore sur la base de
la dorsale et de l'anale; les autres nageoires paraissent incolores.

Ce poisson est long de quinze à seize pouces. Il vient
des îles de Vanikoro par les soins des naturalistes de l'expédition de l'*Astrolabe,* sous les ordres du contre-amiral
Dumont d'Urville.

On conçoit que nous avons dû dédier une si belle
espèce à l'intrépide et infortuné navigateur, dont la mort
rappellera toujours de si douloureux souvenirs.

L'Orphie anastomelle.

(*Belone anastomella ,* nob.)

Voici une seconde espèce, qui avoisine la précédente
par la disposition des écailles de sa tête, mais qui, par
la forme de son corps et par la petite ouverture de la base
de son bec, rappelle tout-à-fait l'espèce américaine que
nous avons désignée sous le nom de *Belone hians.*

Cette orphie a la tête et le museau fort alongés et contenus
au moins trois fois et demie dans la longueur d'un corps qui
est lui-même grêle et comprimé; car la hauteur est le dixième
de celle du tronc; l'épaisseur du dos fait un peu moins de moitié
de la hauteur, et le ventre est presque tranchant; le dessus de
la tête est étroit; la région sourcilière des frontaux est striée;
l'intervalle de la cannelure est lisse et un peu écailleux; le sous-
orbitaire s'avance en pointe au-devant de la narine; comme il est
très-étroit en arrière, il ne recouvre pas le talon du maxillaire.
L'œil est de grandeur médiocre; toute la joue, au-delà de l'œil
jusqu'au bord membraneux de l'opercule, est couvert de petites

écailles; celles de la surface postérieure tombent plus facilement que celles qui sont près de l'œil : il faut faire attention à ce caractère, sans quoi l'on croirait aisément que l'opercule, qui paraît aussi argenté et aussi brillant que la mâchoire inférieure, a la surface nue. La pectorale est pointue, aussi longue que le corps est haut. Le lobe antérieur de la dorsale et celui de l'anale sont peu pointus, mais ce dernier est beaucoup plus large que le premier; la caudale me paraît arrondie.

D. 18; A. 25.

Le dessus du dos est brun; les côtés sont argentés; la pointe de la pectorale est noirâtre; tout le corps est couvert de petites écailles striées; les carènes du ventre sont peu marquées et ne paraissent plus audelà de l'anale.

Cette espèce a été envoyée de Chine par M. Garnaërt, consul de France. L'individu est long de vingt-et-un pouces.

L'Orphie annelée.

(Belone annulata, nob.)

Cette espèce a

la tête et le museau plus courts que la précédente; comme les autres orphies, les joues et l'opercule n'ont que des écailles presque imperceptibles; celles du corps même sont d'une petitesse remarquable. La tête et le museau sont plus courts : ils sont compris trois fois et un tiers dans la longueur totale; le dessus du crâne et l'intérieur de la cannelure sont striés; les pectorales sont courtes; la dorsale est échancrée en avant, et les derniers rayons, assez fins, s'alongent de manière à dépasser de près d'un tiers ceux du lobe antérieur. L'anale est taillée en faux : ses derniers rayons sont bas; le lobe inférieur de la caudale dépasse le supérieur; mais quand la nageoire est étalée, elle paraît plutôt en croissant que fourchue.

D. 24; A. 21, etc.

Les carènes latérales sont assez marquées et nettement dessinées sur les côtés de la queue; le dos est vert olivâtre rembruni, suivi d'une bande longitudinale argentée, bordée en dessous d'une autre bande rembrunie; les côtes et le ventre sont blanc argent. La pointe des pectorales est noirâtre; un trait vert foncé descend de l'occiput sous la gorge, en passant le long du bord du préopercule.

L'individu, originaire du même Voyage que le précédent, est long de treize pouces.

Il a été pris aux attérages des Célebes. Les mêmes naturalistes en ont rapporté un autre exemplaire, pris à Tongatabou, la principale île de l'archipel des Amis. Nous retrouvons aussi cette même espèce aux Séchelles : M. Dussumier l'en a rapportée. Il lui donne pour couleur le dos verdâtre, les flancs et le ventre argentés. Quoiqu'il ne parle pas du trait qui descend le long du bord du préopercule, il est encore très-visible sur l'individu qu'il a conservé dans l'alcool. Il en parle comme un poisson estimé aux Séchelles.

Je rapproche aussi de cette espèce un individu que M. Leschenault a envoyé de Pondichéry et qu'il a confondu avec l'espèce que nous décrirons plus bas sous le nom de *Belone oculata*, par la même dénomination vulgaire en malabare de *Pampin-kola*. Il dit que ce poisson est abondant dans la rade de Pondichéry, et que la chair est de bonne qualité.

Je crois qu'il faut rapporter à cette espèce le *Wahla kuddera* de Russel[1]. Je n'aurais aucun doute sur ce rapprochement, si l'auteur avait donné un peu plus de longueur aux derniers rayons de la dorsale; car les nombres

---

1. Russel, *Cor. fish.*, pl. 175, p. 60.

de cette nageoire et ceux de l'anale conviennent très-bien à ceux de nos individus. Russel dit que ce poisson, sans être estimé, est cependant servi sur la table des Anglais établis à Vizagapatam.

C'est dans l'une de ces espèces indiennes qu'il faudra chercher le *Belona indica* de Lesueur[1], décrit en 1821 sur ses notes prises pendant son voyage autour du monde fait en 1803. L'individu qui avait été déposé, au retour de l'expédition de Baudin, dans le Muséum d'histoire naturelle, ne s'y trouve plus, et comme la description est fort incomplète, il est impossible d'arriver maintenant à une détermination précise.

L'ORPHIE AUX POINTS NOIRS.

(*Belone melanostigma*, Ehr.)

Il existe dans la mer Rouge une espèce dont la caudale est à peu près faite comme celle de la précédente : elle s'en distingue par ce qu'elle a

la tête et surtout le bec beaucoup plus courts qu'aucune autre ; la longueur des deux mâchoires ne dépassant que d'un tiers celle du reste de la tête, et la réunion des deux parties étant contenue quatre fois et demie dans la longueur totale ; les pectorales sont pointues ; le lobe de la dorsale et de l'anale est très-aigu, et les derniers rayons de ces deux nageoires, surtout ceux du dos, se relèvent et deviennent plus alongés que ceux du *Belone annulata*.

D. 24 ; A. 25 ; C. 21 ; P. 15 ; V. 6.

Les dents paraissent excessivement petites ; la couleur du corps est d'un bleu noirâtre en dessus et d'un beau blanc en dessous ; les côtés portent trois grandes taches noires avec de nombreux petits points de la même couleur.

---

1. Les., Journ. des sc., acad. de Philad., t. II, 1821, p. 130.

M. Ehrenberg a pris ce poisson à Massawah. Il en a vu des individus de trois pieds quatre pouces de long : les pêcheurs lui ont donné le nom de *Harim*.

L'Orphie a queue plate.

(*Belone platura*, Rupp.)

Une autre espèce de la même mer a été décrite par M. Ruppell sous le nom de *Belone platura*.

Il lui donne un corps presque pentagonal, déprimé vers la queue. L'anale, plus grande que la dorsale, commence un peu au-devant d'elle; la caudale est en croissant avec le lobe inférieur plus long; la carène de la queue est assez tranchante. Les mâchoires sont assez alongées : la longueur totale de la tête est du tiers de celle du corps. Les nombres des rayons comptés par M. Ruppell diffèrent beaucoup de ceux des autres espèces.

D. 12; A. 16; C. 24; P. 11; V. 6.

Cet auteur croit n'avoir trouvé que onze rayons à la membrane branchiostège. La couleur du dos est d'un brun verdâtre; celle du ventre est argentée : on remarque le long des flancs une ligne bleuâtre et déliée.

Ce poisson, long de quinze pouces, se montre pendant l'hiver à Massawah.

L'Orphie entaillée.

(*Belone incisa*, nob.)

Nous avons encore du grand Océan indien une espèce à bec long et grêle; à corps étroit et arrondi, dont le tronc n'a qu'une fois et demie la longueur de la tête; le dessus du bec, comme les os du crâne et le surscapulaire, sont ciselés. La cannelure et la partie moyenne de l'occiput sont écailleuses. Le sous-orbitaire a le bord supérieur profondément échancré sous la narine, et l'antérieur est sinueux : cet os recouvre tout le talon du maxillaire ; la pectorale est pointue, de moyenne grandeur ; le lobe de la dorsale et celui de l'anale sont peu élevés ; la caudale est coupée carrément.

D. 19 ; A. 22 , etc.

Les écailles sont très-petites ; les carènes abdominales sont très-peu marquées et s'effacent sous le tronçon de la queue, qui est déprimée.

La couleur du dos est séparée de l'argenté des flancs par une ligne bien nette ; un petit trait vert assez foncé est tracé longitudinalement sur le haut du préopercule ; la joue brille d'un bel éclat argenté.

L'individu est long de treize à quatorze pouces. Il provient des collections faites par M. Leguillon pendant la circumnavigation de l'expédition d'Urville.

L'ORPHIE OCELLÉE.

(Belone caudimacula, nob.)

Cette très-belle espèce a été indiquée dans une note de la seconde édition du Règne sous le nom que nous lui conservons.

Elle a la tête et le bec fort alongés ; car leur longueur réunie n'est comprise qu'une fois et demie dans le reste du corps ; le dessus du crâne est assez étroit ; un sillon large est marqué sur le devant du front, ensuite les bords de la cannelure se rapprochent vers l'occiput, mais les deux mastoïdiens s'écartent beaucoup, ce qui était exigé par l'épaisseur du dos. Toute la joue jusqu'au bord du préopercule est fortement écailleuse ; l'opercule n'a que de petites écailles caduques ; celles du corps sont larges et assez grandes.

La pectorale est pointue et de longueur médiocre; la ventrale est
petite; la caudale est arrondie; la dorsale et l'anale sont courtes,
mais hautes.

D. 13; A. 16.

Tout le dos est vert d'eau; les flancs du plus bel argenté, à
reflets de nacre; le ventre blanc, sans reflets argentés; les pectorales
et l'anale d'un blanc transparent ont les rayons antérieurs teints
de jaune; la caudale, un peu plus colorée que le dos, porte près
de la base une tache ronde, d'un noir foncé assez brillant.

Cette description est faite d'après des individus rapportés de Bombay par M. Dussumier. Il a aussi retrouvé
cette espèce à Alipey, où elle vit, comme beaucoup
d'autres orphies, dans les eaux douces.

Nous la connaissons également de la rade de Pondichéry, d'où MM. Leschenault et Bellanger en ont envoyé
de nombreux individus. Elle va jusqu'à Calcutta. M. Duvaucel nous en a procuré de cette localité. Nous la voyons
même se porter jusque sur la côte d'Ava à Rangoon. Ces
derniers exemplaires sont venus au Muséum par les soins
de M. Reynaud lors de l'expédition de la corvette la
Chevrette.

Russel a donné une figure parfaitement reconnaissable
de cette espèce, si bien caractérisée par la tache de sa
caudale. Il l'appelle encore *Kuddera,* dénomination qu'il
a appliquée, soit aux hémiramphes, soit à une espèce
d'orphie que nous avons déjà citée.

Suivant M. Leschenault, on la confond avec la précédente à Pondichéry, sous le nom vulgaire de *Pampin-
kola.*

J'ai retrouvé aussi cette espèce représentée dans des
dessins conservés par la Compagnie des Indes, et dont
mon ami M. Th. Horsfield, directeur de cet établissement,

a bien voulu me donner communication : ce poisson y est peint en bleu verdâtre sur le dos, avec les nageoires dorsale, anale et caudale jaunes; la tache de la queue est bleu verdâtre. Ce dessin est étiqueté du nom malais *Eekan-Todak* (poisson Todak).

Il ne serait peut-être pas impossible cependant que les différences que je viens de signaler dans les couleurs ne donnassent lieu à une séparation spécifique.

L'ORPHIE CANCILA.

(*Belone cancila*, nob.)

M. Hamilton Buchanan a décrit sous le nom spécifique que nous conservons ici, mais en la plaçant suivant la méthode linnéenne, dans le genre Ésoce, une petite orphie

à bec court, déprimé, légèrement strié sur les côtés, dont le crâne est étroit, ciselé sur les frontaux, lisse dans sa cannelure, et dont le corps est assez raccourci; car il ne contient, comme celui de la précédente, qu'une fois et demie la longueur de la tête et du bec mesurés ensemble. Le sous-orbitaire est étroit et a son bord régulièrement concave; il cache en grande partie le talon du maxillaire. La pectorale est très-courte; les ventrales sont petites; la dorsale et l'anale sont hautes, courtes; la caudale a le bord un peu convexe, sans que l'on puisse dire cependant qu'elle soit arrondie.

D. 17; A. 17, etc.

La couleur de ce poisson est d'un vert très-clair sur le dos; la cannelure de la tête est d'un beau rouge amaranthe; cette teinte s'avance en s'affaiblissant sur le bec, et s'étend aussi en arrière sur la ligne médiane du dos, où elle forme une bande étroite et continue jusqu'à la base de la dorsale. Les flancs et le ventre sont blancs; la dorsale, la caudale et l'anale ont de faibles teintes rougeâtres; les nageoires paires sont incolores.

M. Dussumier, à qui nous devons ces détails sur les couleurs, a rapporté ce poisson des eaux douces d'Alipey, et dans un voyage précédent il l'avait pris à Calcutta. M. Bellanger se l'est procuré à Bombay, V. Jacquemont à Madras et M. Reynaud l'a rapporté aussi de la côte de Rangoon, où les pêcheurs lui ont donné le nom de *Goudura.*

L'auteur de l'Histoire des poissons du Gange l'a entendu nommer *Kangkila.* Il dit que c'est un poisson très-commun dans les étangs et les petites rivières des provinces arrosées par le Gange, qu'il atteint à un pied de longueur et que sa chair est un aliment très-savoureux. Je ne vois pas ce poisson dans Russel. La figure laissée par M. Buchanan[1] est parfaitement exacte.

*L'*ORPHIE TRACHURE.

(*Belone trachura*, nob.)

La dépression de la queue et la largeur de ses carènes latérales sont les caractères les plus saillans de cette espèce.

Elle a d'ailleurs le bec étroit et alongé; car la mandibule inférieure est deux fois et un tiers aussi longue que le reste de la tête, dont la longueur totale est une fois et cinq sixièmes dans le reste du corps; le dessus du crâne est large et aplati; la cannelure médiane est très-peu marquée; la région sourcilière est striée, et en arrière de l'œil on voit des ciselures au lieu de stries. Le sous-orbitaire est large, presque quadrilatère, entaillé sous la narine. L'œil est assez grand; le bord de l'orbite échancre le

---

1. *Esox cancila,* Ham. Buch., pl. 27, fig. 70, p. 214 et 380.

profil. Les dents sont petites, inégales; les scabrosités externes sont réduites à de simples et très-fines granulations.

La dorsale et la caudale ont les lobes antérieurs pointus et en croissant; les rayons qui suivent sont éloignés l'un de l'autre, réunis par une membrane tellement mince qu'elle se déchire plus aisément que dans les autres espèces : si on n'y regardait pas avec attention, on pourrait croire aisément que les rayons sont séparés et que cette espèce avoisinerait celles du genre suivant.

D. 15; A. 20 , etc.

La caudale est profondément fourchue; les pectorales sont pointues, mais de longueur médiocre. Le corps est couvert de petites écailles; on en aperçoit quelques traces sur le préopercule et l'opercule, mais celles de cette dernière région sont caduques et excessivement minces.

Les carènes latérales du corps sont très-petites, presque effacées sur les côtés de la queue : elles ne contribuent donc en rien à la dilatation et à la dépression de la queue. Les carènes sont elles-mêmes couvertes d'écailles semblables à celles du reste du corps.

La couleur paraît avoir été d'un bleu roussâtre sur le dos; tout le ventre, ainsi que les joues, sont blancs.

Nous possédons deux exemplaires de cette espèce longs de quinze à seize pouces; ils ont été pris à l'île de l'Ascension par MM. Quoy et Gaimard pendant le relâche qu'y a fait M. d'Urville en 1829.

CHAPITRE VIII.

Des Scombrésoces (*Scombresox*, Lacép.)

C'est à Rondelet que l'on doit la connaissance du
poisson de la Méditerranée qui est devenu plus tard,
mais par suite d'autres documens fournis à M. de Lacépède, le type d'un genre nommé Scombrésoce par cet
illustre savant. La figure de Rondelet est parfaitement
reconnaissable, et l'on doit s'étonner qu'Artedi et Linné
l'aient laissé dans l'oubli.

M. de Lacépède lui-même a été sur le point d'imiter le
silence de ces auteurs, car il dit positivement qu'il ne
doit la connaissance de ce poisson qu'à la description
détaillée et au dessin qui lui furent envoyés par Adrien
Camper. J'ai retrouvé dans les papiers de M. de Lacépède
les pièces originales que le fils du célèbre anatomiste de
Groningue avait envoyées au continuateur de Buffon.
Les réflexions qui précèdent la description d'Adrien
Camper sont vraiment très-remarquables; elles montrent
les difficultés que les naturalistes éprouvent à classer les
différens êtres de la nature quand ils veulent suivre les
préceptes des méthodes artificielles. Adr. Camper crut
que Rondelet seul avait parlé de ce poisson. On ne peut
cependant douter que Belon n'en ait aussi laissé une
figure, mais celle-ci est à la vérité fort incorrecte et
beaucoup moins bonne que celle de Rondelet. C'est elle
pourtant qui a été reproduite dans Aldrovande, dans
Gessner et dans Willughby. Ces auteurs, ayant laissé de
côté Rondelet, n'ignoraient pas toutefois ces travaux,
puisque Aldrovande fait observer que son poisson a le

bec droit, tandis que Rondelet a un peu redressé celui qu'il a fait dessiner, et que Belon l'a au contraire courbé par en bas. Gessner se demande si l'*Acus altera minor* de Belon n'est pas le même que le *Saurus* de Rondelet; il en fonde l'affinité dans les pinnules caudales, mais en le regardant comme distinct. On voit donc, par cet exposé, que les trois grands ichthyologistes du seizième siècle avaient connu le Scombrésoce et en avaient laissé des figures de valeur différente, quant à leur exactitude.

Cependant M. de Lacépède aurait bien pu ne pas attendre la communication de Camper pour connaître ce singulier Lucioïde; car Pennant en donna, dans son Voyage en Écosse, une figure reconnaissable sans être très-exacte, et qu'il a reproduite dans la Zoologie britannique. On ne doit pas s'étonner de trouver le scombrésoce figuré par les ichthyologistes anglais, car, de l'aveu de tous, l'espèce n'est pas très-rare dans quelques-unes de leurs baies.

Les poissons qui appartiennent à ce genre sont remarquables par un ensemble de caractères qui paraît emprunté à plusieurs autres genres de familles fort différentes. A n'examiner que l'ensemble général des formes, on pourrait dire que les Scombrésoces sont des Orphies depuis la tête jusqu'au dernier rayon de leurs nageoires dorsale et anale, auxquelles on aurait ajouté la caudale d'un maquereau. On trouverait encore des caractères empruntés à un troisième genre en examinant les branchies, qui, par la disposition et la grandeur des ratelures pectinées et par la largeur de l'ouverture des ouïes, ressemblent beaucoup à l'appareil branchial d'un Hareng ou d'une Alose. Il faut même que l'on saisisse une certaine ressemblance générale entre le Hareng et le Scombrésoce, puisque les Anglais donnent à celui-ci pour l'une des dénominations vulgaires le nom de *Egyptian Herring*. Mais en étudiant en détail chacune des parties, l'on voit cependant qu'elles ont des caractères propres qui les font distinguer de celles qu'on leur compare dans les autres poissons.

Le bec des Scombrésoces est constitué par le prolongement des deux intermaxillaires, et par l'alongement des branches de la mâchoire inférieure, qui dépasse toujours la supérieure : ces os sont juxtaposés plutôt que complétement réunis; aussi n'est-il pas rare de voir des exemplaires chez lesquels ces parties sont séparées l'une de l'autre, surtout après une macération plus ou moins continue dans l'alcool. Ce bec est si grêle et si délicat qu'il se déforme facilement. Dans les individus bien conservés je l'ai toujours vu droit ou très-légèrement redressé. Nous en possédons un qui l'a relevé, à peu près autant que cela est indiqué sur le dessin de Camper; mais je n'en ai jamais vu qui aient le bec courbé vers le bas, à la manière de celui représenté par Belon. Ce qui me fait dire que c'est une déformation, c'est que j'en ai signalé une tout-à-fait semblable à cette dernière dans un individu de l'espèce de *Belone truncata*.

Les dents sont d'une finesse extrême et sur un seul rang; il n'y en a point au palais ni sur la langue. La dorsale et l'anale sont reculées sur l'arrière du corps, opposées l'une à l'autre et suivies de petites pinnules, dont le nombre varie suivant les espèces. De chaque côté du ventre il existe une carène écailleuse semblable à celle des orphies, mais qui s'efface près de l'anale et ne s'élève jamais sur la queue. Le canal intestinal de ces animaux n'est formé que d'un conduit conique assez ample en avant, rétréci près de l'anus; il est droit et sans aucune circonvolution ni appendice cœcal : cette disposition avait déjà été signalée par Rondelet.

D'après les auteurs qui ont examiné le scombrésoce sur le frais, il ne paraît pas que les os soient de couleur verte ainsi qu'on l'observe chez les orphies.

J'ai découvert dans ce genre une disposition anatomique des plus remarquables, quoique quelque chose de semblable ait été observé auparavant dans d'autres genres de poissons, tels que les polynèmes, les sebastes et les maquereaux. L'on sait que M. de Laroche a fait connaître que le maquereau de la Méditerranée, très-voisin de celui de l'Océan, en diffère par le caractère notable de la présence d'une vessie natatoire, organe qui manque au premier. Les ichthyologistes qui m'ont précédé avaient cru à l'identité spécifique des scombrésoces de nos deux mers. En disséquant l'une et l'autre de ces espèces, j'ai observé dans ceux de nos côtes une vessie natatoire, qui manque à ceux de la Méditerranée : ce caractère m'a fait séparer ces deux poissons, d'ailleurs semblables à l'extérieur.

Je vais en donner successivement la description, et y ajouter ensuite celle de plusieurs espèces étrangères; car ce genre se trouve assez répandu dans les différentes mers. Nous savons qu'il en existe à Terre-Neuve, à Sainte-Hélène, à Valparaiso du Chili, au cap de Bonne-Espérance et dans les mers Australes de la Nouvelle-Zélande.

Le Scombrésoce campérien.

(*Scombresox Camperi*, Lacép.)

Les naturalistes ayant confondu les deux espèces de
Scombrésoces qui vivent dans les mers d'Europe, on
conçoit qu'il est aussi difficile de séparer d'une manière
bien certaine la synonymie de ces deux poissons que cela
nous l'a été pour les deux espèces d'orphies. Toutefois
nous procéderons de la même manière, et nous appli-
querons au scombrésoce de l'Océan ce que les auteurs qui
ont traité des poissons de ces côtes, ont écrit sur l'espèce
septentrionale.

Nous commencerons donc par reconnaître dans ce
poisson le *Skipper* de Ray[1]; nous croyons aussi que ce
que Camper a communiqué à M. de Lacépède, relativement au poisson de son cabinet, se rapporte à notre espèce,
parce qu'on peut supposer que le marchand d'Amsterdam
avait reçu ce poisson des côtes de la Hollande. Il ne serait
pas cependant impossible que cet individu ne vînt du cap
de Bonne-Espérance, à cause des relations presque con-
tinuelles de cette colonie avec la mère patrie. Mais ces
doutes ne peuvent s'étendre aux *Saury* de Pennant[2] qui
venaient des côtes d'Écosse, où ils avaient échoués en
grand nombre sur les sables de Leith après une grande
tempête du mois de Novembre 1768.

M. Rackett[3] a donné, dans le VII.ᵉ volume des Transactions de la Société linnéenne, la figure d'un autre exem-

---

1. *Syn. pisc.*, p. 169.
2. Penn., *Tour. of Scot.*, 1769. — *Brit. zool.*, 3, p. 325.
2. Rack., *Linn. Transact.*, vol. VII, p. 60, tab. 5.

plaire, échoué aussi après une tempête sur les bords de l'île de Portland dans le Dorsetshire.

Donovan[1] s'est aussi procuré un scombrésoce à la suite de circonstances semblables : la figure coloriée de son ouvrage est certainement une des meilleures qui soient restées sur ce poisson.

Turton[2], Flemming[3], Jennyns[4] le comptent dans leurs Faunes d'Angleterre. M. Yarell l'a aussi très-bien représenté dans son Ichthyologie.

Linné n'a pas fait mention de cette espèce, ce qui n'a pas empêché Bloch de l'introduire dans son Système posthume sous le nom d'*Esox saurus,* en disant, d'après Ray, que l'espèce vit sur les côtes de Cornouailles, et qu'on la trouve aussi, mais rarement, dans la Méditerranée. Il confondait les espèces des deux mers, ainsi que les citations de ses prédécesseurs qui peuvent s'y rapporter. La figure de cet ouvrage représente tout aussi bien l'une que l'autre de ces deux espèces de scombrésoces.

Le corps de ce poisson est plus alongé que celui d'un maquereau, auquel il ressemble à plusieurs égards, mais il l'est beaucoup moins que celui de l'orphie. La plus grande hauteur du corps se maintient à peu près égale depuis la tête jusqu'aux nageoires verticales, lesquelles sont opposées l'une à l'autre, comme dans tous les poissons de la famille des Brochets; la hauteur est cependant comprise dix fois dans la longueur totale, ce qui prouve que le corps est beaucoup moins fusiforme que celui du maquereau; la queue, au-delà des pinnules, est tellement rétrécie, que sa hauteur

1. Donov., vol. 5, pl. 116.
2. Turt., *Brit. Faun.*, p. 105.
3. Flemm., *Anim. Kingsd.*, p. 184.
4. Jenn., Anim. vert., p. 418.

est quatre fois et demie dans celle du tronc. Le bec est droit, extrêmement grêle; en le mesurant jusqu'à l'angle de la commissure, je le trouve toujours un peu plus long que le reste de la tête; car sa longueur atteint toujours au-delà de l'insertion de la pectorale, et est comprise six fois et demie dans la longueur totale. La mâchoire supérieure, plus grêle, plus étroite que l'inférieure, est aussi plus courte, ne faisant à peu près que les trois quarts de l'inférieure : elle peut se cacher dans une petite rainure, dont celle-ci est creusée pour la recevoir. L'alongement du bec supérieur est formé, comme dans l'orphie, par le prolongement des intermaxillaires, et l'on voit très-bien la soudure latérale des maxillaires à la base de ce bec, qui est recouvert par le sous-orbitaire : cet os, mince, quadrilatère, sans échancrure ni festons en avant, a sous la narine une entaille étroite et profonde. L'articulation de la mâchoire inférieure dépasse l'angle postérieur de cet os. L'œil est de grandeur médiocre : son diamètre est cinq fois et demie dans la longueur de la joue : il n'est pas recouvert par une paupière adipeuse, comme cela a lieu dans le maquereau, mais cependant un épaississement assez marqué et muqueux de la peau au-devant de l'œil s'étend un peu sur le sous-orbitaire; le préopercule est très-mince, presque entièrement soudé; un large feuillet operculaire, composé d'un opercule et d'un sous-opercule minces comme une écaille et soudés ensemble; l'interopercule semble se confondre avec l'angle du préopercule et l'alonge en arrière, tout en le laissant arrondi.

L'isthme de la gorge est tellement étroit que les deux branches de la mâchoire inférieure, ainsi que les deux feuillets operculaires, se touchent en dessous. Les ouïes sont très-largement fendues, autant certainement que dans la famille des Clupées. La membrane branchiostège est entièrement cachée sous l'opercule : elle est soutenue par treize rayons. Les branchies elles-mêmes ont des peignes longs et grêles, et le premier feuillet a pour râtelure des lames pectinées, semblables sous tous les rapports à celles de nos harengs, de sorte que, sous ce rapport, le scombrésoce se lie par de nouvelles affinités que nos prédécesseurs n'avaient point signalées, à une troisième famille de poissons.

Les dents des deux mâchoires sont d'une très-grande petitesse et toutes égales : elles diminuent cependant un peu à mesure que l'on s'approche de l'extrémité du bec : elles sont disposées sur un seul rang. Le palais est tout-à-fait lisse; les dents pharyngiennes sont très-fines et pointues, serrées l'une contre l'autre et un peu inclinées vers le fond. La langue est assez libre dans le fond de la bouche : elle n'a pas de dents. Les narines sont, comme celles de l'orphie, dans un enfoncement triangulaire au-devant de l'œil, et me paraissent s'ouvrir sur le bord libre de la papille qui sépare cet enfoncement en deux petites cavités.

L'épaule est en partie couverte par le bord operculaire. La pectorale est attachée à peu près vers le milieu de la hauteur, et à la hauteur de l'angle de la fente des ouïes; le surscapulaire forme une pièce irrégulièrement trapézoïdale, couchée au-dessus de l'opercule.

Le dessus du crâne offre, de la nuque aux yeux, une surface à peu près plane; il s'arrondit au-devant, ainsi que les deux côtes formées par les mastoïdiens, qui, dépassant de chaque côté la nuque, laissent, comme dans l'orphie, une échancrure assez profonde remplie par les muscles du dos.

La dorsale est insérée sur le dernier tiers de la longueur du tronc; cette nageoire est basse, à bords coupés droit, mais inclinés : le dernier rayon semble s'élargir déjà un peu et ressembler aux pinnules. L'anale commence un peu au-devant du premier rayon de la dorsale : elle est plus basse qu'elle, mais de même forme; en arrière de ces deux nageoires on voit, sur le dos et sous la face inférieure de la queue, une suite de petites pinnules semblables à celles des scombéroïdes, et en nombre inégal, comme cela a lieu dans les espèces de cette famille; on en compte cinq en dessus et sept en dessous. Il faut toutefois faire attention que le dernier rayon de la dorsale s'élargit un peu en éventail; que son filet postérieur s'alonge un peu, de façon qu'il ressemble assez bien à une fausse pinnule. Je l'aurais même compté comme une fausse nageoire, s'il n'était réuni par une membrane aux autres rayons de la dorsale. D'ailleurs, en me tenant au nombre de cinq et de sept pour les pinnules comptées sur un de ces individus, je suis d'accord avec Donovan, Jennyns, Yarrell et Pennant. Mais M. de Lacépède a donné, d'après Camper, six pinnules en haut; Flemming ne compte en dessus comme en dessous que six pinnules, mais il fait observer que ce nombre en est variable. La caudale est profondément fourchue et tous ses rayons sont très-distinctement articulés.

B. 13; D. 12; A. 12; C. 27; P. 12; V. 6.

Tout le corps est couvert de petites écailles égales, caduques. Il y a, comme dans les orphies, sous le ventre deux carènes formées d'écailles peu résistantes : elles sont rapprochées l'une de l'autre beaucoup plus que dans l'orphie commune; mais comme on l'observe dans plusieurs espèces étrangères, ces carènes s'évanouissent à la quatrième fausse pinnule : je les crois, comme dans l'orphie, distinctes de la ligne latérale; car je puis suivre celle-ci du haut de l'angle de l'opercule jusqu'à la queue par le milieu du corps du poisson.

La couleur, qui se conserve encore assez bien dans les individus de la collection, est un beau bleu d'outre-mer sur le dos et un argenté très-brillant sur les côtés et le ventre; la caudale et les pinnules dorsales sont bleues.

La dorsale et la pectorale sont plus pâles; on voit une tache bleue assez foncée à l'aisselle de cette dernière; l'anale, les pinnules inférieures et les ventrales sont teintes du plus léger bleuâtre.

En ouvrant le poisson pour en étudier la splanchnologie, j'ai trouvé

un canal intestinal formé d'un simple tube membraneux, se rendant directement de la gorge à l'anus, sans faire aucun repli, aucune boursoufflure, mais se rétrécissant graduellement et régulièrement : cela est exactement la forme du canal intestinal des stomias, avec un peu plus d'épaisseur dans les parois. Le foie est très-petit; au-dessus de ce canal existe, dans toute la longueur de la cavité abdominale, une vessie aérienne fusiforme, à parois excessivement minces, brillantes, d'un argenté bleuâtre, et qui, à cause de cette couleur et de sa capacité, ne peut être un seul instant méconnue ou révoquée en doute.

Les reins sont assez épais : ils occupent toute la longueur de la portion abdominale de la colonne vertébrale; ils sont maintenus en dessous par une sorte de réseau à mailles assez larges et composé de brides que je crois fournies par le péritoine. C'est une fort singulière disposition que je n'ai encore observée dans aucun autre poisson.

Cette description du Scombrésoce campérien a été faite d'après un individu long d'un pied environ, qui a été envoyé d'Abbeville au Musée d'histoire naturelle par M. Baillon. Il avait été pris dans le fond de la baie de Saint-Valéri sur Somme, c'est le seul exemplaire que nous ayons reçu de la Manche, quoique depuis plus de trente ans l'on recherche avec suite et activité les poissons de nos côtes, que les divers zoologistes du Jardin des plantes ont toujours été empressés à mettre dans le Cabinet du Roi.

Nous en avons un autre exemplaire de même taille, mais d'origine inconnue, que M. Cuvier s'était procuré en Hollande. Puisque le scombrésoce ne paraît que si rarement sur nos côtes, et qu'il ne s'est offert sur celles de Cornouailles ou d'Écosse qu'à la suite de grandes tempêtes, nous devons croire, avec M. Yarell, qu'il est un poisson voyageur. Il serait, au contraire, plus abondant, d'après le témoignage de M. Low, vers les Orcades et aussi dans le détroit de Forth, où il en paraît des troupes nombreuses à l'automne.

Le Scombrésoce de Rondelet.

(*Scombresox Rondeletii*, nob.)

Nous croyons juste de suivre l'exemple qui nous a été

donné par M. de Lacépède, en désignant par le nom du
célèbre ichthyologiste du seizième siècle, l'espèce de la
Méditerranée que nous distinguons aujourd'hui. Ce n'est
pas que nous trouverons, soit dans Rondelet, soit dans
les auteurs postérieurs même les plus récens le caractère
distinctif de notre poisson; mais la figure du Saurus, que
nous devons au naturaliste de Montpellier, doit être
nécessairement appliquée à l'espèce de la Méditerranée
qu'il décrivait. Elle paraît rare aux environs de Cette.
Rondelet le dit positivement, en ajoutant que le scombrésoce lui a été apporté par les pêcheurs de son pays
comme un poisson nouveau. Après Rondelet nous sommes
obligés d'arriver jusqu'à Bloch, qui indique aussi le scombrésoce comme un poisson rare de la mer Méditerranée.
Cependant M. Risso, dès sa première édition, citant notre
poisson sous le nom que lui a donné M. de Lacépède,
le mentionne comme une des espèces de passage dans
la mer de Nice, dont la migration se ferait régulièrement
chaque année en Juillet et en Octobre: à cette époque
on en prend des légions nombreuses dans la madrague
de ce port. Il répète la même chose dans la seconde
édition.

M. Rafinesque n'ayant pas voulu, comme il l'avoue,
adopter le nom composé de M. de Lacépède, qu'il trouvait complétement contraire aux lois de la nomenclature
zoologique, s'est donné le tort de changer la dénomination significative du zoologiste français en celle de *Sayris*:
c'est un pur néologisme tout-à-fait inutile. Ce qui est plus
mauvais encore, c'est que cet auteur a établi cinq espèces
nominales sur de simples variétés de ce même poisson,
et que la figure qui représente l'une d'elles, le *Sayris*

hians, est même si défectueuse que l'auteur a oublié la nageoire dorsale. M. le prince de Canino, qui a préféré le nom du naturaliste sicilien à celui que tous les autres zoologistes avaient accepté de M. de Lacépède, a parfaitement reconnu cette inutile multiplication d'espèces; mais ce savant zoologiste, croyant encore à l'identité spécifique du poisson de la Méditerranée et de celui de l'Océan, a fait entrer dans sa synonymie les citations de Pennant et de Lacépède, qui ne se rapportent pas cependant aux individus des mers d'Italie.

La figure de la Faune italienne est une des meilleures que l'on ait de ce poisson. Nous en avons aussi donné une figure dans l'Iconographie du Règne animal, pl. 98, n.° 1, sous le nom de *Scombresox saurus.*

Je ne saurais signaler en lui de caractères extérieurs fort apparens, malgré l'étude minutieuse et comparative que j'ai faite sur vingt-quatre individus; tous cependant me paraissent avoir les dents plus fines que celles du scombrésoce de l'Océan : j'appelle même l'attention sur cette particularité; car nous avons trouvé comme différence extérieure à peu près appréciable entre le maquereau commun et le *scomber pneumatophorus,* que ce dernier a les dents plus fines; mais nous avons à signaler une différence anatomique fort curieuse, et qui est tout-à-fait inverse de celle qui existe entre le maquereau de l'Océan et celui de la Méditerranée. Tandis que le scombrésoce campérien, celui de l'Océan, a une longue vessie natatoire, il n'en existe aucun vestige dans l'espèce de la Méditerranée, du moins je n'ai pu en voir la trace dans cinq individus de différentes tailles que j'ai ouverts dans le but de rechercher cette vessie, que j'ai trouvée si longue et si apparente dans notre première espèce.

Quant aux pinnules, je les vois extrêmement variables dans nos différens individus: ainsi, ceux de Naples m'ont donné le plus généralement cinq pinnules en haut et six en bas; mais j'en ai qui

ont quatre et six ; un autre six et six ; et enfin un a six et sept :
ceux de Sardaigne ont cinq et six ; ou six et sept ; ceux de Nice
avaient cinq, sept ; cinq, six ; six, six ; et six, sept : mais je n'ai
jamais compté, comme M. Risso, un nombre égal en haut et en bas,
et seulement de cinq. M. le prince de Canino a retrouvé les mêmes
nombres que M. Risso, que je n'ai pas observé sur nos individus
de Messine, qui m'ont offert cinq, sept ; et six, six. La citation de
ces nombres prouve avec quel soin j'ai étudié ces poissons, afin de
connaître les variations qu'ils peuvent nous offrir.

Nos plus grands individus sont longs de treize pouces :
ils ont été rapportés de Naples par M. Savigny. Nous en
avons reçu d'autres de Nice, par M. Laurillard ; de Sardaigne, par M. Bonelli ; de Messine, par M. Bibron. Nous
voyons l'espèce s'avancer jusqu'au cap de Bonne-Espérance. Nous en avons des individus qui nous ont été
envoyés de cette pointe australe de l'Afrique par M. Jules
Verreaux.

Cette observation est assez importante, car elle sert à
expliquer la figure que l'on trouve dans Barbot[1] sous le
nom de *Balahow*, poisson qu'il dit être peu commun sur
la côte de Guinée. Il ne faut pas d'ailleurs oublier que ce
nom de *Balahow* est celui des hémiramphes chez tous
nos colons ; et c'est là ce qui peut expliquer l'observation
que ce voyageur a ajoutée à la suite de l'indication sur
l'origine de son poisson, quand il dit que ce *Balahow*,
rare sur la côte d'Afrique, est commun aux Antilles et
dans les mers américaines. D'ailleurs, Barbot avait sous
les yeux un individu dont les branches des deux mâchoires
s'étaient séparées suivant leur longueur, ce qui lui a fait
croire que le poisson avait le bec divisé en fourche.

---

1. *Collect. of travels and voyages*, vol. 5, pl. 19, p. 224.

Le nom vulgaire du scombrésoce est à Nice, suivant M. Risso, *Gastodello* ou bien *Gastandela*. Cet auteur dit, que sa chair est coriace; que ce poisson se tient entre deux eaux; qu'apparaissant sur les côtes de Nice en Juillet, il les quitte en automne; que les femelles sont pleines d'œufs pendant l'été. Les noms siciliens donnés par M. Rafinesque et par le prince de Canino sont : *Testareda, Cristareda, Cristardedda, Tristaredda et Ristardedda.*

Le SCOMBRÉSOCE COUTELET.

(*Scombresox scutellatus*, Lesueur).

Ce zoologiste a publié, dans le Journal des sciences de Philadelphie, la description de deux espèces de ce genre, dont celle qui va faire le sujet de cet article, lui a été fournie dans les circonstances semblables à celles qui ont procuré à M. Dussumier l'individu que nous allons décrire.

Le caractère le plus saillant de cette espèce consiste dans la forme comprimée du corps, qui ressemble, comme l'a très-bien exprimé M. Lesueur, à une petite lame de couteau.

Je vois sa hauteur comprise près de neuf fois dans la longueur totale; la brièveté du museau est aussi non moins remarquable; car la longueur du bec n'est guère que moitié du reste de la tête; le bec supérieur lui-même n'est pas beaucoup plus prolongé que celui de plusieurs hémiramphes.

Les dents sont très-petites; la pectorale est attachée sur le haut du côté : elle est très-courte; la caudale me paraît fourchue.

Je ne compte que cinq pinnules au-dessus de la queue et que six en bas.

D. 10; A. 1$\overset{?}{2}$, etc.

La couleur est d'un beau vert sur le dos et le reste du corps est argenté.

Ce petit poisson, long-de deux pouces neuf lignes, a été recueilli par M. Dussumier en le retirant de l'estomac d'une coryphène (*Coryphæna equisetis*) qu'il préparait pour ses grandes collections et qu'il venait de pêcher à vingt-cinq lieues au nord de Sainte-Hélène.

Nous avons un second exemplaire de la même espèce, qui n'a, comme le précédent, que cinq pinnules en haut et six en bas. Il est de même taille; celui-là provient des collections que M. Mathieu, colonel d'artillerie, fit à l'Isle-de-France ou pendant sa traversée de retour.

Ces deux exemplaires me confirment dans l'opinion que nous avons là sous les yeux l'espèce de M. Lesueur, quoique son individu ait été pris fort loin des deux précédens; car celui-ci a été retiré de l'estomac d'une morue au banc de Terre-Neuve.

Je vois bien que M. Lesueur compte six pinnules en haut et sept en bas; mais comme il y a plusieurs autres erreurs[1] dans cette description, imprimée sans doute à la hâte, je ne puis attacher une grande importance à ces différences, et je préfère m'en rapporter à la ressemblance générale que m'offre le dessin. D'ailleurs nous voyons varier tellement le nombre des pinnules de l'espèce de nos mers, que nous pouvons bien croire à de semblables variations dans les espèces étrangères.

---

1. Ainsi la caudale est, par erreur typographique, marquée de l'initiale de l'anale; le nom spécifique de son poisson, qu'il voulait appeler avec raison *cultellus* (petit couteau), est écrit *scutellatum*, épithète que l'on ne peut appliquer à ce poisson.

Le Scombrésoce équirostre.

(*Scombresox equirostrum*, Lesueur).

Nous retrouvons la seconde espèce, décrite par M. Lesueur sous le nom que nous lui conservons, dans un individu que M. Gay a rapporté du Chili, et que ce savant voyageur a bien voulu déposer dans le Cabinet du Roi.

Ce poisson a les deux mâchoires égales, étroites, grêles et un peu recourbées vers le haut; les dents sont d'une finesse extrême; la longueur du bec fait la moitié de celle de la tête entière, laquelle est comprise trois fois et demie dans la longueur totale.

La hauteur du corps n'est que trois fois et demie dans celle de la tête; l'œil est de grandeur médiocre; le sous-orbitaire est mince, étroit, arrondi en avant et en dessous; la pectorale est courte, échancrée; la ventrale est petite; la dorsale est basse; l'anale l'est davantage; la caudale est fourchue.

D. 11; A. 13; P. 5—7; C. 27; P. 14; V. 6.

La couleur est un beau bleu d'outre-mer sur le dos, devenant verdâtre sur le dessus du crâne; une bande plus pâle sépare, sous la forme d'une large raie, cette teinte foncée de celle un peu moins intense, qui commence à la ligne latérale et qui se fond insensiblement dans le blanc du ventre.

Les nageoires, ainsi que le dessous de la mâchoire inférieure, ont du brun verdâtre, mêlé à la teinte bleue générale du poisson.

L'individu que je décris ici est long de neuf pouces; je le dois à l'obligeante communication que m'en a faite M. Gay. Il a bien voulu me laisser prendre un calque du dessin qu'il en a fait sur le frais, et m'a donné ainsi la possibilité de compléter ma description. En comparant cet exemplaire à la figure de M. Lesueur, il est impossible de douter de leur identité spécifique. Si d'ailleurs le texte de la description insérée dans le Journal des sciences de Philadelphie offre quelques différences, elles dépendent sans aucun doute de ce qu'elle a été faite d'après un individu desséché et conservé dans le cabinet de Boston; et M. Lesueur ne dit pas que le poisson eût été pêché sur les côtes des États-Unis.

Dans sa grande et importante Faune de New-York, M. Dekay a réuni les deux espèces de Lesueur en une seule. Je ne partage pas cette opinion, après l'inspection des individus de la collection du Muséum. Le scombrésoce équirostre est appelé par ce savant et par M. Storer, *Bill-fish*. Ne croyant pas devoir adopter la dénomination de M. Lesueur, il a désigné son poisson sous le nom de *Scombresox Storeri*. Il lui donne cinq pinnules au-dessus et au-dessous de la queue. La figure, d'un jaune verdâtre sur le dos et blanche ou légèrement jaunâtre sur les côtés, offre une ligne bleue longitudinale.

M. Storer donne plus de détails sur le Scomb. équirostre que son compatriote, parce que le poisson est plus abondant sur les côtes du Massachussets que sur celles de New-York : il arrive au cap Cod aux environs d'Octobre, un peu plus tôt ou un peu plus tard, suivant la saison : il y est l'objet d'une pêche considérable, parce que les riverains de ce cap l'estiment comme une nourriture fort agréable au goût.

Le SCOMBRÉSOCE DE FORSTER.

(*Scombresox Forsteri*, nob.)

Forster nous a fait connaître, depuis long-temps, qu'il existe sur les côtes de la Nouvelle-Zélande un scombrésoce très-voisin des précédens : quoique ce voyageur nous en ait laissé une description très-détaillée, elle ne peut servir à établir les caractères de l'espèce dont il avait donné une synonymie exacte pour l'époque où il écrivait.

Voici ce que ce voyageur en dit :

« Le corps de ce poisson est comprimé et comme lancéolé, couvert de petites écailles ; la tête, peu carrée, est pointue en avant ; le bec est alongé en alène ; la mâchoire inférieure est un peu plus longue que l'autre ; les dents sont petites, pointues et serrées ; les narines sont grandes, ouvertes, placées près des yeux et au-dessous d'eux ; ceux-ci sont grands, sur le haut de la joue ; la membrane branchiostège a douze rayons : il y a cinq pinnules sur le haut de la queue et sept dessous.

B. 12 ; D. 11 ; A. 12 ; Pin. V. et VII ; C. 14 ; P. 13 ; V. 6.

« La couleur est un bleu noirâtre sur le dos et argenté sur le reste du corps ; les pinnules dorsales sont noires et les dorsales sont blanches ; la caudale est d'un bleu verdâtre. »

Forster a vu ce poisson rejeté sur le rivage après des tempêtes. Ce poisson des mers australes a donc autant de ressemblance dans ses mœurs que dans ses formes avec le scombrésoce de notre pôle.

ADDITION au genre LOCHE.

Après *la* LOCHE AUX PETITES VENTRALES

(*Cobitis micropus*, nob.), page 32 de ce volume,

ajoutez :

La LOCHE A QUEUE D'ANGUILLE.

(*Cobitis anguillicaudata*, Cantor.)

Je veux réparer ici l'oubli que j'ai fait lors de la rédaction de l'histoire des Loches. Je trouve dans l'Ichthyologie du voyage du capitaine Edw. Belcher, rédigée par le Dr Richardson [1], la description et la figure d'une Loche qui avoisine notre *Cobitis micropus*, en même temps que la forme de sa caudale rappelle à certains égards celle de notre *Cob. malapterura*.

C'est une espèce

à corps un peu plus raccourci que le Misgurne, ayant dix barbillons, point d'épines au-dessous de l'œil, environ cent dix rangées d'écailles entre l'ouverture de l'ouïe et la caudale; la dorsale, au-dessus des ventrales, insérée sur le milieu de la longueur totale; l'anale aux trois quarts de la longueur; la caudale arrondie, précédée d'un nombre assez considérable de petits rayons soutenus par une peau épaisse.

D. 8; A. 6; C. 15; P. 13; V. 7.

La couleur est jaune, tachetée d'olive au-dessus de la ligne latérale et de cendré noirâtre au-dessous; les rayons des nageoires, jaunes et ponctués de noir, ont leur extrémité rouge.

Cette espèce, qui vient du Chusan, a été établie sous le nom que lui a conservé M. Richardson, par le Dr Cantor.

---

1. Rich., *Ichth. of Sulfur*, p. 143, pl. 55, fig. 9, 10.

SUPPLÉMENT

AU TOME XV.

Des Trichomyctères.

(*Trichomycterus*, nob.)

Lorsque j'ai rédigé pour le recueil des observations de zoologie de M. de Humboldt une nouvelle description de l'Érémophile, j'ai tracé à la fin et dans quelques mots une description sommaire d'un genre de poissons vivant dans les eaux douces des plaines les plus basses de l'Amérique, au niveau de l'Océan sur les côtes du Brésil. J'ai appelé l'espèce unique que je connaissais alors *Thrychomycterus nigricans;* elle provenait des savantes collections faites par notre confrère M. Auguste Saint-Hilaire. Depuis ce premier essai, M. Gay, botaniste fort instruit et non moins zélé zoologiste, a bien voulu me communiquer les dessins et les poissons originaux de trois autres espèces nouvelles du même genre, mais un peu plus australes, et qui ont été prises par ce naturaliste dans les eaux douces des environs de Santiago du Chili.

Je reconnus par l'étude de plusieurs espèces de ce genre la valeur des caractères que j'avais indiqués dans ma première note; je me confirmai dans l'opinion qu'il devait être placé auprès de l'*Eremophilus,* tellement que je persiste à les appeler encore des Érémophiles à nageoires ventrales; j'avais aussi à cette époque cru que ces poissons devaient être placés dans la famille des Siluroïdes.

Cependant, après avoir réfléchi sur leur forme générale et sur l'absence de la nageoire adipeuse dans des poissons

qui doivent prendre place auprès des Hétérobranches et
des Malaptérures, si on en fait des Siluroïdes, des doutes
se sont élevés dans mon esprit, j'ai cru mieux faire en
examinant si ces poissons ne devaient pas prendre rang à
côté des Loches (*Cobitis*). C'est là ce qui m'a empêché
de publier la description de ces deux genres à la suite
des Siluroïdes. Aujourd'hui, que je viens de publier la
nombreuse série des espèces de *Cobitis* à la tête de ce
volume, que j'ai pu étudier avec détail l'organisation des
Loches, et que mes idées sont plus arrêtées sur la valeur
des caractères de ce genre, je n'hésite plus à considérer
de nouveau le Trichomyctère et l'Érémophile comme des
Siluroïdes, mais qui établiront un nouveau lien entre
cette famille et celle des Cyprinoïdes. Je me fonde, pour
établir ce rapprochement, sur l'importance que l'on doit
donner à l'absence de sous-opercules, caractère qui se
maintient malgré la loi d'unité de composition dans toutes
les espèces de Siluroïdes, sous quelque forme que la
nature nous les montre. L'absence de nageoire adipeuse
ne peut pas avoir la même valeur, puisque nous la voyons
manquer dès les premières espèces de Siluroïdes. Le
défaut de ventrales chez l'Érémophile n'a pas plus de
valeur pour fixer la place dans les familles naturelles
parmi les Siluroïdes, que l'absence et ces mêmes nageoires
ne peut en avoir dans celle des Scombres, des Blennies,
des Salmones et des Cyprins. Les Trichomyctères sont
voisins des Malaptérures, ainsi que le démontre la forme
générale de leur corps, la dépression de la tête, l'amin-
cissement du museau et la forme de leur crâne; mais
ils s'en distinguent à l'extérieur par la présence d'une nageoire dorsale insérée sur le milieu du dos, par l'absence

de nageoire adipeuse, et à l'intérieur par le défaut de vessie aérienne.

Les rayons branchiostèges sont au nombre de huit et non de six, comme je les ai compris dans mon mémoire. Ayant eu de M. Gay des exemplaires plus grands et mieux conservés que celui de M. Auguste Saint-Hilaire, je me suis assuré de l'exactitude de ces nombres.

Outre ceux que nous avons reçus de M. Gay, j'en ai aussi un petit individu qui nous est venu de Rio Janeiro, par les soins de M. Menestrier, conservateur du Cabinet de l'académie impériale de Saint-Pétersbourg.

Le TRICHOMYCTÈRE POINTILLÉ.

(*Trichomycterus punctulatus*, nob.)

Nous devons cette première espèce à M. Fontaine. Ce voyageur nous a procuré les plus grands Trichomyctères, et comme ses individus sont parfaitement conservés, nous commencerons notre description par eux.

Ces poissons ont la tête aplatie, le museau arrondi, aminci et tout-à-fait en cône. Le tronc devient plus rond, surtout à cause de la saillie du ventre, puis, vers la queue, le corps devient très-comprimé. Le profil du dos est assez soutenu; la hauteur vers le milieu de l'espace, entre le bout du museau et la dorsale, est six fois et demie dans la longueur totale, à la nuque et à la queue la hauteur ne fait guère que la moitié de celle du tronc. La largeur du tronc est plus petite d'un quart que la hauteur, celle de la nuque surpasse d'un tiers la hauteur, et celle de la queue n'est plus que le quart ou même le cinquième de la hauteur. La circonscription du museau, arrondi, est augmentée par l'épaisseur de la lèvre supérieure qui recouvre l'inférieure, et elle est un peu élargie vers les angles de la bouche où sont implantés les barbillons labiaux. La longueur de la tête est du sixième de la longueur totale. Les yeux sont au milieu de la longueur, et autant écartés l'un de l'autre qu'ils sont éloignés du bout du museau. Ils sont tout-à-fait verticaux et petits, car leur diamètre n'est guère que le huitième de la longueur de la tête. A une distance égale au diamètre oculaire, on voit l'ouverture antérieure de la narine, et un peu en arrière la postérieure. Celle-ci n'est qu'un trou rond, tandis qu'au bord externe de l'antérieure il y a un tentacule grêle et filiforme, un peu plus long que la moitié de la longueur de la tête.

A l'angle de la bouche il y a deux autres barbillons aussi longs que le tentacule nasal. Ces barbillons sont tout-à-fait charnus, implantés sur les lèvres, et ne tiennent pas à l'os maxillaire. Ils sont donc semblables à ceux des loches.

Je trouve sous la peau, après une dissection faite avec le plus grand soin, un très-petit stylet osseux, qui est le rudiment d'un sous-orbitaire, mais au lieu d'être au devant de l'œil, comme dans les loches, il est au bord postérieur de l'orbite.

L'opercule, presque entièrement caché sous la peau, ne laisse voir au dehors qu'un faisceau d'épines au nombre de quinze envi-ron, dont trois, plus grandes que les autres, bordent sur une même ligne cette pièce osseuse. Le préopercule, assez grêle, est confondu avec la caisse et les ptérygoïdiens pour former la grande aile mobile de la joue. Il est lisse, sans épines, et tout-à-fait caché sous la peau. Il n'y a pas de sous-opercule, mais l'interopercule est grand et forme sous la tête une plaque oblongue épineuse. Les plus longues espèces, au nombre de douze, sont sur le bord de l'os, et les autres petites, en herse, sont en avant sur deux ou trois rangées, et imbriquées ou enchevêtrées.

La bouche est petite, fendue en travers. Un petit maxillaire très-court et mobile paraît perdu dans l'épaisseur de la lèvre, et les intermaxillaires, ainsi que la mâchoire inférieure, portent une assez large bandelette de dents fines et crochues, plutôt en herse qu'en velours. Le palais est lisse. L'isthme de la gorge est plat et grand. Les ouïes sont largement fendues. La membrane branchios-tège a huit rayons branchiaux, dont les quatre derniers, les plus grands, sont aplatis et élargis à leurs extrémités.

Les pharyngiens supérieurs sont deux petites plaques ovales, qui portent des dents semblables aux épines des pièces operculaires. Les pharyngiens inférieurs sont très-petits, ont des dents sur un seul rang, et sont semblables à ceux des cobitis.

La dorsale est coupée carrément et reculée sur le dos au-delà des ventrales, lesquelles sont elles-mêmes attachées sur la seconde moitié du corps. L'anale est petite au-delà de l'aplomb de la dorsale. La caudale, peu grande, est faiblement échancrée. Si l'on donnait cette partie postérieure du corps isolée à un zoologiste, il la prendrait facilement pour l'arrière du corps d'une des loches de l'Inde, dont M. J. M'clelland a fait ses *Schistura*. Les pectorales sont petites; leur premier rayon est alongé en fil court; on ne voit aucune ceinture humérale externe.

B. 8; D. 11; A. 7; C. 12 — 13 — 12; P. 9; V. 5.

La peau est sans écailles, mais elle est couverte de petits traits ou rides linéaires croisés en tous sens. La couleur est brune avec de nombreux points bruns qui avancent sur la caudale et même sur la dorsale. Les autres nageoires n'en ont pas. Le dessous de la gorge est aussi d'une teinte uniforme.

Le canal intestinal est très-simple et ne fait que deux plis égaux et dans toute la longueur de la cavité abdominale. Le foie ne forme qu'un seul lobe de médiocre grosseur. Les deux ovaires sont tellement réunis qu'ils ne paraissent former qu'une seule masse, mais cependant on ne peut insuffler la face de droite par celui de gauche, et *vice versa*; ils sont donc séparés. Les œufs sont nombreux et petits. Il n'y a aucune vessie aérienne.

Le plus long de nos individus vient de la rivière de Lima.

Le dessus du crâne est aplati, sans crêtes occipitales. Il est étroit en avant comme celui de la plupart de nos derniers Siluroïdes. Les occipitaux et les interpariétaux laissent entre eux une fente longitudinale comme nous en avons vu dans les Hétérobranches. L'interpariétal est étroit; les temporaux, les mastoïdiens et les occipitaux latéraux sont élargis, se portent sur les côtés et contribuent à former la voûte du crâne qui cache non-seulement l'appareil

pharyngien, mais aussi la plus grande partie de la ceinture humérale : celle-ci est large, ressemble à celle des siluroïdes en général,
mais comme le premier rayon de la pectorale est faible, le radial
n'est pas aussi développé que celui de beaucoup d'autres siluroïdes.

Je compte trente-sept vertèbres, dont vingt-deux sont abdominales; la seconde vertèbre n'a que de faibles apophyses transverses,
ce que l'on devait prévoir, puisqu'il n'y a pas de vessie natatoire.

Le TRICHOMYCTÈRE ARÉOLÉ.

(*Trichomycterus areolatus*, nob.)

Une seconde espèce, des côtes du Chili,
a le corps plus alongé, plus étroit, plus grêle vers la queue; la
hauteur ne fait guère que le dixième de la longueur totale : la
longueur de la tête y est contenue six fois et demie. La tête a la
même forme, les yeux aussi petits, les tentacules nasaux sont un
peu plus courts et le barbillon maxillaire supérieur plus long, car
il atteint au-delà de l'opercule. Celui-ci a le même faisceau d'épines,
ainsi que l'interopercule, mais les pointes me paraissent plus grosses
et plus longues. Les dents sont petites et pointues; les lèvres sont
épaisses et couvertes de petites papilles granuleuses. Le premier
rayon de la pectorale n'est pas prolongé en fil; cette nageoire est
arrondie. La caudale est plus petite, et paraît encore plus étroite,
parce que le tronçon de la queue en dessus et en dessous est un
peu élargi. La dorsale est plus basse; d'ailleurs elle est insérée à la
même place.

B. 8; D. 13; A. 8; C. 10 — 14 — 8; P. 8; V. 5.

Le corps est aussi dénué d'écailles, mais il faut remarquer que
sur la tête, sur le dessous de la gorge, sur la base de la pectorale
et sur celle de la dorsale, il y a sous la peau un tissu aréolaire que
l'on prendrait aisément pour des écailles. Je les ai regardées au
microscope et me suis assuré de leur nature. Les cellules contien-
nent une graisse huileuse assez abondante. La couleur est rousse,
avec deux traces de bandelettes longitudinales grises.

Nos individus ont quatre pouces et demi; ils viennent de la rivière de San-Jago, et ont été donnés par M. Gay. On l'y nomme *Vagre,* ce qui montre que les naturels les regardent comme ressemblans aux Silures.

Le Trichomyctère tacheté

(*Trichomycterus maculatus,* nob.)

est aussi une petite espèce due aux recherches de M. Gay.

Elle a le corps plus arrondi et plus trapu, et la queue plus grêle que les précédentes. Les épines de l'opercule et du sous-opercule sont plus fortes. Le barbillon maxillaire est plus court que la tête et aussi long que le tentacule nasal. La dorsale est basse et longue, l'anale plus arrondie, la pectorale sans filet au premier rayon.

D. 15; A. 9; C. 10 — 14 — 8; P. 9; V. 5.

Il n'y a pas d'écailles; tout le dos et les flancs sur un fond jaunâtre sont tachetés de gris bleuâtre; le ventre n'a pas de taches; les nageoires sont transparentes.

Ces petits poissons, longs de deux pouces et demi, viennent de Santiago du Chili. On l'appelle aussi *Vagre.*

Le Trichomyctère noiratre.

(*Trichomycterus nigricans,* nob.)

M. Auguste Saint-Hilaire a rapporté des ruisseaux de Sainte-Catherine du Brésil une espèce de ce genre. C'est même la première que j'aie connue, et sur laquelle j'ai établi, dans mon Mémoire [1] sur l'*Eremophilus,* le genre

---

1. Nouv. observ. sur l'*Eremophilus,* Valenc. *apud* Humb., Rec. d'observ. zool., t. II, p. 347 et 348.

sous le nom de *Trichomycterus,* mais sans le caractériser suffisamment.

Cette espèce a les barbillons courts, dépassant à peine, en arrière, les yeux, qui sont fort petits. La queue est large et courte; la caudale petite et coupée carrément; le premier rayon de la dorsale alongé en fil.

B. 7; D. 11; A. 10; C. 7 — 13 — 8; P. 9; V. 5.

Je n'ai compté à tort que six rayons branchiostèges dans le mémoire déjà cité; mais les ayant séparés par la dissection avec le plus grand soin, et sans les détacher entièrement de leur filet musculaire, pour être sûr de ne pas en perdre, je n'en ai trouvé que sept sur cet individu. La couleur est noirâtre et uniforme sur tout le dos : elle est plus foncée sur les nageoires. Le dessous de la gorge et la gorge sont blanchâtres. Les viscères ressemblent à ceux de la côte orientale d'Amérique. Les œufs sont beaucoup plus petits.

La longueur du poisson est de cinq pouces et demi. M. Menestrier nous en a donné un plus petit exemplaire, et M. Gay nous a communiqué un dessin de même grandeur.

Le TRICHOMYCTÈRE RIVULÉ.

(*Trichomycterus rivulatus,* nob.)

Si nous avons commencé par connaître les Trichomyctères dans les plaines inférieures de l'Amérique, nous les voyons aussi s'élever dans les Andes du haut Pérou jusque par la hauteur considérable de treize à quatorze mille pieds au-dessus de l'Océan. M. Pentland les a trouvés dans les ruisseaux qui se jettent dans le lac de Titicaca, vaste mer alpine, peuplée par les Orestias sans ventrales, ou dans les affluens de l'Apurimac, l'une des sources de l'Amazone : je n'en ai pas moins de quatre espèces, dues aux recherches du zoologiste aussi distingué que voyageur actif que je viens de citer. Je vais les décrire, en écrivant les noms des provenances de chacune d'elles, tels que j'ai cru les lire dans les notes de M. Pentland.

La première espèce a

le corps trapu, comprimé surtout vers la partie postérieure et couvert d'une peau muqueuse et sans écailles; le barbillon nasal est long et grêle : il atteint au-delà de l'œil; les deux barbillons maxillaires vont aussi loin; l'œil lui-même est petit; le faisceau des épines operculaires est peu visible, mais cependant il existe. L'interopercule est alongé et ses épines sont très-saillantes. Les dents, sur une bande étroite, sont coniques et pointues. Les nageoires sont toutes arrondies; la dorsale et l'anale ont peu d'étendue; les ventrales sont petites.

D. 8; A. 7, etc.

Le corps du poisson est brun, avec des lignes flexueuses et onduleuses blanches, formant des rivulations très-marquées. Les viscères de ces poissons ressemblent à ceux de nos autres Trichomyctères. Ils manquent aussi de vessie natatoire.

Nos individus ont environ sept pouces de long. Ils viennent du Guasacona.

Le TRICHOMYCTÈRE DE L'INCA.

(*Trichomycterus Incæ*, nob.)

Une seconde espèce, que M. Pentland m'a fait nommer *Trichom. Incæ* pour rappeler les croyances populaires conservées dans le pays,

a le corps un peu plus trapu que le précédent, mais d'ailleurs fort semblable; les barbillons sont grêles et filiformes; les épines de l'interopercule paraissent plus nombreuses; la caudale est coupée plus carrément; les autres nageoires sont arrondies.

D. 8; A. 6, etc.

La couleur de ce poisson est verdâtre en dessus, blanchâtre en dessous; le corps et les nageoires sont pointillés de brun.

Nos individus ont quatre pouces et demi. Ils viennent du Rio Guatanai à Cuzco.

Le TRICHOMYCTÈRE GRÊLE.

(*Trichomycterus gracilis*, nob.)

Une troisième espèce a le corps sensiblement plus alongé et les barbillons plus courts que ceux des précédents; mais ces individus leur ressemblent par la troncature de la caudale ou la circonscription arrondie des autres nageoires.

D. 8; A. 6; etc.

La couleur est d'ailleurs rousse verdâtre uniforme et sans aucunes taches.

Ce poisson reste petit, car le plus long de nos exemplaires n'a guère que trois pouces. M. Pentland les a trouvés dans le Rio de Azangaro près de Guasacona, dans le Rio de Guatanai près de Cuzco, dans le Rio de Pontezualo près de Coroico, et enfin dans le lac de la Compucila dans les Andes, à l'ouest de Cuzco, par la hauteur de quatorze mille pieds.

Le TRICHOMYCTÈRE BARBATULE.

(*Trichomycterus barbatula*, nob.)

Cette dernière espèce, la plus petite de toutes, se distingue de la précédente par son corps trapu et raccourci; son museau est plus arrondi; sa nuque est un peu plus soutenue; les barbillons sont courts;

18.

47

en un mot, le poisson ressemble beaucoup à notre Loche des rivières (*Cobitis barbatula*); les nageoires sont très-petites.

D. 8; A. 6, etc.

Le corps est roux verdâtre, quelquefois tacheté, mais j'en vois un aussi grand nombre d'individus sans aucunes taches; les nageoires en ont quelques-unes pâles et presque effacées.

Nos individus ont de deux pouces et demi à trois pouces : ils viennent du Guasacona et du Rio de Pontezualo près Coroico, par une hauteur de treize à quatorze mille pieds et à une latitude de seize à dix-sept degrés nord.

De L'Érémophile.

(*Eremophilus*, Humboldt.)

M. de Humboldt[1] a fait connaître, dans ses Observations zoologiques, un poisson sans ventrales, voisin des précédens, et comme je l'ai dit, tenant à la fois des Siluroïdes par l'absence de sous-opercules, et des Loches par l'absence d'adipeuse : c'est auprès des Trichomyctères qu'il convient de placer ce singulier poisson, qui vit dans des circonstances non moins remarquables que les caractères extraordinaires que son examen fait découvrir au naturaliste; c'est l'une des deux seules espèces de poissons qui vivent dans les eaux de la haute vallée de Bogota. Car selon la remarque importante de l'illustre voyageur, à ces grandes hauteurs de douze à treize cents toises au-dessus du niveau de la mer, où l'on observe encore une belle végétation, de nombreux mammifères et une grande variété d'oiseaux, les eaux douces ne nourrissent que

---

1. Hmmb., t. I, p. 17, pl. 6.

très-peu de poissons. Les habitans de Bogota nomment l'Érémophile *Capitan.*

M. de Humboldt a bien voulu nous faire obtenir un individu entier et un squelette de cette rare et curieuse espèce. On la doit à l'envoi qui en a été fait pour satisfaire aux demandes de l'illustre savant, par notre confrère et ami M. Boussingault. C'est d'après ces exemplaires que j'ai reproduit une nouvelle description de l'*Eremophilus Mutisii,* qui a paru dans le second volume des Observations zoologiques, afin d'ajouter quelques traits à la description que M. de Humboldt en avait faite dans des circonstances moins tranquilles.

On a dû croire, jusqu'à ce jour, que l'Érémophile était une de ces heureuses découvertes dues à l'activité et aux recherches infatigables de M. de Humboldt. C'est lui, en effet, qui le premier l'a publié, mais on aurait pu le faire connaître long-temps auparavant; car Joseph de Jussieu l'avait observé pendant son voyage en Amérique, et un dessin au trait, parfaitement reconnaissable, a été conservé dans la bibliothèque de son neveu Antoine-Laurent de Jussieu. Ce n'est que dans ces derniers temps que M. Adrien de Jussieu a eu la bonté de m'en donner communication. Voici la description que j'ai rédigée pour notre ouvrage du seul Érémophile connu. M. de Humboldt l'a dédié à un naturaliste célèbre, M. Mutis, qui ouvrait, avec la plus grande libéralité, dans la haute vallée de Bogota, ses riches collections aux visiteurs européens.

L'ÉRÉMOPHILE DE MUTIS.

(*Eremophilus Mutisii,* Humb.)

Un corps oblong, assez gros, rond; une petite tête déprimée,

une dorsale seulement et sur l'arrière forment les principaux traits
de la physionomie de ce poisson.

Sa hauteur au milieu est cinq fois et demie dans sa longueur;
son épaisseur au même endroit est des trois quarts de sa hauteur.
La longueur de sa tête est six fois et un tiers dans sa longueur
totale : elle n'est que d'un cinquième moins large que longue,
mais sa hauteur n'excède pas beaucoup le tiers de sa longueur.
Sa circonscription horizontale est en demi-ovale. Le museau est
déprimé en coin. La bouche au bord antérieur n'a que moitié de
la largeur de la tête en arrière. La mâchoire supérieure avance un
peu plus que l'autre; toutes les deux ont une bande de dents en
velours long ou en soies, qui ne s'étend pas sur toute leur largeur.
De chaque angle de la bouche partent deux barbillons attachés
immédiatement au-dessus l'un de l'autre, plats et larges à leur
base, très-fins à leur extrémité, et du tiers de la longueur de la
tête. Le supérieur est le maxillaire, l'inférieur le sous-mandibulaire
externe. Il n'y en a point d'interne, mais l'orifice inférieur de la
narine en a un, aussi long que ceux des mâchoires, attaché non
loin du bord de la supérieure au tiers de sa largeur. L'orifice supérieur de la narine est entre l'inférieur et l'œil, qui est au milieu
de la longueur de la tête, à sa face supérieure, du vingtième de sa
longueur en diamètre et par conséquent extrêmement petit. Il est
à neuf ou dix diamètres de son semblable. De chaque côté de la
tête en arrière de la joue sont deux plaques épineuses singulières;
l'une ronde, plus petite, est à l'extrémité de l'opercule; l'autre
oblongue, un peu plus en avant et plus bas, est l'interopercule.
L'ouïe est médiocrement fendue; la membrane des ouïes embrasse
l'isthme et s'y attache en dessous; elle est un peu échancrée au
milieu et a de chaque côté huit rayons. La tête, la nuque, l'épaule,
enveloppées dans la même peau lisse que le reste du corps, ne
montrent point leurs os au dehors. La pectorale, attachée assez
bas et du huitième ou du neuvième de la longueur totale, n'a
point de rayons épineux, mais seulement un rayon articulé non
branchu et huit branchies. Il n'y a point du tout de ventrales.
L'anus est au-delà du troisième cinquième de la longueur, et a

derrière lui un tubercule génital arrondi. L'anale vient un peu
après et occupe un onzième de la longueur, et en laisse un sixième
ou un septième entre elle et la caudale; sa hauteur égale sa longueur. La dorsale, à peu près des mêmes dimensions, est un peu
plus en avant, et ensorte que son bord postérieur répond sur le
milieu de l'anale. La caudale est coupée carrément, du huitième
de la longueur totale. Les petits rayons de sa base forment en
dessus et en dessous un bord comprimé et convexe.

B. 8; D. 11; A. 9; C. 12 et plusieurs petits; P. 9; V. 0.

Tout ce poisson est enveloppé d'une peau lisse, où l'on voit
à peine la ligne latérale. Le fond de sa couleur est un jaune verdâtre
pâle; des traits bruns entrelacés formant un réseau à mailles irrégulières, ou une espèce de marbrure à petites taches, couvrent
toute sa partie supérieure, se résolvent par degrés vers le bas en
points isolés, qui deviennent plus rares tout-à-fait en dessous.
Je n'ai pu faire une splanchnologie très-complète de
ce curieux poisson.

J'ai trouvé un canal intestinal simple, long, replié quatre fois sur
lui-même et faisant encore de nombreuses sinuosités entre chaque
pli. L'œsophage et l'estomac forment un long tube, qui occupe
plus des trois quarts de la longueur de la cavité abdominale.

L'intestin grêle a un diamètre moitié plus petit que celui de
l'œsophage. Non loin de l'anus on voit une petite dilatation terminée par la valvule placée, comme à l'ordinaire, à l'entrée du
rectum. Il est court et très-étroit. La veloutée de l'intestin est fine,
et les papilles sont serrées en fin velours.

Le foie ne doit pas être très-considérable, mais je ne puis en
décrire la forme, parce qu'il n'était pas bien conservé.

L'individu disséqué était une femelle, dont les ovaires étaient
remplis d'une très-grande quantité d'œufs de la grosseur de la
graine de pavots.

Les sacs formaient deux rubans étroits et pointus en avant, aussi
longs que la cavité abdominale elle-même et sont réunis en arrière
non loin du cloaque.

Ce poisson manque de vessie aérienne, ainsi que M. de Humboldt l'avait déjà remarqué.

L'ostéologie de ce poisson présente des particularités non moins curieuses que la description de ses parties extérieures.

Le crâne est aplati et recouvert en dessus par un frontal assez petit, profondément entaillé par une échancrure ou fissure longitudinale. Il porte sur l'arrière deux petites crêtes divergentes. Le frontal antérieur est pétit; le postérieur est au contraire assez grand et donne en arrière un angle étendu sur les côtés et qui contribue à l'élargissement du crâne. Le mastoïdien est fort petit, et le surscapulaire est réduit à un petit stylet placé en travers sous le crâne. L'élargissement et la forme singulière de la première vertèbre sont vraiment remarquables; elle donne de chaque côté un prolongement tuberculeux creux, qui semble être en communication avec l'intérieur du crâne et pourrait bien être une addition à l'appareil auditif.

L'huméral est très-grand, creusé et excavé en une large cuiller; sa partie supérieure est surmontée d'une petite apophyse articulée au devant du tubercule de la première vertèbre, dont la face inférieure donne encore attache sur une impression rugueuse au corps de l'huméral. Le radial et le branchial sont très-petits : le premier os du carpe est élargi et aplati.

Je n'ai pu voir de sous-orbitaire, quelque soin que j'aie pris à le chercher sous la peau du poisson. Le préopercule est un arc osseux ou peu caverneux, dont on ne voit rien au dehors.

L'opercule est irrégulièrement triangulaire et prolongée en arrière en une apophyse longue et grosse, terminée par les pointes qui saillent au-dessus de la peau. Il n'y a point de sous-opercule. L'interopercule a la forme d'un demi-arc aplati, dont le bord externe est également hérissé de pointes. Nous en avons parlé en décrivant l'extérieur du poisson. La première vertèbre est suivie de quarante et une autres et cet ensemble est réuni en colonne vertébrale, divisée en deux portions à peu près égales vers l'anus.

Les dix-neuf vertèbres antérieures sont abdominales et présentent aussi une forme remarquable. Les apophyses épineuses sont médiocres, les transversales sont au nombre de deux de chaque côté : l'antérieure a la forme d'une petite palette, placée obliquement sur le côté du corps de la vertèbre; la postérieure n'est qu'un simple stylet osseux. Les premières côtes sont convexes et aplaties et un peu élargies vers l'extrémité libre. Les autres sont grêles.

Telle est la description aussi complète que j'ai pu la faire de l'Érémophile. Ce poisson doit se nourrir de petits crustacés d'eau douce, car j'en ai trouvé des débris dans son estomac.

On ne doit pas attribuer l'hétérogénéité de ce poisson à l'élévation à laquelle il vit dans les Cordillères; car, à une hauteur plus considérable, M. de Humboldt a trouvé le *Pimelodus Cyclopum,* dont les formes sont tout-à-fait celles des autres siluroïdes vivant sur le littoral de la mer. Nous venons aussi de voir, dans l'article précédent, les trichomyctères s'élever des bords de la mer jusque dans les Andes de Cuzco et du haut Pérou.

FIN DU TOME DIX-HUITIÈME.

EXPLICATION

De la planche 539, représentant l'anatomie de l'ANABLEPS de
Gronovius (*Anableps Gronovii*, nob.)

Fig. 1. Extrémité postérieure du tronc de l'ANABLEPS GRONOVII, ouverte
   pour montrer l'organisation de l'appendice mâle.

  a. L'intestin avec ses replis.

  b. Le testicule ou la laitance.

  c. Le canal déférent.

  d. Le rein.

  e. L'uretère.

  f. La vessie fibreuse dans laquelle s'ouvrent le canal déférent *c*
   et l'uretère *e.*

  g. Le canal de la vessie *f* s'ouvrant à l'extrémité de l'appendice
   mâle.

  h. Cet appendice, fendu depuis sa base jusque auprès de son
   extrémité, et montrant les brides aponévrotiques ou musculaires qui agissent contre la vessie *f.*

  i. Extrémité de l'appendice et orifice du canal *g.*

  k. Palettes squammiformes et cornées qui entourent l'orifice *i* de
   l'extrémité de l'appendice.

  l. Quelques rayons de la nageoire anale.

  m. Parois de l'abdomen rejetées.

  n. Nageoire ventrale.

  o. Nageoire dorsale.

  p. Tronçon de la queue.

Fig. 2. Palettes écailleuses *a* et *b*, grossies pour montrer leurs dentelures.

Fig. 3. Fœtus retiré de l'ovaire et encore renfermé dans ses membranes.

Fig. 4. Fœtus au même point de développement, mais retiré des membranes
   de l'œuf.

Fig. 5. Fœtus plus jeune, auquel adhère encore le sac vitellin dont la membrane *a* est chargée de stries vasculiformes, convergeant toutes
   vers le point *b.*

48

Fig. 6. Œil de l'Anableps *Gronovii* ouvert, et dont la cornée est vue par sa face interne.

    b. La carène transversale et interne de cette cornée.

    c et *d.* Les deux languettes pupillaires appliquées l'une sur l'autre, et séparant le trou de la pupille en deux ouvertures distinctes.

Fig. 7. Le cristallin retiré de l'œil et montrant sa portion inférieure et saillante *a.*

Fig. 8. Œil de l'Anableps *coarctatus*, dont la cornée a été enlevée pour montrer les deux palmettes pupillaires et l'inégalité des deux ouvertures de la pupille.

Fig. 9. Œil de l'Anableps *elongatus* ouvert, pour montrer les deux palmettes pupillaires et la presque égalité des deux ouvertures de la pupille.

NB. Nous donnons avec cette livraison la planche 491 : *Leuciscus Duvaucelii*, oubliée dans la livraison précédente.